高等技术应用型人才数字媒体类专业系列教材

U0121828

多媒体技术应用

徐晓华　胡　倩　周　艳　主　编
江　治　林小燕　潘红艳　副主编

电子工业出版社
Publishing House of Electronics Industry
北京·BEIJING

内 容 简 介

本书从应用出发，介绍了多媒体技术的相关理论和多媒体应用设计技术。全书包含理论教学篇和实验教学篇两部分，理论教学篇主要讲述多媒体技术基础、图像、动画、声音、视频等基础知识，以及常用软件的使用，如图像处理软件 Photoshop、动画制作软件 Animate、声音处理软件 Audition 和视频制作软件 Premiere 及 After Effects 等。而实验教学篇提供了与教学内容相配套的 11 个实验，是教学内容的有益补充。

注重理论与实践相结合：在内容的组织编排、技术运用等方面大胆创新，既包含多媒体技术基本理论知识以及技术原理分析，又包含当下主流多媒体软件的基本操作，旨在让学生了解多媒体技术相关理论基础上，掌握图、文、声、像等素材制作方法和处理技巧，并能利用主流多媒体创作工具进行项目作品的开发与集成。

注重能力的培养：通过团队精心设计典型案例和教学任务，强化计算思维能力的培养，不仅要教会学生操作技能，更要教会他们如何去分析思考，形成自己独特的设计思路，从而培养学生运用多媒体技术解决实际问题的能力和创造能力。

教学资源多元化：典型案例从"设计效果"、"设计思路"、"设计目标"及"设计步骤"几方面进行解析，设计过程整合了相关教学微视频，以满足不同层次学习者的需要。

本书可作为高等院校非计算机专业"多媒体技术与应用"相关课程的教材，计算机专业"多媒体技术"课程实践教材，也可作为广大多媒体应用开发爱好者的自学参考书。

未经许可，不得以任何方式复制或抄袭本书之部分或全部内容。
版权所有，侵权必究。

图书在版编目（CIP）数据

多媒体技术应用/徐晓华，胡倩，周艳主编. —北京：电子工业出版社，2021.5
ISBN 978-7-121-40509-9

Ⅰ.①多…　Ⅱ.①徐…　②胡…　③周…　Ⅲ.①多媒体技术—高等学校—教材　Ⅳ.①TP37

中国版本图书馆CIP数据核字（2021）第 013347 号

责任编辑：贺志洪
印　　刷：三河市鑫金马印装有限公司
装　　订：三河市鑫金马印装有限公司
出版发行：电子工业出版社
　　　　　北京市海淀区万寿路 173 信箱　邮编　100036
开　　本：787×1092　1/16　　印张：19.25　　字数：492.8 千字
版　　次：2021 年 5 月第 1 版
印　　次：2021 年 5 月第 1 次印刷
定　　价：56.00 元

前　言

随着计算机技术的不断发展，多媒体技术也得到了迅速发展，多媒体技术应用已经渗透到人们生活的各个领域，如影视娱乐、远程教育、视频点播、视频会议、广告宣传、数字地球、数字图书、股票证券、建筑工艺等。多媒体技术与应用相关课程已成为高等学校一门重要课程，根据教育部《关于进一步加强高等学校计算机基础教学的几点意见》（白皮书）中有关"多媒体技术与应用"课程的要求编写了此书，以此培养学生综合应用多媒体技术能力及创新意识。

本书由理论教学篇和实验教学篇两部分组成。

理论教学篇共分5章。第1章多媒体技术概述，介绍了多媒体及多媒体技术基本概念、多媒体的关键技术、多媒体技术的应用以及多媒体计算机系统组成等。第2章数字图像处理，介绍数字图像基础知识，配合多个案例深入浅出地介绍图像编辑、图像合成、色彩变换、特效滤镜的应用等。第3章计算机动画，介绍了计算机动画基础知识、Animate基本操作，结合案例讲述了逐帧动画、形状补间动画、传统补间动画、图层特效动画、骨骼动画，以及Animate动画制作的综合应用等。第4章数字音频处理，介绍了音频基础知识、Audition基本操作，结合案例讲述了音频素材的编辑技巧。第5章数字视频处理技术，本章由三部分组成，第一部分注重介绍视频基础知识，包括视频的基本概念、视频文件格式、关键技术等；第二部分Premiere视频编辑，介绍了影视素材的添加、管理与剪辑的技巧，视音特效及转场特效的设置，抠像合成技术，字幕应用技术，影视作品的渲染与输出等；第三部分介绍After Effects影视后期处理技术，借助精选的案例对影视动画及特效进行技术剖析及操作详解。

实验教学篇包括数字图像处理、Animate动画制作、音频编辑与合成技术、视频采集与处理，以及多媒体项目综合设计等11个实验。实验安排循序渐进，由简单到综合再到创意设计，读者在实践过程中，能轻松地掌握多媒体软件的基本操作及综合应用，着重能力的培养，加强思维意识的形成。

本书第1、5章由徐晓华编写，第2章由林小燕、江治、潘红艳编写，第3章由胡倩编写，第4章由周艳编写。实验七由周艳编写，其余实验由徐晓华编写。

由于时间仓促，编者水平有限，书中难免存在不足之处，敬请广大读者批评指正。本书配有教学资源，案例及实验素材等，使用本书的学校或读者可与编者联系获取相关资源。E-mail：740970@QQ.com、huqian@wzu.edu.cn。

编　者
2021年5月

目　录

理论教学篇

第1章 多媒体技术概述

内容提要

多媒体技术是指利用计算机技术和网络通信技术处理文本、图形、图像、声音、动画及视频等媒体信息，并将多种媒体信息间建立逻辑关联，最终集成为一个交互式系统的技术。本章重点介绍多媒体及多媒体技术基本概念、多媒体的关键技术、多媒体技术的应用以及多媒体计算机系统组成。

重点难点

1. 多媒体技术基本概念
2. 多媒体关键技术
3. 多媒体技术应用
4. 多媒体计算机系统组成

1.1 多媒体与多媒体技术

1. 媒体

所谓媒体（Medium），它有两层含义，一是指储存和传递信息的实体（实际载体），如磁盘、光盘、磁带、书刊以及相关的播放设备等；二是信息表示的载体（逻辑载体），如文字、图形、图像、声音、动画及视频等。多媒体技术中涉及的媒体，一般是指后者，即多媒体计算机不仅能处理文字、数值信息，还能处理图形、图像、声音、动画等各种不同形式的信息。

媒体分类方法有多种，国际电话电报咨询委员会（Consultative Committee on International Telephone and Telegraph，CCITT）将媒体主要分为以下5类。

（1）感觉媒体。指直接作用于人的感觉器官（如视觉、听觉、触觉、嗅觉、味觉），使人产生直接感觉的媒体。如文字、数据、声音、图形、图像、动画、材质及温度等。

（2）表示媒体。为了更有效地对感觉媒体进行处理和传输而人为研究构造出来的一种媒体。如ASCII码、图像编码、文字编码和声音编码等。

（3）表现媒体。感觉媒体和用于通信的电信号之间转换的媒体。表现媒体又包括输入表现媒体和输出表现媒体。常见的输入表现媒体有键盘、鼠标、扫描仪、话筒、摄像机等；常见的输出表现媒体包括显示器、打印机、扬声器等。

（4）存储媒体。指用于存储表示媒体的物理介质。如磁盘、光盘、优盘等。

（5）传输媒体。指媒体从一处传输到另一处的物理介质。如双绞线、同轴电缆、光纤、无线传输介质等。

2. 多媒体

多媒体（Multimedia）是指多种媒体信息的集成。

（1）文本。文本是指文字、符号及数字等信息，是最基本的媒体元素。文本数据可以在文字处理软件里制作，如WPS、Word等编辑的文本文件一般都可以添加到多媒体应用系统中。

（2）图形。又称矢量图，是由一组描述点、线、面等的大小形状及位置、维数的指令而生成的几何图形。

（3）图像。又称位图，由许许多多个像素点组成，而每个像素点又用若干个二进制位来表示颜色和亮度等信息。位图图像适合作为多媒体应用中色彩丰富、画面层次感强、强调细节的媒体元素。

（4）动画。动画是利用人的视觉暂留特性，快速播放一系列连续的静态图形图像，动画因其表现力生动、丰富，容易将抽象的内容形象化，因而成为一种重要的媒体元素。

（5）音频。音频包括音乐、语音及声效，将音频信号集成到多媒体中，可以增强活力、帮助理解、烘托气氛等，是其他媒体无可取代的。

（6）视频。由若干张静态图像连续播放而形成的，视频影像有声有色，在多媒体中充当了重要的角色。

3. 多媒体技术

多媒体技术不是单一的媒体技术，它是多种媒体数字化的综合体现。多媒体技术利用计算机技术和多媒体设备，将文本、图形、图像、音频、动画和视频等多种媒体信息通过计算机进行数字化采集、编码、存储、传输、处理和再现等，使多种媒体信息建立起逻辑关联，并集成为一个具有交互性系统的技术。多媒体技术主要特性可分为下列几点。

（1）集成性。单媒体一般都可以单独使用，但表现形式非常单一，且不能满足各类技术发展的需要。集成性一方面是把单一的、零散的媒体信息，如声音、文字、图像、动画和视频等有效地集成在一起，形成一个有机的整体。另一方面，集成性还体现在媒体设备的集成，将不同功能、不同类型的设备集成在一起，使其共同完成信息处理工作。

（2）交互性。交互性是多媒体计算机技术的一个典型特征，也是与传统媒体的最大不同之处。即用户可以与计算机的多种媒体信息进行交互操作，从而能更加有效地控制和使用信息。例如，电子地图是目前多媒体技术比较典型的一种应用，它具有很强的交互性，允许用户选择、查询、控制、分析、动态显示等交互操作，从而使人们能真正参与到作品中去，主动获取自己关心的内容，获得更多的信息。

（3）多样性。多媒体技术的多样性是由计算机处理信息媒体多元化决定的，信息采集、编码、存储、传输、处理和再现的过程中，要涉及感觉媒体、表示媒体、传输媒体、存储媒体或表现媒体。例如，多媒体计算机不但具备对文字、图像、动画、声音、视频编辑处理功能，还具有随机存取及传输的功能。简言之，多媒体技术的多样性表现在储存和传递信息实体的多样性以及信息表示载体的多样性。

（4）实时性。在多媒体信息中，动画、声音、视频等媒体与时间密切相关，这也就决定了多媒体技术必须支持实时处理能力。例如，视频会议、线上教学在传输画面和声音时尽量同步，避免延迟。

1.2　多媒体技术的应用

1. 教育、培训领域

多媒体计算机能融合高质量的文本、图形、图像、声音、动画、视频等多种媒体信息，具有多样性、集成性、交互性和数字化的特点，能将生硬、刻板的文字转化为生动、活泼的图像、动画及模拟真实情景等。因此，多媒体技术在教育培训领域得到广泛应用。

计算机辅助教学（Computer Assisted Instruction，CAI）是多媒体技术在教育领域中应用的典型范例，它是新型的教育技术和计算机应用技术相结合的产物，其核心内容是指以多媒体计算机技术为教学媒介而进行的教学活动，是利用计算机技术、网络技术、多媒体技术和现代教学方法进行教学活动的一个整体概念。它把文字、图形、影像、声音、动画以及各类多媒体教学软件等先进的手段引入教学实践当中，从而改变传统的教学模式。

远程教育模式依靠现代通信技术及多媒体技术的发展，大幅度地提高了教育传播的范围和时效，使教育传播不受时间、地点、国界和气候的影响。CAI的应用，使学生真正打破了明显的校园界限，改变了传统的"课堂教学"的概念，突破时空的限制，接受来自不同国家教师的指导，可获得除文本以外更丰富、直观的多媒体教学信息，共享教学资源，它可以按学习者的思维方式来组织教学内容，也可以由学习者自行控制和检测，使传统的教学由单向转向双向，实现了远程教学中师生之间、学生与学生之间的双向交流。

2. 电子出版物

以数字化方式将图、文、声、像等多媒体元素存储在磁盘或光盘等媒介质上，通过计算机等设备进行阅读使用，并可复制发行的大众传播媒体，涉及内容有游戏娱乐、生活百科、教育培训、医疗卫生、信息咨询等。随着电子图书的不断增加，一些单位已经构建了数字化图书馆，利用计算机技术、数据库技术及网络技术对图书进行管理、阅读、检索及信息反馈等。电子出版物具有传统的纸质出版物无法比拟的优势，如体积小、重量轻、价格便宜、表现力非富、交互式阅读、检索速度快等。

3. 商业展示

运用多媒体技术制作的商业演示软件，为商家提供了一种全新的广告形式。商家可以为客户展示新产品的造型、特点及功能等，对于使用上较复杂的产品，如IT产业硬件设备、移动电话、新款汽车及大型机械设备等，可利用多媒体动画方式直观、高效地展示产品的操作方法及使用技巧。

另外，在一些特定的行业内，利用多媒体技术可以提高工作效率、提升企业形象。如企业形象宣传、工作汇报、招商引资、旅游景点展示、产品宣传等。

4. 多媒体通信

"网络+多媒体计算机+电视"构成了一个极大的多媒体通信环境，它不仅改变了信息传递的方式，带来了通信技术的变革，还把计算机的交互性、通信的分布性及电视的真实性有效地融为一体，成为当前信息社会的一个重要标志。

近年来，多媒体技术得到了迅速发展，也带动了多媒体通信相关产业的发展。如图、文、声的多媒体邮件受到用户的普遍欢迎。即时通信工具QQ、微信等，具有强大的在线通信功能，也具有文字、图像、文件的即时传输以及在线视频、语音通信等功能，此外该软件还提供了多人视频和语音会议的功能，给用户在线沟通提供了方便。

多媒体通信涉及内容广泛，给人们的工作、学习和生活带来深远的影响，主要包括以下几方面。

（1）视频点播（Video On Demand，VOD）。用户可以根据自己的需要远距离点播系统中的节目，并能对节目进行控制。

（2）多媒体会议系统。它是一种将计算机技术、视音频编码技术、网络传输技术整合为一体的综合应用系统。可以实现点对点通信，以及多点间通信，通过文本、图形、静态图像、声音、视频等多种方式进行交流，并对数字化的视频、音频及文本等多媒体信息进行实时传输，利用计算机系统提供的良好交互功能和管理功能，实现人与人之间的"面对面"的虚拟会议环境。它打破了传统的会议形式，不受地域的限制，快速高效，适应信息时代发展的需要。

（3）交互电视（Interactive TV，ITV）。对于传统电视，用户只能是被动的接收者，无法对电视节目进行控制。而交互电视最大的区别在于它的高度交互性，用户在电视机前可以对电视台提供的节目库中的信息按需选取，用户可以主动与电视进行交互式获取信息。对用户而言，只需一台电视机、机顶盒及遥控器就可以实现"想看什么就看什么，想什么时候看就什么时候看"。

（4）计算机协同工作（Computer Supported Cooperative Work，CSCW）。是指一个群体协同工作以完成一个共同的任务。常用于远程医疗会诊、学术交流、协同编著、工业上协同设计和制造、师生间协同式学习以及军事应用中的指挥和协同训练等。

5. 影视娱乐

多媒体技术作为一种关键技术手段，把影视娱乐业推向新的高峰，在影视制作和处理中，制作人可以充分发挥自己的想象力，将传统方法无法尝试的创意技术，通过多媒体技术表现得淋漓尽致。如动画片的制作，从传统的手工绘画到平面动画再发展到三维动画，由于多媒体计算机的介入，动画的表现内容更加丰富多彩，表现形式更加多样。

1.3　多媒体的关键技术

1. 多媒体数据的压缩/解压缩技术

多媒体计算机要综合处理文本、图形图像、声音、动画及视频等相关信息，然而，数字化后的图像、声音、视频等媒体的数据量非常大，不利于直接存储和传输等操作。

音频存储空间计算公式为

存储容量（字节）=采样频率×量化位数/8×声道数×声音持续时间

例如，一段播放1分钟的双声道立体声，若采样频率为44.1kHz，量化位数为16，那么数字化后未经任何压缩，需要的存储容量为：

$$44.1 \times 10^3 \times 16/8 \times 2 \times 60B \cong 10MB$$

那么存储一首4分钟左右的歌曲需要近40MB的存储空间。

视频（不含音频）存储空间计算公式：

存储容量（字节）＝图像的像素总量×颜色深度/8×帧频×视频持续时间

例如，1秒钟图像分辨率为640像素×480像素，颜色为24位真彩色，帧频为25帧/秒的视频需要的数据存储量为：

$$640 \times 480 \times 24/8 \times 25 \times 1B \cong 22MB$$

则一张650MB容量的光盘只能存储近30秒钟的视频信息，这里还不包括音频信息。

因此，在多媒体计算机系统中，信息从单一媒体转到多种媒体，若要表示、传输和处理大量数字化了的声音、图片、影像视频信息等，并达到令人满意的视听效果，必须解决数据的大容量存储和实时传输问题。解决的方法为，除了提高计算机本身的性能及通信信道的带宽外，更重要的是对多媒体数据进行有效的压缩。

2. 多媒体数据存储技术

早期计算机主要处理文本和数字信息，数据量较少，一般用软盘就可以存储相关的信息。然而，多媒体数据虽经过压缩，但数据量仍然很大，主要采用的存储介质有磁带、磁盘、U盘、光盘等。常用的CD-ROM存储容量约650MB，DVD光盘的存储容量更大，单面单层容量为4.7GB，双面双层容量可达17GB。

3. 多媒体通信技术

随着网络技术和通信技术的发展，传统的通信方式已经不能满足人们日常生活的需要，目前的视频会议、可视电话、即时通信QQ、远程监控、IP电话等，它们都可以实时传输多媒体信息，这些应用已走进千家万户，远程教育、远程医疗、检索咨询、文化娱乐、企业管理等也将会完全普及。

4. 虚拟现实技术

虚拟现实（Virtual Reality，VR），利用计算机生成一种虚拟环境，通过一些传感设备，使人能够沉浸到计算机系统所创建的环境，并可以通过语言、行为等自然方式与虚拟环境进行实时交互，给人带来"身临其境"的感觉，广泛应用于军事与航天领域的模拟和训练中。虚拟现实技术是集计算机图形技术、仿真技术、人工智能、传感技术、通信技术、模式识别等为一体的综合技术，也是多媒体技术发展的趋势。用户与虚拟环境交互，需要通过某些特殊的设备，如头盔式显示器、跟踪器、传感手套、大屏幕显示系统等。就目前的实际情况而言，形成一个高逼真的虚拟现实环境还有一些难度，主要是受计算机处理能力、图像分辨率、通信带宽等限制。然而，随着时间的推移，多媒体技术得到进一步发展，这些限制都将被突破。

1.4 多媒体计算机系统组成

1.4.1 多媒体计算机系统层次结构

多媒体计算机系统是硬件、软件有机结合的综合系统，主要由多媒体硬件系统和多媒体软件系统构成，除此之外，一般还包括多媒体信息处理的外部设备及多媒体软件，如图1-4-1所示。

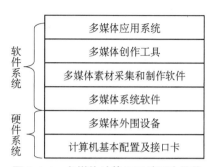

图 1-4-1 多媒体计算机系统层次结构

1. 计算机基本配置及接口卡

计算机基本硬件配置及其各种与外部设备控制的接口卡。

2. 多媒体外围设备

多媒体外围设备主要包括输入设备和输出设备。输入设备负责从外部采集数据输入到计算机，如数码相机、数据摄像机、光笔、扫描仪、绘图仪、麦克风及数据传感手套等；输出设备则是把系统处理的结果以操作者需要的方式输出，如打印机、投影仪和音箱等。

3. 多媒体系统软件

多媒体系统软件包括设备驱动程序和操作系统。该层为多媒体软件的核心部分，除了要与硬件设备打交道外，还需要提供多媒体计算机软硬件控制、管理等。

4. 多媒体素材采集和制作软件

开发人员利用该层提供的接口和工具软件采集、制作多媒体数据，如图像处理系统，二维、三维动画制作系统，音频采集与编辑系统，视频采集与编辑系统以及多媒体公用程序与数字剪辑艺术系统等。

5. 多媒体创作工具

该层是多媒体应用系统编辑制作的环境，根据所用工具的类型分为：脚本语言及解释系统、基于图标导向的编辑系统和基于时间导向的编辑系统。它通常除编辑功能外，还具有控制外设播放多媒体的功能。设计者可以利用这层的开发工具和编辑系统来创作各种教育、娱乐及商业等应用的多媒体节目。

6. 多媒体应用系统

多媒体应用系统根据用户需求或面向某一领域而设计的应用软件，如交互式多媒体计算机辅助教学系统、多媒体演示系统、飞行模拟训练系统、商场导购系统等。

1.4.2 多媒体计算机硬件系统

构成多媒体计算机硬件系统除了包括较高配置的计算机硬件外，还需要音视频处理设备、光盘驱动器，以及其他媒体输入/输出设备等。因为多媒体计算机需要交互综合处理多种图、文、声、影像等信息，处理的数据量大，处理速度要快，因此，多媒体计算机硬件一般要比普通的计算机配置要求高。多媒体计算机硬件系统基本组成如图1-4-2所示。

1. 多媒体输入/输出设备

多媒体输入/输出设备除键盘、鼠标、显示器及打印机常用设备外，还包括麦克风、音箱、扫描仪、投影仪、数码相机、数码摄像机、绘图板、绘图仪、触摸屏和刻录机等。下面

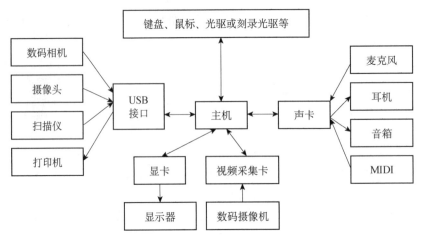

图 1-4-2　多媒体计算机硬件系统基本组成

介绍几种常用的输入/输出设备。

（1）扫描仪

扫描仪是将图片资料、文字资料输入到计算机中的图像采集设备，扫描仪获取图像的方式是先将光线照射到待扫描的材料上，光线反射回来后感光元件接收并转换成数字信息传送给计算机，再由计算机进行处理、编辑、存储、显示输出等。扫描文字材料时，配上文字识别软件（OCR），通过扫描仪可快速方便地将文稿录入到计算机内，大大提高了文字录入速度。扫描仪的主要性能指标有分辨率、色彩数、扫描速度和扫描幅面等。

扫描仪分为平板式、手持式、滚筒式，近几年出现了笔式扫描仪、便携式扫描仪、名片扫描仪等。

① 平板式扫描仪：平板式扫描仪又称台式扫描仪，是目前办公用扫描仪的主流产品。扫描幅面一般为 A4 或 A3。光学分辨率在 300～8 000dpi 之间，色彩位数 24～48 位。图 1-4-3 所示为一款平板式扫描仪。

② 手持式扫描仪：手持式扫描仪体积小、价格低、幅面小、精度低、扫描质量相对较差。图 1-4-4 所示为一款手持式扫描仪。

图 1-4-3　平板式扫描仪

图 1-4-4　手持式扫描仪

③ 滚筒式扫描仪：一般用于幅面较大的工程图纸的扫描，如图 1-4-5 所示。

④ 便携式扫描仪：是近几年才出现的小巧、快速、价格适中的扫描仪，适合票据、身份证扫描。

（2）绘图板

绘图板，又称数位板、绘画板、手绘板等，是一种计算机输入设备，通常由一支压感笔和一块板子组成，主要面向美

图 1-4-5　滚筒式扫描仪

工、广告设计人员及动画创作者。绘图板的绘画功能是键盘和鼠标无法媲美的，电影中有许多栩栩如生的画面都是通过绘图板一笔一画绘制出来的。

目前主流的绘图板是电磁感应板，其光标定位及移动都是通过电磁感应来完成的。绘图板内的电路板通电后产生一定范围的磁场，笔尖在绘图板上移动时，切割磁场，从而产生电信号，通过多点定位，绘图板芯片则可精确得出笔尖的位置。绘图板主要技术指标有压力感应、读取速率、分辨率、板面大小等。如图 1-4-6 所示为绘王 W58 绘图板。

图 1-4-6　绘王 W58 绘图板

（3）数码相机

数码相机（Digital Camera，DC）是一种利用电子传感器把光学影像转换成电子数据的照相机。数码相机与普通照相机在外观操作上很相似，最大的区别在于，普通相机通过胶卷记录模拟图像，数码相机是将数字图像存储在数码存储设备中，并可直接传输到计算机中。

数码相机是集光、机、电一体化的产品，集成了影像信息的转换、存储和传输等部件，它具备了数字化存取模式、实时拍摄和与计算机交互处理等特点。光线通过镜头或者镜头组进入相机，再通过图像传感器，如电荷耦合器件（CCD）或互补金属氧化物半导体（CMOS）转化为数字信号，最后储存到存储设备中。

目前市面上数码相机种类很多，一般分为单反数码相机和便携式数码相机。前者用传统单反取景器，镜头可卸换，功能较多，而后者用结构简单的光学取景器，镜头不可卸换，许多功能都自动化了，便于携带。如图 1-4-7 所示为 Canon 的一款单反数码相机，如图 1-4-8 所示为 Sony 便携式数码相机。

图 1-4-7　单反数码相机

图 1-4-8　便携式数码相机

数码相机的主要性能指标包括分辨率、颜色深度、存储能力和存储介质以及数据输出方式。

（4）数码摄像机

数码摄像机（Digital Video Recorder，DVR）与数码相机的工作原理相似，只不过数码相机主要用于记录间断（静止）的景物信息，而数码摄像机主要用于记录连续（运动）的景物信息，并以动态数字视频格式保存到存储设备上。

目前数码摄像机的品牌主要有索尼、佳能、松下、胜利、夏普、东芝等。数码摄像机分类方式有很多，按照应用领域可以分为专业机和家用机；按照存储介质分为磁带式、光盘式、存储卡式和硬盘式。数码摄像机的主要技术参数有影像感应器的有效像素、存储介质类型、视频压缩格式、镜头性能和输入/输出接口等。如图 1-4-9 所示为索尼的一款数码摄像机。

（5）光盘刻录机

光盘刻录机已成为多媒体计算机的重要配置，光盘刻录机是一种数据写入设备，利用激光将数据写入空白光盘，从而实现数据的储存。光盘刻录机从外形上可分为内置式和外置式，内置式的价格较便宜，且节约空间，外置式携带方便，散热性和密封性较好。光盘刻录机主要性能指标为读写速度、接口方式、缓存容量等。如图1-4-10所示为光盘刻录机。

图 1-4-9　数码摄像机

图 1-4-10　光盘刻录机

（6）数码录音笔

数码录音笔作为一种录音设备可以方便地获取数字音频信息，并直接输入计算机进行编辑，录音质量也可根据需要灵活设置。通过内置闪存来存储录音信息，存储方便，存储容量较大，连续记录录音信息的时间比磁带长许多，外加体积小巧、携带方便，因此已经逐渐取代了传统的磁带式录音机。一些录音笔还附带了激光笔、FM调频收音机和MP3音乐播放等功能。如图1-4-11所示为爱国者数码录音笔。

2. 多媒体接口设备

（1）声卡

声卡又叫音频卡，是多媒体计算机中重要的组成部分，是实现模拟声波与数字信号相互转换的硬件设备。声卡是录制和播放声音的设备，它能够把来自话筒、CD的声音进行转换，输出到耳机、扬声器等音响设备，处理的声音类型可以是数字波形声音、数字合成音乐（MIDI）或CD音频。一些多媒体计算机把声卡作为一种标准接口集成在主板上，无须另外配置声卡设备。但是如果用户对音频处理要求比较高，则需要配置一块独立声卡，如图1-4-12所示。

声卡主要性能指标包括采样频率、采样位数及接口类型等。采样频率和位数越高，获得的音频就越精确，质量越好。声卡的输入/输出接口主要有 LINE IN（线路输入）、LINE OUT（线路输出）、MIC IN（麦克风输入）、SPK（声音输出）及MIDI（游戏摇杆/MIDI）等。

（2）显卡

显卡又称显示适配器，如图1-4-13所示，是多媒体计算机基本设备，连接显示器和计算机主板，负责控制计算机的图形输出显示。一些主板集成了显卡的功能，但显存容量较小，显示效果及处理性能相对较弱，很难达到多媒体创作者需求。因此，对于从事专业多媒体设计的人来说，应该配置独立的显卡。显卡由显示芯片、显示内存、数/模转换器、BIOS芯片和显卡接口组成。

图 1-4-11　数码录音笔

图 1-4-12　声卡及接口

图 1-4-13　显卡及接口

（3）视频采集卡

视频采集卡又称视频卡，主要是将视频信号采集到计算机中，以数据文件的形式保存到磁盘上，是进行视频处理时的重要设备，用于连接摄像机、录像机、电视机等设备，获取输出的视频数据或者视音频混合数据。视频彩集卡的分类方式有很多，按采集视频信号源来分，可分为数字采集卡（见图1-4-14），以及模拟采集卡（见图1-4-15）。

图 1-4-14 数字采集卡

图 1-4-15 模拟采集卡

① 数字采集卡。利用IEEE1394卡将数码摄像机拍摄的DV信号采集下来并存储到多媒体计算机的硬盘中，以便进行后期编辑处理，

1394卡同USB一样，支持即插即用，其实质并不具备采集的功能，仅类似于一个数据传输接口，数据传输率非常快。

② 模拟采集卡。计算机通过视频采集卡可以接收来自视频输入端的模拟视频信号（如模拟摄像机、电视机、录像机等输出的视频信号）进行采集、量化成数字信号，再经过压缩编码成数字视频。

大多数模拟视频采集卡都具备硬件压缩功能，在采集视频信号时首先在卡上对视频信号进行压缩，然后再通过PCI接口把压缩的视频数据传送到主机上。一般的视频采集卡采用帧内压缩算法把数字化的视频存储成AVI视频文件，高档一些的视频采集卡还能直接把采集到的数字视频数据实时进行压缩处理，以便通过视频编辑软件进行后期处理。

1.4.3 多媒体计算机软件系统

多媒体计算机软件系统主要包括多媒体操作系统、驱动程序、多媒体素材制作工具、多媒体创作软件、多媒体播放器等。

1. 多媒体操作系统

多媒体操作系统是多媒体系统的核心，它除了具备操作系统的功能外，还应具备对多媒体数据及多媒体硬件设备的管理、控制功能。在多媒体环境下实现多任务的调度，确保音、视频控制同步，提供多媒体信息的各种操作和管理。目前，我们常用的多媒体操作系统为Windows系统，它提供了图形化的多任务环境、多媒体支持、对象的嵌入链接等功能，为多媒体软件提供了很好的支持；"即插即用"功能，为多媒体环境的建立创造了良好的条件。

2. 多媒体素材制作工具

多媒体素材制作工具是完成文字、图形、图像、声音、动画、视频等多媒体素材的制作工具。以下对常用的多媒体素材的制作和功能特点进行介绍，如表1-4-1所示。

表 1-4-1　常用多媒体素材制作工具

多媒体素材	工具软件		功能特点
文字	Word		微软公司推出的功能非常强大的文字处理软件，利用艺术字可以设计出特殊的效果文字
	WPS		金山公司推出的文字处理软件
图形	AutoCAD		美国 Autodesk 公司开发的，用于二维、三维绘图设计的软件；广泛应用于建筑工程、装潢设计、城市规划、园林设计、电路设计、机械制图、服装鞋帽设计、航空航天设计、工业设计等方面
	CorelDRAW		加拿大 Corel 公司设计的矢量图形制作工具软件，用于矢量动画、商标设计、标志制作等方面
	FreeHand		Adobe 公司的平面矢量图形设计软件，常用于广告创意设计、海报设计、机械制图等
图像	Photoshop		Adobe 公司的一款功能非常强大的平面图像处理软件，具有图像编辑、修复、合成、校色及特效制作等功能
	美图秀秀		美图秀秀是一款简单好用的图像处理软件，具有图像美容、拼接、修饰等功能
声音	Cool Edit/Audition		Adobe 公司的功能强大的音频处理软件，具有录音、音频编辑、混音及添加音效等功能
	Sound Forge		Sonic Foundry 公司开发的一款功能强大的数字音频处理软件，具有录音、音频处理、混音及添加音效等功能
动画	二维	Flash/Animate	Adobe 公司的二维矢量动画制作软件，常用于网页动画、游戏开发、动漫作品创作、教学课件制作等方面
		Animator Studio	Autodesk 公司的集图像处理、动画设计、声音编辑等为一体的二维动画设计软件
	三维	3D Max	Autodesk 公司开发的建模及三维动画制作的软件，应用于广告、影视、工业设计、建筑设计、游戏、辅助教学等方面
		Cool 3D	友立公司开发的三维动画制作软件，可以用它制作各种特效3D文字或图形动画
视频	Premiere		Adobe 公司开发的专业视频编辑软件，具有视频素材剪辑、特效设置、音效合成及字幕制作等功能
	绘声绘影		友立公司开发的数字视频编辑软件，简单、易用，功能强大
	After Effects		Adobe 公司的专业影视后期制作的软件，用于特效后期制作，常和影视编辑软件一起使用，制作出非常精彩的视频及特殊效果

3．多媒体创作软件

多媒体创作软件根据设计需要，将多种媒体素材有机地整合在一起，合成一个完整的多媒体作品，该作品须具备友好的用户操作界面、强大的交互控制功能等。多媒体应用程序的创作软件有以下两类。

（1）编程语言：利用高级程序设计语言，如 Visual Basic、Visual C++、Delphi 等，设计出功能强大的多媒体应用程序。对开发者要求高，限制了多媒体创作的人群。

（2）多媒体创作工具

随着多媒体技术的进步，越来越多操作简单、功能强大的多媒体创作工具被开发出来，普通用户通过简单的学习就可以进行多媒体作品的创作。多媒体创作工具提供了各种媒体素材编排和集成，常见的多媒体创作工具如表1-4-2所示。

表 1-4-2　常见的多媒体创作工具

设计类型	典型工具	特点
图标	Authorware	是一个图标导向式的多媒体制作工具，通过图标的调用来编辑控制程序走向的流程图，将多媒体素材集成在一起
时间轴	Animate、Director	通过时间轴的进程来组织多媒体素材
页/幻灯片	Tool Book、PowerPoint、WPS	通过一个完整的页面或幻灯片形式来集成多媒体素材，以页面间跳转来控制多媒体作品的播放
超链接	FrontPage、Dreamweaver	通过超链接方式实现多媒体素材的集成、浏览等

4. 多媒体应用系统设计流程

多媒体应用系统的开发一般包括需求分析、脚本编写、多媒体素材获取与制作、系统集成与测试等几个步骤，如图 1-4-16 所示。在整个多媒体应用系统的设计过程中，先要进行需求分析，了解用户的需求，明确作品设计的主题、目标、面向群体等，从而选择合适的内容编写多媒体作品脚本，描述作品的设计思路，为作品的设计提供很好的依据。"巧妇难为无米之炊"，所以接下来的工作是多媒体素材创作，素材的准备工作需要投入大量的人力物力，如文字材料的准备、图像获取与制作、音频录制与处理、动画制作、视频拍摄与编辑等。

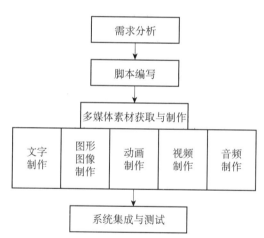

图 1-4-16　多媒体应用系统设计流程

1.5　思考与练习

一、选择题

1. 在多媒体系统中，内存和光盘属于（　　）。

A. 感觉系统　　　　　B. 传输媒体　　　　　C. 表现媒体　　　　　D. 存储媒体

2. 多媒体信息不包括（　　）。

A. 文本、图形　　　　B. 音频、视频　　　　C. 图像、动画　　　　D. 光盘、声卡

3. 多媒体个人计算机的英文缩写是（　　）。

A. VCD   B. NPC   C. MPC   D. MPEG

4. 多媒体技术的主要特性有（   ）。

（1）多样性（2）集成性（3）交互性（4）可扩充性（5）实时性

A.（1）（2）   B.（1）（2）（3）（5）

C.（1）   D. 全部

5. 多媒体计算机可以处理的信息类型有（   ）。

A. 文字、数字、图形   B. 文字、图形、图像

C. 文字、数字、图形、图像   D. 文字、数字、图形、图像、音频、视频

6. 多媒体技术应用主要体现在（   ）。

A. 教育与培训   B. 商业领域与信息领域

C. 娱乐与服务   D. 以上都是

7. 请根据多媒体的特性判断以下（   ）不属于多媒体的范畴。

A. 交互式视频游戏   B. 有声图书   C. 视频点播   D. 彩色电视

二、简答题

1. 简述多媒体技术的特点。

2. 列举出几种常用的多媒体素材创作工具及特点。

3. 简述多媒体技术在各领域中的应用。

4. 时长 5 分钟，采样频率为 44.1kHz，量化位数 16 位，双声道立体声，计算在未经压缩的情况下存储该段音频所需的空间。

第 2 章　数字图像处理

内容提要

Photoshop 是一款功能非常强大的平面图像处理软件，在照片修复、平面广告设计、网页制作、特效文字设计、包装装潢、多媒体制作、创意设计等诸多领域都有广泛的应用。本章主要介绍数字图像基础知识，配合多个案例深入浅出地介绍图像编辑、图像合成、色彩变换、特效滤镜等应用。通过本章的学习，使读者对图像基础知识有所了解，并掌握图像素材的制作与处理，主要包括以下几方面。

（1）图像编辑操作，可以对图像做各种变换，如放大、缩小、旋转、倾斜、镜像、透视等，也可进行复制、去除斑点、修补、修饰图像的残损等。

（2）图像合成操作，将几幅图像通过图层操作、工具应用合成完整的、传达明确意义的图像。借助 Photoshop 提供的绘图工具实现图像与创意很好的融合，使图像的合成天衣无缝。

（3）校色调色操作，对图像进行分析，能对图像的颜色进行明暗、色偏的调整和校正等。也可在不同色彩模式间切换，以满足图像在不同领域如网页设计、印刷、多媒体等方面的应用。

（4）特效制作，通过 Photoshop 中的滤镜、通道及工具综合应用完成包括图像的特效创意和特效字等的制作。

重点难点

1. 图像的选取操作、抠图及合成
2. 图像的修复
3. 特效应用
4. 图像综合处理

2.1　数字图像基础知识

2.1.1　图像的基本概念

1. 像素

像素是构成图像的最小单位，是图像的基本元素。

2. 分辨率

单位长度内所包含像素点的数量称为分辨率，单位为"像素每英寸"（pixel/inch，ppi）。与图像处理有关的分辨率有图像分辨率、打印机或屏幕分辨率等。

3. 图像分辨率

图像分辨率直接影响图像的清晰度，图像分辨率越高，则图像的清晰度越高，图像占用的存储空间也越大。

4. 显示器分辨率

在显示器中每个单位长度显示的像素或点数，通常以"点每英寸"（dpi）来衡量。显示器的分辨率依赖于显示器尺寸与像素设置，个人计算机显示器的典型分辨率通常为96dpi。

5. 打印机分辨率

打印机分辨率也以"点每英寸"来衡量。如果打印机分辨率为300～600dpi，则图像的分辨率最好为72～150ppi；如果打印机的分辨率为1200dpi或更高，则图像分辨率最好为200～300ppi。

2.1.2　图像文件格式

根据记录图像信息的方式（位图或矢量图）、压缩图像数据的方式的不同，图像文件可以分为多种格式。目前常见的图像文件格式有很多种，如TIFF、JPEG、BMP、GIF、PDF、PNG等。Photoshop默认的图像文件为PSD格式，支持Photoshop的图层、通道、矢量元素等特性。

（1）BMP（Bitmap，位图）是Microsoft公司为其Windows系列操作系统设置的标准图像文件格式，能够被多种Windows应用程序所支持。

其特点为：每个文件只能存放一幅图像；多种颜色存储格式（1，4，8，24，32位）；未经压缩的BMP文件一般都比较大。

（2）GIF（Graphics Interchange Format）由CompuServe公司于1987年推出，主要为网络传输和BBS用户使用图像文件而设计。

GIF是世界通用的图像格式，适合于动画制作、网页制作以及演示文稿制作等。

其特点为：采用改进的LZW压缩算法（串表压缩算法）处理数据；最多存储256色，不支持24位真彩色；一个文件可存放多幅图像（动画）。

（3）JPEG（Joint Photographic Experts Group），是国际标准化组织和国际电报电话咨询委员会联合制定的静态图像压缩编码标准。JPEG采用先进的压缩技术，通过有损压缩方式去除冗余的图像数据，也就是说，JPEG可以用较少的磁盘空间获得较好的图像品质。

其特点为：对于表达自然景观的色彩丰富的图片，JPEG编码方式具有非常好的处理效果；对于使用计算机绘制的具有明显边界的图形，JPEG编码方式的处理效果不佳。

（4）TIFF（Tagged Image File Format，标记图像文件格式）是由Aldus和Microsoft公司为扫描仪、桌面印刷出版系统联合研发的一种通用的图像文件格式。其特点是可移植性好，适应于不同的操作平台和多种机型，如PC、Macintosh机等均能读出。

（5）PNG（Portable Network Graphic Format）是20世纪90年代中期开发的流式网络图像

格式。其设计目的是试图替代 GIF 和 TIFF 文件格式，同时增加一些 GIF 文件格式所不具备的特性。它采用 LZ77 派生的无损数据压缩算法，压缩比高，生成的文件体积小。

（6）PSD（Photoshop Document）是 Photoshop 的专用文件格式，它包含图层、通道、路径、历史记录、蒙版等制作效果，编辑过程以 PSD 保存，编辑后再转换成其他格式。

其特点为：保存各种信息，占用空间较大；支持 RGB、CMYK 等多种色彩模式。

2.1.3　图像的分类

计算机图像分为两大类：位图和矢量图。

1. 位图

位图是指以点阵方式保存的图像。它由 X 轴和 Y 轴方向的点阵组成，每个点中都存储了对应的颜色信息。位图的缺点是文件尺寸太大，且和分辨率有关。因此，当位图的尺寸放大到一定程度后，会出现锯齿现象，图像将变得模糊，如图 2-1-1（a）所示。

（a）位图　　　　　　　　　　　　　　　　　　（b）矢量图

图 2-1-1　放大显示情况

2. 矢量图

矢量图使用直线和曲线来描述图形，这些图形的元素是一些点、线、矩形、多边形、圆和弧线等，它们都是通过数学公式计算获得的。如图 2-1-1（b）所示的是由线段形成外框轮廓，由轮廓线和中间色块存储的颜色信息决定花的颜色。位图和矢量图对比表如表 2-1-1 所示。

表 2-1-1　位图和矢量图对比表

	位图	矢量图
方式	逐点记录图像的亮度及颜色值	用命令或函数描述图像
存储容量	相对大	相对小
打开图像速度	快	要运行函数，较慢
基本单位	像素	点、线、面
效果	色彩、层次丰富	卡通、美术字等
放大	锯齿失真	不失真

2.1.4　图像的色彩模式

我们知道了位图的每个点、矢量图的每个色块都存储了颜色信息，那么什么是颜色信息，颜色信息在计算机中又是如何表示的呢？

1. 色彩的三要素

色彩的三要素即色相、明度、纯度（色度）。任何一个颜色或色彩都可以从这三个方面进行判断分析。色相指色彩所呈现出来的质的面貌，例如红、黄、蓝、绿等。明度指色彩的明暗深浅程度，明度越高颜色越亮。纯度越大，颜色越鲜艳。

2. 颜色模式

颜色模式用来确定如何描述和重现图像的色彩。常见的颜色模式包括 HSB（色相、饱和度、亮度）、RGB（红色、绿色、蓝色）、CMYK（青色、品红、黄色、黑色）和 Lab 等。

（1）RGB 颜色模式

Photoshop 将 24 位 RGB 图像看作由三个颜色通道组成。这三个颜色通道分别为红色通道、绿色通道和蓝色通道。其中每个通道使用 8 位颜色信息，该信息由从 0～255 的亮度值来表示。这三个通道通过组合，可以产生 1670 余万种不同的颜色。在 Photoshop 中用户可以很方便地从不同通道对 RGB 图像进行色彩处理。彩色电视机的显像管及计算机的显示器都使用这种颜色模式。

（2）CMYK 颜色模式

CMYK 颜色模式是一种用于印刷的模式，分别是指青（Cyan）、品红（Magenta）、黄（Yellow）和黑（Black）。RGB 颜色合成可以产生白色，而青色（C）、品红（M）和黄色（Y）的色素在合成后可以吸收所有光线并产生黑色。

（3）HSB 模式

HSB 模式以色相、饱和度、亮度与色调来表示颜色。通常情况下，色相由颜色名称标识，如红色、橙色或绿色。饱和度（又称彩度）是指颜色的强度或纯度。饱和度表示色相中灰色分量所占的比例，使用从 0（灰色）～100%（完全饱和）的百分比来度量。亮度是颜色的相对明暗程度，通常使用从 0（黑色）～100%（白色）的百分比来度量。色调是指图像的整体明暗度。例如，如果图像亮部像素较多，则图像整体上看起来较为明快。反之，如果图像中暗部像素较多，则图像整体上看起来较为昏暗。对于彩色图像而言，图像具有多个色调。通过调整不同颜色通道的色调，可对图像进行细微的调整。

2.1.5 图像的获取

1. 图像素材的获取

常见的图像素材获取方式有多种，比如：

（1）利用绘图软件创建图像文件。如 Windows 自带的画图软件，Photoshop、CorelDRAW 等图像编辑软件，利用系统提供的菜单和工具绘制各种图形，还可以进行编辑处理等。

（2）利用扫描仪将照片、印刷图片、美术作品、纸质材料等扫描到计算机中。

（3）从计算机屏幕上抓取图像，比如抓图工具，或者键盘上的 PrintScreen、Alt+Print Screen 组合键等抓取屏幕图像。

（4）利用数码相机拍摄图像或利用数字摄像机捕捉图像。再通过 USB 接口将数码设备与计算机连接，直接复制照片到计算机中。

（5）从数字图像库中获取图像。从素材光盘中复制图像或者网络素材库中下载图像。

2. 图像的数字化

模拟图像数字化的过程中，一般要经过采样、量化和编码三个步骤，如图2-1-2所示。

图 2-1-2　模拟图像的数字化过程

（1）采样。采样就是计算机按照一定的规律，采集一幅原始图像模拟信号的样本。每秒钟的采样样本数叫作采样频率。采样频率越高，数字化后图像就越接近于原来的图形，即图像的保真度越高，但量化后所需的存储量也越大。

（2）量化。对采集到的样本点进行数字化处理就是量化，实际上是对样本点的颜色或灰度进行等级划分，然后用多位二进制数表示出来。量化等级是图像数字化过程中非常重要的一个参数。它描述的是每帧图像样本量化后，每个样本点可以用多少位二进制数表示，反映图像采样的质量。

（3）编码。在以上两项工作完成后，就需要对每个样本点按照它所属的级别，进行二进制编码，形成数字信息，这个过程就是编码。如果图像的量化等级是256级，那么每个样本点都会分别属于这256级中的某一级，然后将这个点的等级值编码成一个8位的二进制数即可。

2.1.6　图像的压缩技术

图像文件的大小是指整幅图像存储到磁盘上所占的空间，它除了跟像素点个数有关外，还与颜色的种类数有关，即每个像素点色彩编码所需位数。计算公式如下：

图像存储容量（字节）＝水平像素数×垂直像素数×每像素编码位数（颜色深度）/8

例如：一副大小为800像素×600像素的真彩色图像（24bit），未经压缩时需要多大的存储空间？（单位：MB）

分析：

像素计算　　800×600=480 000 个像素

颜色深度　　每个像素需要用24位二进制来表示

单位（MB）1MB=1024KB，1KB=1024B，1B=8b

代入公式计算：

$$800 \times 600 \times 24/8 = 1\ 440\ 000B \approx 1.37MB$$

显然，图像在数字化后，其所需的存储空间非常大，在多媒体作品开发的过程中，我们必须考虑图像文件的大小。因而，编码压缩技术是图像存储和传输的关键。

静态图像专家组（Joint Photographic Experts Group 简称JPEG）在静态图像压缩方面推出了JPEG标准和JPEG2000标准。

JPEG是静态图像压缩的第一个国际标准，JPEG2000是JPEG的升级标准，它们的性能比较如表2-1-2所示。

表 2-1-2　JPEG 与 JPEG2000 的性能比较

标准	JPEG	JPEG2000
说明	连续色调静态图像的数字压缩编码	新一代静态图像编码标准

（续表）

标准	JPEG	JPEG2000
主要技术	离散余弦变换（DCT）	离散小波变换（DWT）（感兴趣区域）
压缩比	2∶1～30∶1	2∶1～50∶1（提高了30%～50%）
有/无损压缩	支持有损压缩	支持有损压缩/无损压缩
性能	图像由上到下慢慢显示 图像质量较好	图像由模糊到清晰渐变显示 图像更细腻逼真
应用场合	广泛应用，比如：Internet、数字照相、图像、视频编辑等	可应用于Internet、数字照相、打印、扫描、移动通信等
常用文件格式	.JPEG、.JPG 等	.JP2、.JPF 等

2.2　Photoshop 基本操作

2.2.1　熟悉 Photoshop 工作界面

Photoshop CC 2019 的工作界面窗口如 2-2-1 所示，由菜单栏、工具属性栏、工具箱、控制面板、工作区等组成。下面结合该窗口介绍 Photoshop 的界面组成及各个部件的使用方法。

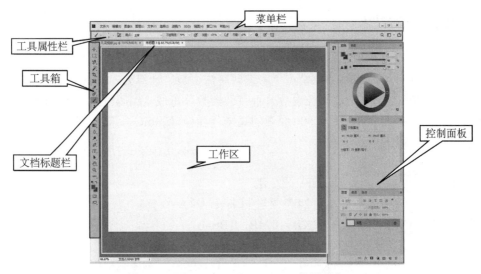

图 2-2-1　Photoshop CC 2019 工作界面窗口

1. 菜单栏

菜单栏中的菜单可以执行 Photoshop CC 2019 的许多命令，在菜单栏中分类共排列 9 个菜单，每个菜单都有一组相关命令，几乎包含了 Photoshop CC 2019 的所有命令。

其中很多常用命令在按钮上显示对应的快捷键。用户只需按下快捷键就可调出相应命令，省去了打开菜单这个步骤，大大地提高了效率。一些命令有一定的运行条件，若条件不满足，则呈灰色不能使用。

2. 文档标题栏

标题栏位于工作区上方，显示 Adobe Photoshop 打开的文档名字，单击右侧的未标题-1 @ 100%(RGB/8#) ×　未标题-2 @ 100%(RGB/8#) × 关闭按钮可以关闭当前文档窗口，如果文档标题右侧有"*"，提示当前文档有新的修改内容尚未保存，可以选择保存文档。

3．工具箱

工具箱在屏幕的左侧。可通过拖移工具箱的标题栏来移动它。通过选取"窗口"菜单→"工具"命令，也可以显示或隐藏工具箱。工具箱提供了我们用于创建和编辑图像的所有工具，大致可划分为选择工具、绘图工具、路径工具、文字工具、切片工具及其他类的工具，如图 2-2-2 所示。

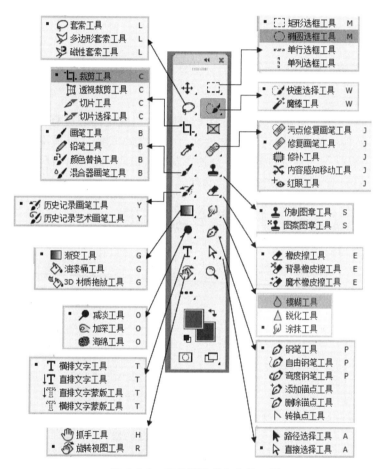

图 2-2-2　工具箱及其包含的工具

通过鼠标左键单击工具箱中的工具按钮就可以调出相对应的工具。有些工具按钮右下角呈现一个小黑三角形，按住鼠标左键持续 1 秒钟左右，将在按钮旁边又出现一个下拉工具列表，它们是具有相关功能的一组工具。将光标移动到所需工具选项，单击鼠标左键就可以选中该工具。

4．工具属性栏

工具箱属性栏位于菜单栏的下方，内容随着用户当前选中的工具变化而变化。可以方便地调整当前工具的各种属性值。画笔工具的属性栏如图 2-2-3 所示。

图 2-2-3　画笔工具的属性栏

5. 控制面板

控制面板是 Photoshop 的特色界面之一，可方便拆开、组合和移动，又称浮动面板。可对图像的颜色、图层、通道、路径、历史记录、动作等进行操作和控制。

控制面板可以根据需要，通过"窗口"菜单进行隐藏或显示。如果工作界面乱了，可以重置，方法为："窗口"菜单下选择"工作区"→"复位基本功能"命令。

2.2.2　文件操作

文件基本操作包括新建文件、打开文件、切换文件、保存文件和置入文件等。

1. 新建文件

选择"文件"菜单→"新建"命令或按Ctrl+N组合快捷键，即可打开"新建"对话框，如图 2-2-4 所示。在右侧对话框中可输入文件名，设置大小尺寸、分辨率、颜色模式和背景颜色等内容。默认情况下，系统创建一个分辨率为 72ppi、背景色为白色的图像。也可以根据需要新建照片、移动设备、Web 等类型的文件。

图 2-2-4　"新建"对话框

2. 打开文件

在 Photoshop 中可以打开一个或多个已有文件。

方法一：可选择"文件"菜单→"打开"命令，在打开的对话框中选择 1 个或多个图片文件即可打开。

方法二：按 Ctrl+O 组合键，在打开的对话框中选择 1 个或多个图片文件打开即可。

方法三：直接将文件移到标题栏空白处。

方法四：将图片文件拖曳到 Photoshop 快捷图标上。

3. 切换文件

当 Photoshop 中已经打开了多个图像文件时，工作区需要在多个图像文件间切换，单击对应文档的标题选项卡即可。鼠标拖动图名栏可以移动图片位置。

4. 保存文件

（1）存储

选择"文件"菜单→"存储"命令（Ctrl+S 快捷键）即可。

（2）存储为

选择"文件"菜单→"存储为"命令（Ctrl+S 快捷键），可以将文件存储在新磁盘位置或以不同文件名保存，该命令还允许用户使用不同文件格式存储图像。

"格式"下拉列表中可以选择不同的图像格式（如图 2-2-5 所示）。PSD 为 Photoshop 默认的图像保存格式，可保存通道、图层、路径等特殊信息，但文件较大。JPEG 为一种有损压缩格式，文件较小，但会降低图像品质；GIF 常用于网络，文件较小，但只能存储 256 色；PNG 即可移植网络图形格式，也是一种位图文件存储格式，可保存为背景透明的图像。

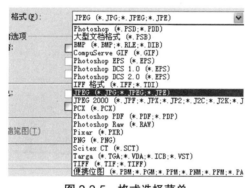

图 2-2-5　格式选择菜单

5. 置入文件

选择"置入"命令可以将任何 Photoshop 认可的图像作为智能对象添加到当前图像中。

2.2.3　图像窗口的基本操作

1. 设置图像显示比例

（1）缩放工具

缩放工具可以放大或缩小图像以利于观察和处理图像。缩放工具在图像窗口中显示为放大工具图标。双击缩放工具图标，可以以 100% 的显示比例显示图像。在使用其他工具时，按 Ctrl+Space 快捷键的同时，单击对象放大显示；按 Alt+Space 快捷键的同时，单击对象缩小显示。选中放大工具，移到图像窗口中，按下鼠标左键不松开，沿对角线方向拖出需要放大的区域，就能将需要放大的部位显示出来，如图 2-2-6 所示。另外，按键盘中的 Ctrl+"+"（加号）可以放大图片显示比例，Ctrl+"−"（减号）键可以缩小图片显示比例。

（2）使用抓手工具和导航器调板

当窗口无法显示全部图像信息时，可以使用 或导航器调板来控制工作区显示内容。

使用抓手工具可以在图像窗口中移动整个画布，抓手工具常常配合导航器面板一起使用。

图 2-2-6　缩放工具效果

　　导航器中的红色小方框代表当前工作区中显示的图像区域，直接拖动该方框可直接改变工作区的显示内容。拖动导航器面板下方的三角形游标，向右可以缩小红框，向左可放大红框，从而很方便地控制图像显示比例，如图 2-2-7 示。

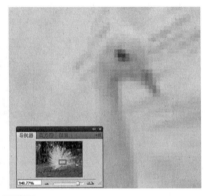

图 2-2-7　导航器效果

2. 调整画布大小

　　画布大小指图像的完全可编辑区域。选择"图像"→"画布大小"命令可以增加或减小图像画布大小。

　　选择后将弹出"画布大小"对话框，如图 2-2-8 所示。调整时可参照对话框顶部的"当前大小"设置数值，也可以通过设置单位为百分比方便地进行大小调整。如果扩大画布，将以背景色填充扩展区域，如果缩小画布则会对图像进行剪裁。

　　在宽度和高度设置的下方，有"相对"选项。该选项未勾选的情况下，为"绝对方式"，输入的宽度和高度值为新画布的绝对大小。勾选"相对"选项时，若大小输入为正数，则增加画布区域，如为负数，则裁切掉图像。

图 2-2-8　"画布大小"对话框

　　"定位"项：单击中间方格可以以图像中心定位减小或增大四周的画布，单击上方方格，可增大或减小下面的画布，单击右面方格，可增大或减小图像左面的画布，以此类推。

　　"画布扩展颜色"选项中可设置扩展部分的颜色，或单击此选项右侧的白色方形图标，打开"拾色器"设置新画布的颜色。

3. 画布的旋转与翻转

利用"图像"→"旋转画布"命令，可以任意改变画布的方向，还可对画布做水平与垂直翻转操作。

2.2.4　图层的基本操作

1. 图层基本概念

图层就像一张张独立的透明胶片，每张胶片上都绘制了图像的一部分内容，可以分别独立编辑，互不干扰，最后将胶片按顺序叠加在一起（顺序可改变），透过上面的胶片的透明区域可以看到下面的胶片，便可得到完整图像。

2. 图层面板

图层面板是图层操作的主要场所，选择"窗口"菜单→"图层"命令或按F7键可调出。图层面板中按顺序显示了当前文件的所有图层及不透明度、混合模式等参数设置，如图2-2-9所示。

3. 图层的基本操作

图层是 Photoshop 图像处理中至关重要的部分，在本书 2.4节对图层的基本操作做了具体阐述。

图 2-2-9　图层面板

2.2.5　图像的编辑

1. 图像大小

"图像大小"命令可以修改图像的分辨率、像素大小和尺寸大小。尺寸相同的图像，其分辨率越高图像越清晰，反之亦然。修改图像的像素大小，不仅会影响图像在屏幕上的大小，还会影响图像质量及其打印特质（图像的打印尺寸及分辨率），也决定了图像的存储空间。

选择"图像"→"图像大小"命令，打开"图像大小"对话框，如图2-2-10所示。

图 2-2-10　"图像大小"对话框

禁用"重新采样"复选框时，图像像素固定不变，而可以改变尺寸和分辨率；启用该复选框时，改变图像尺寸和分辨率，图像像素数值会随之改变。

若加上Photoshop的自动批处理功能，可以对大量的数码照片或图片进行尺寸大小调整。

2. 图像剪裁

裁切工具 🔲 就如同我们用的裁纸刀，可以对图像进行有选择的去留操作。

如图2-2-11所示，在匆忙取景中，拍摄的照片有点倾斜，可利用裁切工具，拖动鼠标，将其选中，再通过旋转操作调整成垂直。

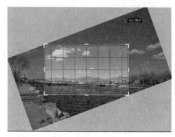

图 2-2-11　裁切效果

裁剪时，如果图片本来是倾斜的，但希望图片以某根斜线为基准调整水平，可以单击拉直按钮，接着在图片中沿着湖面绘制一根斜线，图片将以湖面为基准调整到水平位置，如图2-2-12所示。如果希望图片能为左上角白色背景自动填充周围的像素，勾选"内容识别"复选框即可。完成后的效果如图2-2-13所示。

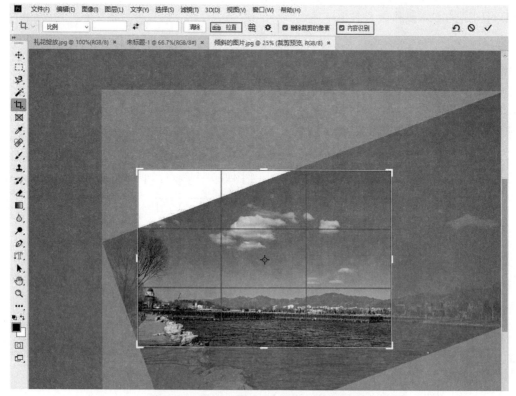

图 2-2-12　裁剪时勾选"内容识别"复选框

注意，裁剪不是说只能把图片画面越裁越小，我们也可以利用裁剪工具扩充画布大小。

扩充部分将以背景色填充画布，或勾选"内容识别"复选框，以图片周围自动识别的像素填充，如图 2-2-14 所示。

图 2-2-13 左上角填空自动填充效果

图 2-2-14 裁剪时扩充画布

3. 图像操作的恢复

（1）菜单命令

选择"编辑"→"还原"（Ctrl+Z）命令可使操作退回到前一步，或选择"前进一步"（Ctrl+Shift+ Z）命令可以恢复操作，十分方便。

（2）"历史记录"面板

图像处理中，每一步操作都会记录在"历史记录"面板中，通过它，不仅能清楚了解对图像已执行的操作步骤，还可以随心所欲地退回至图像任一历史状态。

通过"窗口"→"历史记录"，调出"历史记录"面板，如图 2-2-15 所示。单击所需退回的状态的描述文字上，即可恢复到该状态。

在默认情况下，共能记录 50 个历史状态，可以通过"编辑"菜单→"首选项"→"性能"命令中进行修改，但实际能存储的历史记录个数也和计算机的内存大小有关。若希望某一状态在整个工作过程中保留，可使用"历史记录"面板的"快照"按钮 📷 。选中需建立快照的历史状态，单击"快照"按钮，在面板顶端将出现新建的快照。一个或多个快照保存在内存中，在整个编辑过程中一直保留，但不随图像保存，关闭图像则快照也随所有历史记录一起消失。

若希望永久保存某些图像处理状态，可单击"历史记录"面板底端的 🖼 按钮，可从当前状态新建一个图像文件。

4. 变换图像

Photoshop "编辑"菜单的"变换命令"可以对图像进行角度以及大小的调整操作。例如缩放图像、旋转图像、斜切图像等，如图2-2-16所示。

图 2-2-15　"历史记录"面板

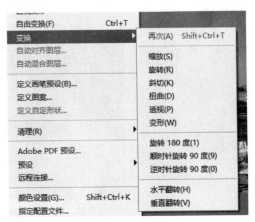

图 2-2-16　变换图像子菜单

变换图像有两种方式：一种是直接在"编辑"菜单→"变换"命令下选择各个子命令；另一种是使用"自由变换"命令（快捷键Ctrl+T）。变换必须在选中对象的情况下使用。

提示：确认变换必须按Enter或者鼠标左键双击控制框，取消变换按Esc键。

（1）缩放、旋转图像

默认情况下可以等比例缩放；按Shift键不松开，可以对图片进行仅水平方向或仅垂直方向上的缩放；按Alt键不松，可以以当前点为中心进行缩放；按Shift+Alt组合键不松，则实现以当前点为中心的水平比例缩放或垂直比例缩放。选择"旋转"命令后，将光标移至变换控制框角上的点，此时拖曳鼠标可旋转图像。

（2）斜切、扭曲、透视与翻转图像

"斜切"命令可使图像倾斜。此时控制点只能在变换控制框边线所定义的方向上移动，如图2-2-17（a）所示。按Ctrl+T组合键进行自由变换，在框内右键单击，在弹出的快捷菜单中选择"斜切"命令。

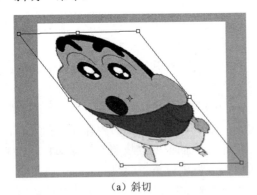

（a）斜切

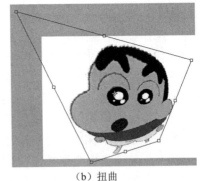

（b）扭曲

图 2-2-17　变换效果

"扭曲"命令可任意拖曳变换框的4个角点进行图像变换，如图2-2-17（b）所示。

选择"透视"命令时，拖曳变换框任一角点，方向上的另一角度会同时反方向移动，得到对称梯形。打开"2-2-26.psd"文件，如图2-2-18（a）所示，对网格执行"透视"命令和"缩放"命令，可得到如图2-2-18（b）所示的效果。

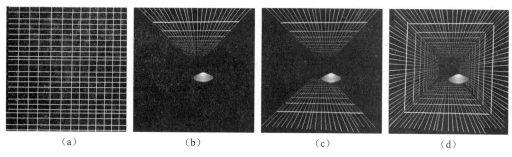

（a）	（b）	（c）	（d）

图 2-2-18　宇宙飞碟效果

翻转图像在图像处理中用处广泛，复制图 2-2-18（b）中的"网格"图层，只需使用"垂直翻转"命令就可以实现图2-2-18（c）所示效果。复制上部的网格，使用"变换"→"逆时针旋转90度"或"顺时针旋转90度"命令，可得到最终宇宙空间效果，如图2-2-18（d）所示。

（3）变形图像

使用"变形"命令可调出变形网格控制框，通过拖动控制点可对图像进行弯曲、扭转等操作；也可以在工具选项栏中的"变形样式"下拉列表中选择一种已有样式对图像进行变形操作（可再加工），如图2-2-19所示。

（4）"自由变换"命令操作

"自由变换"命令灵活多变，用户可以完全地自行控制，做出任何变形。

辅助功能键：Ctrl、Shift、Alt。其中，Ctrl 键控制自由变化；Shift 键控制方向、角度和等比例放大缩小；Alt 键控制中心对称。可单键使用，也可多键组合使用。例如，在自由变换状态下，一直按着Ctrl键，鼠标分别移动图 2-2-20 中的 4 个顶点，调整顶点到画框中的 4 个角，可以将图片放入画框中。

图 2-2-19　变形操作

图 2-2-20　变换图片放入画框效果

已经执行的变换，选择"编辑"菜单→"再次"命令（快捷键Ctrl+Shift+T），可重复执行相关操作。结合Alt键，可在复制副本的同时再次变换。

提示： 在自由变换状态下，右击后选择"水平翻转"和"垂直翻转"命令，可以快速将图片翻转。

（5）内容识别缩放

有时候我们将图片放大时，希望某一部分能保留原有大小，其余部分参与放大操作。如图2-2-21所示，我们希望将图片水平方向拉长，但是不希望图中的人物变形。那么我们可以采用内容识别缩放，操作方法如下。

图 2-2-21　图和部分内容放大后的效果图

① 选区保护：打开素材图片，利用矩形选框工具 [::] 将人物框选，如图 2-2-22 示。执行"选择"菜单→"存储选区"命令，在弹出的对话框中将选区命名为"man1"并存储，取消选区。

② 水平方向拓展画布：利用裁剪工具，图片高度不变，把画布进行水平方向扩充，如图 2-2-23 所示。

图 2-2-22　选人物　　　　　　　　　图 2-2-23　裁剪工具扩充画布

③ 图像识别缩放：用矩形选框工具选取左侧图案，在"编辑"菜单下选择"内容识别缩放"命令，在工具属性栏的"保护"中选择刚刚保存好的选区名称"man1"，按住 Shift 键，将图片向左右方向拉伸，在变换框内部双击确认，即可得到如图 2-2-21 所示的最终效果。

2.2.6　工具箱

工具箱是 Photoshop 处理图像的兵器库，包括了选择、颜色设置、修图、绘图、文字等 40 多种工具。选中工具使用时，一定要注意在工具属性栏中修改工具的参数设置。

1. 颜色设置

Photoshop 提供了很多绘图工具，在进行绘图前需要进行颜色的设置。Photoshop 提供了多种颜色设置的方法，用户可以根据需要选择。

在工具栏的下方有一个设置前景色和背景色的区域，如图 2-2-24 所示。前景色又称为作图色，任何绘图工具都将使用前景色绘图。背景色就如同作画的底色，即画布色，绘图过程中可调整。系统默认黑色为前景色，白色为背景。单击"默认颜色"按钮或按 D 键可以恢复系统默认前景色和背景色，按 X 快捷键可以使前景色、背景色互换。

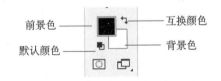

图 2-2-24　前景色背景色设置

（1）使用拾色器

拾色器用于快速选取所需要的前/背景色，单击"前景色"或"背景色"按钮可打开"拾色器"对话框，如图2-2-25所示。可以直接选取颜色，也可以任选HSB、RGB、Lab、CMYK四种颜色模式之一，直接输入所需各分量的数值或颜色值。

（2）使用"颜色"面板

Photoshop还提供了"颜色"面板用于前景色背景色设置，如图2-2-26所示。

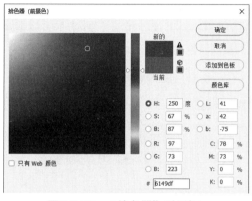

图2-2-25 "拾色器"对话框

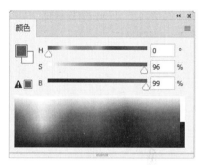

图2-2-26 "颜色"面板

单击右上角按钮从打开的菜单面板中可选择不同颜色模式的颜色滑块。拖动小三角滑块可以改变颜色分量的数值，当然也可直接输入数值。或者直接移动光标到底部的色谱条，光标变为吸管形状，单击即可选择颜色。

（3）使用"色板"面板

"色板"面板如图2-2-27所示。将光标移到需要的颜色上，光标变为吸管形状，单击左键即可将其设置为前景色，单击左键同时按Ctrl键，则可将其设置为背景色。

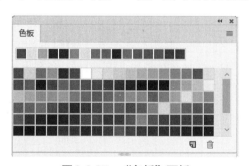

图2-2-27 "色板"面板

当然根据设计需要可以调整"色板"面板中的颜色。将"色板"面板上的一个颜色拖动到"删除"按钮上，即可删除该颜色。若添加颜色，则将光标移动到下部空白色样处，当光标变成油漆桶状时单击左键，即可将前景色添加到"色板"面板。

（4）使用吸管工具

吸管工具可获得图像区域任一点的颜色信息，属于信息工具，信息工具还包括颜色取样器工具和标尺工具等。这三个工具从不同的方面显示了光标所在点的信息。

首先在工具箱中选择该工具，移动光标到所需颜色处单击左键，即可将拾取的颜色设置为前景色，单击的同时按住Alt键，即可将拾取的颜色设为背景色。

2．油漆桶工具和渐变工具

油漆桶和渐变工具用于以不同的方式为图像填色。

（1）油漆桶工具

油漆桶工具和"编辑"→"填充"命令十分相似，用以在图像或选区内填充颜色或图案。但油漆桶工具在填充前会对光标单击位置的颜色采样，只填充颜色相同或相似的图像区域。

选中油漆桶工具，可在油漆桶工具属性栏（如图2-2-28所示）里设置填充的内容，当选择填充图案时，"图案"列表框被激活，可选择所需填充的图案，如图2-2-29所示。"容差"选项表示被填充范围颜色和光标点中点的颜色差别范围，"容差"越大，被填充的像素越多，"容差"越小，被填充的像素越少。单击右上角的 ⚙ 按钮，可以追加更多类型的图案。

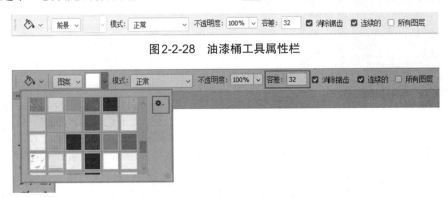

图2-2-28　油漆桶工具属性栏

图2-2-29　图案属性栏

用前景色、背景色填充的快捷键分别为 Alt+Delete 键、Ctrl+Delete 键。

（2）内容识别填充

有时候，我们希望快速消除画面中的一些干扰内容。例如去除原始图片中的玻璃弹珠，如图2-2-30所示，那么可以用上"内容识别填充"命令。方法为：打开素材图片，先用套索工具选中左下角的两颗玻璃弹珠所处的区域，选择"编辑"菜单下的"内容识别填充"命令，在弹出的面板中进行参数设置或保持默认参数，如图2-2-30（c）所示。用同样的办法处理右下角的弹珠我们发现图中玻璃弹珠消失，其余画面完好无损。

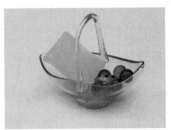

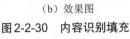

（a）原图　　　　　　　（b）效果图　　　　　　　（c）参数设置

图2-2-30　内容识别填充

（3）渐变工具

利用渐变工具可以填充渐变色。如果选区存在，仅对当前图层的选区内部进行渐变填充，如果没有选择区域，将对整个图层进行渐变填充。

在如图 2-2-31 所示的属性栏中，可以设置渐变方式、渐变颜色等。渐变方式有线性渐变、径向渐变、角度渐变、对称渐变和菱形渐变等几种。单击渐变效果列表框的下拉按钮，可以选择一些预设好的渐变色，如"前景色到背景色"、"前景色到透明"和"黑白"渐变等。单击渐变列表框中的渐变效果（不要单击下拉按钮），将弹出"渐变编辑器"对话框，如图 2-2-32 所示。使用它，可以修改渐变色。

图 2-2-31　渐变工具属性栏

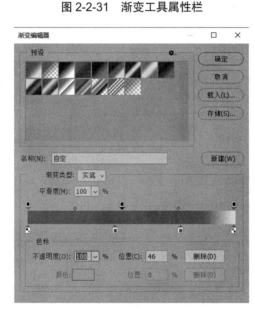

图 2-2-32　"渐变编辑器"对话框

渐变条的下方，一个色标代表渐变中的一种颜色，根据渐变颜色的多少，在渐变条下方单击添加所需的色标。双击色标或先单击色标，再单击激活的"颜色"，可打开"拾色器"对话框调整颜色。选中色标，拖曳鼠标可移动色标。若需删除多余色标，则可在选中该色标后，单击"删除"按钮，或直接将色标向下拖出渐变条。单击选中一个色标，左右色标的中间将出现一个小的菱形图标，左右移动菱形图标，可以调整颜色分布范围。

渐变条的上方，色标代表"透明度"，可创建透明渐变，使用方法同上。

案例2-2-1：绘制如图 2-2-33（c）所示的彩虹，参照效果文件"彩虹效果.jpg"。

设计目标：掌握渐变工具的使用，熟练应用渐变编辑器来设置个性化渐变；掌握图层的简单操作。

设计思路：通过修改 Photoshop 自带的七彩渐变，得到彩虹渐变，并通过设置图层的不透明度和使用柔角橡皮，得到逼真的彩虹效果。

设计步骤：

① 打开"第 2 章\彩虹效果-源.jpg"文件。

② 选择渐变工具，在工具属性栏中，设置渐变方式为"径向渐变"，打开"渐变编

辑器",编辑渐变颜色,如图2-2-34所示。

③ 新建图层"彩虹",从圆心到半径方向(从内到外)绘制一根射线,得到图2-2-33(b)所示的效果,使用橡皮擦工具,在工具属性栏中调整橡皮擦的硬度为0%,大小为80像素,擦除彩虹下方图案。在图层面板中修改图层不透明度为25%,可以得到彩虹的最终效果,如图2-2-33(c)所示。

(a)   (b)   (c)

图2-2-33 彩虹效果

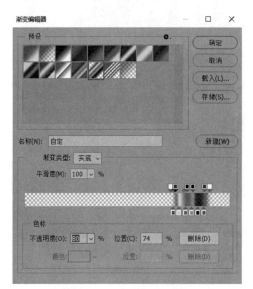

图2-2-34 渐变编辑器设置

3. 图像修饰工具

图像修饰,相片润色在日常图像处理中十分重要。图像修饰工具包括各种图章工具、修复工具、颜色替换和模糊锐化等工具,详见第2.7节。

4. 画笔工具和历史记录画笔工具

(1)画笔工具

在 Photoshop 中,画笔是一个比较常用的工具,但要想真正用好画笔工具其实并不容易,主要原因是其属性相当复杂多样。

在如图2-2-35所示的画笔工具属性栏中,单击"画笔"右侧的小三角按钮,可以复位画笔工具或复位所有工具。单击"画笔"大小右侧的小三角按钮,将打开"画笔预设选取器"面板,通过"大小"可设置画笔直径,通过"硬度"可设置画笔边界的柔和程度。单击大小右侧的按钮,可以添加旧版画笔形状。

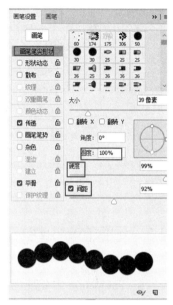

图 2-2-35　画笔工具属性栏

单击画笔工具属性栏中的按钮或按 F5 键，可以打开画笔调板。Photoshop 提供了大量的内置画笔，单击"画笔"选项卡，可以看到各类画笔。当然也能通过"导入画笔"命令，从外部载入".abr"格式的画笔组以供图像设计。在"画笔设置"选项卡中，可以进行画笔笔尖形状、大小、硬度、间距等常规设置，还可以设置画笔形状动态、散布、颜色动态等，如图 2-2-36 所示。

（2）历史记录画笔

历史记录画笔需要配合"历史记录"面板使用，可将指定的历史记录或快照用于源数据，从而恢复图像。

打开如图 2-2-37（a）所示的素材图片"girl.jpg"，依次执行菜单命令"滤镜"→"模糊"→"镜头模糊"和"滤镜"→"滤镜库"→"扭曲"→"玻璃"，得到如图 2-2-37（b）所示效果。打开"历史记录"面板，在"打开"状态的左端单击，指定历史记录，设置如图 2-2-38 所示。选择历史记录画笔，在工具属性栏中设置合适的大小和 100% 硬度，在人物脸部涂抹，可得到如图 2-2-37（c）所示的最终效果。

图 2-2-36　画笔调板—画笔
笔尖形状设置

（a）原图　　（b）添加滤镜后　　（c）最终效果图

图 2-2-37　历史记录画笔操作

图 2-2-38　在"历史记录"面板中设置历史记录画笔源

5. 橡皮工具

橡皮工具用于擦除图像，共有三种橡皮擦，分别用于不同场合。

（1）橡皮

直接拖动鼠标在图像上涂抹，可以擦除图像。在普通图层中，将所擦除区变成透明色，在背景图层中，将所擦除区域用背景色填充。

（2）背景橡皮

通过连续采集画笔中心的色样，并删除在画笔轨迹中任何位置中出现的该颜色，将前景从背景色中提取出来。对前景图像有一定的保护作用，非常适合清除背景较为复杂的图像，它将被擦除部分转变为透明色。

（3）魔术橡皮

魔术橡皮与背景橡皮相似，也是主要用来擦除图像背景的，可视为魔棒工具与背景橡皮工具的结合。它可以将与单击点的颜色差别在一定容差范围内的背景颜色全部清除而得到透明区域。

6. 移动工具

可以直接移动图层的位置，或者移动选区中的图像。当然，我们也可以将选区内容或图层移动到其他文件中。

2.3 图像的选取操作

在 Photoshop 中处理局部图像，如移动、旋转、缩放、调整色彩等，首先需要利用选取操作来确定范围。这就要求我们能精确地选取出这些特定的区域，而选取范围的精确程度以及操作完成的难易度都是至关重要的。

2.3.1 选框工具

在 Photoshop 中，选取图像的方法多种多样。下面先介绍选框工具。

选框工具是最简单易用的创建规则选区的工具。Photoshop 中提供了 4 种选框工具，分别是矩形选框工具、椭圆选框工具、单行选框工具和单列选框工具。它们在工具箱的同一按钮组中。可以通过长按鼠标左键或单击鼠标右键来选择如图 2-3-1 所示列表中的一种工具。

图 2-3-1 选框工具组

选择工具箱中的矩形选框工具或椭圆选框工具后，在绘图区中拖动鼠标，就能绘制出矩形选区或椭圆选区。新建立的选区以闪动的虚线框显示。

按住 Shift 键拖动鼠标，可以建立正方形或圆形选区。

按住 Alt 键拖动鼠标，可以建立起点为中心的矩形或椭圆选区。

同时按住 Alt+Shift 键拖动鼠标，可以建立以起点为中心的正方形或圆形选区。

使用一次选框工具只能建立一个简单的矩形或椭圆形选区。若想得到更复杂的选区，则需要通过创建选区的模式来获得。

创建选区的模式按钮位于工具栏左侧，一共有 4 种模式，也称为选区的 4 种运算。

新选区：可建立一个新的选区，并且取消原选区。

添加到选区：新建立的选区与已有的选区相加。

从选区减去：从已存在的选区中减去当前绘制的选区。

与选区交叉：获得已存在的选区与当前绘制的选区相交叉（重合）的部分。

案例2-3-1：利用选框工具绘制一个圆柱体。

设计目标：掌握选框工具、选区模式的综合应用。

设计思路：圆柱体由矩形选框和椭圆选框组成，立体效果通过色差体现。

设计步骤：

（1）新建图像文件。将"背景"图层颜色设置为白色到浅蓝的线性渐变填充。

（2）新建"图层1"。选择矩形选框工具，模式为"新选区"，绘制一个如图2-3-2所示的矩形选区。

（3）选择椭圆选框工具，模式为"添加到选区"，在已有的矩形选区上方和下方各绘制一个椭圆选区，如图2-3-3所示。为该选区填充上灰-白-灰的线性渐变填充，如图2-3-4所示。

图2-3-2　绘制矩形选区　　　　图2-3-3　添加椭圆选区　　　　图2-3-4　渐变填充选区

（4）新建"图层2"，用椭圆选框工具和"新选区"模式，在原先选区的上部建立椭圆选区并用灰色进行填充，如图2-3-5所示。

（5）仍然使用椭圆选框工具和"新选区"模式，在原先的椭圆选区中央选取一个较小的椭圆，然后按Delete键，将其中的填充色删去，即可得到如图2-3-6所示的最终效果图。

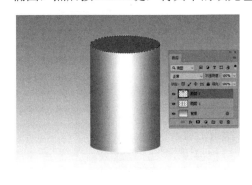 

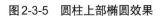

图2-3-5　圆柱上部椭圆效果　　　　　　　　图2-3-6圆柱最终效果图

2.3.2　套索工具

选框工具只能用来创建规则的选区，套索工具可以用来创建不规则的选区，它的作用类似于用笔尖来绘制出选区。Photoshop中提供了3种套索工具：套索工具、多边形套索工具和磁性套索工具，如图2-3-7所示。

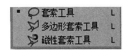

图2-3-7　套索工具组

1. 套索工具

套索工具可以根据鼠标指针运动的轨迹来建立选区，适用于自由地绘制一个选区。

选择套索工具，然后在图像窗口中单击确定起点。按住鼠标左键拖动鼠标，当鼠标指针回到起点位置时，释放鼠标左键，就会形成一个闭合的不规则选区。若鼠标释放时指针未回到起点，则会在释放点和起点之间形成一条直线，生成选区，如图2-3-8所示。

2. 多边形套索工具

多边形套索工具可以通过连续单击来创建不规则的多边形选区，如图2-3-9所示。

图2-3-8 "套索"建立选区　　　图2-3-9 "多边形套索工具"建立选区

3. 磁性套索工具

磁性套索工具顾名思义，仿佛是有磁性一样，它可以沿着物体的边缘来创建选区。事实上，它是通过判断不同的颜色区域来智能选择路径的。因此，磁性套索工具适用于要选择的图像颜色与背景颜色对比强烈且轮廓明显的对象。

选择磁性套索工具，在图像边缘处单击，然后沿着边缘移动鼠标指针（不需要按住鼠标左键），当回到起点时，鼠标指针右下角出现小圆圈，再次单击即可完成选区，如图2-3-10所示。

图2-3-10 "磁性套索工具"建立选区

案例2-3-2：修改门框和女孩背心颜色，如图2-3-11所示。

图2-3-11 原图和效果图

设计目标：掌握套索工具组、选区模式的综合应用。

设计思路：用磁性套索工具建立背心选区，用多边形套索工具建立门框选区，用颜色替换工具替换色彩。

设计步骤：

（1）使用多边形套索工具沿门框边线进行连续单击选取，建立多边形选区。鼠标右键单击选区内部，选择"羽化"命令，设置羽化参数为1。

（2）选择画笔工具组的颜色替换工具，设置前景色为紫色，在门框上涂抹，将门框颜色改为紫色，按Ctrl+D组合键取消选区，如图2-3-12所示。

图2-3-12 更换门框颜色

（3）改变小背心颜色。小背心区域和背景对比较明显，可以使用磁性套索工具，选取小背心区域。由于背心上方还有一点没有连在一起的选区，可以切换到"添加到新选区"模式，再选取上方的背心选区。同样地，将选区羽化1个像素后，为其更换颜色，得到如图2-3-11所示最终效果。

提示：

① 使用磁性套索工具时，按下Alt键单击，可以切换成多边形套索工具，不按住ALT键单击，又还原为磁性套索工具。

② 使用套索工具时，按下Delete键可删除最近选取的线段和锚点，按下Esc则可取消选取操作。

2.3.3 魔棒工具和快速选择工具

1. 魔棒工具

魔棒工具，只需单击一次，就能选中与单击处颜色相近的区域。

使用魔棒工具时，还可以通过如图2-3-13所示的工具属性栏，进行一些设定。

图2-3-13 魔棒工具属性栏

容差：用于定义颜色相似度（相对于单击处的像素），值的范围可以从0到255。若设置较小的容差值，魔棒会选择非常相近的颜色。容差值越大，则选择的色彩范围也越大。

连续：若该复选框被选中，魔棒工具只能建立与单击处相连的区域中的选区；否则，魔棒工具将选择整个图片中所有与单击处颜色相近的像素。

例如，在图2-3-14中，选择魔棒工具，在白色区域单击，然后选择"选择"菜单→"反向"命令，就选中了剪纸中的小狗图像。

图2-3-14 "魔棒工具"建立选区

2. 快速选择工具

快速选择工具通过调节画笔大小来控制选择区域的大小，形象一点说就是可以"画"出选区，功能很强大。在属性栏中先调节好画笔大小，再在图像中涂抹，便可以选中涂抹过的部分。默认情况下可以随时添加选区，也可以利用属性栏中的▨按钮，切换选区模式来减少选区。

2.3.4 "色彩范围"命令创建选区

"色彩范围"类似于魔棒工具，也能根据颜色来建立选区。该命令对相近的颜色区域建立选区时更加灵活，利用此方法建立选区时，可以一边调整，一边预览选择效果，还可以利用吸管工具增加和减少色彩取样。

案例2-3-3：制作窗外的蜘蛛侠效果，如图2-3-15所示。

图2-3-15 "窗外蜘蛛侠"素材图片和效果图

设计目标：掌握"色彩范围"命令，图片的"复制"和"贴入"命令的使用技巧。

设计思路：用"色彩范围"命令建立包含多个窗户的选区，复制蜘蛛侠图片，贴到窗户选区中并调整图片大小。

设计步骤：

（1）打开"大楼.jpg"图像，执行"选择"菜单→"色彩范围"命令，打开"色彩范围"对话框,用吸管工具,切换到"添加到取样"模式,在窗户外多次单击取样,如图2-3-16所示,确定后生成多个不连续的窗户选区,如图2-3-17所示。

图2-3-16 "色彩范围"对话框

图2-3-17 色彩范围构建的选区

(2)打开蜘蛛侠图片,选中全部图像,复制图像。切换到大楼图像,执行"编辑"菜单→"选择性粘贴"→"贴入"命令,蜘蛛侠图片就被嵌入选区,如图2-3-18所示。改变图像大小,就可以得到最终的效果。

图2-3-18 嵌入图片效果

2.3.5 钢笔工具创建选区

通过钢笔工具和转换点工具可以创建各种复杂的路径,而路径和选区之间又可以相互转换,这样就可以得到比较精确的选区了。

钢笔工具在2.8节还会具体介绍,这里通过一个例子来简单说明它的使用。

(1)打开"鱼.jpg"图像,选择工具箱中的钢笔工具 ,再单击钢笔工具属性栏中的路径 选项,沿着鱼的外轮廓描绘出路径,并通过转换点工具进行微调,使路径更精确,如图2-3-19所示。

(2)按Ctrl+Enter组合键,将路径转换为选区。

(3)进行复制及粘贴操作,复制一个新对象并放置到新图层中,调整其位置和大小,效果如图2-3-20所示。

图2-3-19 钢笔工具创建路径

图2-3-20 复制对象效果

2.3.6 Alpha通道创建选区

通道主要是用来记录图像色彩信息的，也可用来保存选区。Photoshop中主要有3种通道：颜色通道、专色通道和Alpha通道。在RGB图像模式下，颜色通道包括红、绿、蓝三个颜色通道和一个RGB复合通道，用于保存图像的颜色信息，如图2-3-21所示。一般不对图像的颜色通道进行更改，否则会破坏图像颜色。

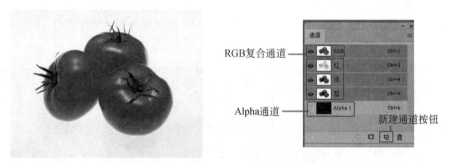

图 2-3-21 西红柿图片和对应的通道面板

专色通道，可以保存专色信息的通道，即可以作为一个专色版应用到图像和印刷当中，这是它区别于Alpha通道的明显之处。同时，专色通道具有Alpha通道的一切特点：保存选区信息、透明度信息。每个专色通道只以灰度图形式存储相应专色信息，与其在屏幕上的彩色显示无关。

Alpha通道是一种灰度图，用来创建、存放和编辑选区。当用户创建的选区被保存后就以灰度图的方式被存放在一个新建的通道中，这个通道称为 Alpha 通道。

通道基本操作，如新建、显示/隐藏、复制等都在"通道"面板中完成，与图层的基本操作类似，不再赘述。

Alpha通道是一种灰度图，可以看作只有黑、白、灰颜色的普通图层，它可以被转换为选区。当通道转换为选区时，通道中的白色区域表示被选中，黑色区域表示没有选中，灰色区域表示部分选中，类似羽化效果的选区。我们可以使用画笔、渐变、滤镜等各种工具在通道上进行绘制、处理，制作出复杂的选区。通道创建选区方法如下：

（1）创建Alpha通道，利用各种工具在通道上进行绘制。

（2）按住Ctrl键，单击通道缩略图，将Alpha通道转化为选区（载入选区）。

（3）单击"通道"面板中的RGB复合通道，返回"图层"面板，继续对图像进行后续编辑。

案例 2-3-4：制作精美画框效果，如图2-3-22所示。

设计目标：掌握利用通道创建图形化选区的方法。

设计思路：创建 Alpha 通道，在其中用滤镜等工具进行绘制，从而得到图形化的选区。

设计步骤：

（1）打开"鲜花.jpg"文件。在"通道"面板，新建通道"Alpha1"。

（2）选择椭圆选框工具，在"Alpha 1"通道上绘制出一个如图 2-3-23 所示的椭圆选区。执行"选择"菜单→"反选"命令，对选区进行反选，用白色填充选区，如图 2-3-24 所示。

图 2-3-22 画框效果图

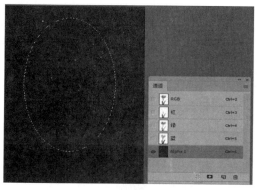

图 2-3-23　椭圆选区

图 2-3-24　反选填充效果

（3）取消选区，执行"滤镜"菜单→"模糊"→"高斯模糊"命令，半径设为 30。

（4）执行"滤镜"菜单→"像素化"→"彩色半调"命令，参数设置如图 2-3-25 所示。

图 2-3-25　"彩色半调"滤镜参数设置

（5）载入选区。单击 RGB 复合通道，使用喜欢的颜色对选区进行填充，即可得到最终效果。

案例 2-3-5：利用通道文字修复，效果如图 2-3-26 所示。

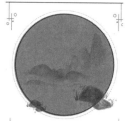

图 2-3-26　"文字修复"原始素材和效果图

设计目标：掌握使用Alpha通道创建选区的方法。

设计思路：在通道中复制蓝色通道，把该通道处理成黑白图像，并用画笔抹去杂点，通道中白色文字可转换为选区，最后将该文字选区复制到背景图中。

设计步骤：

（1）打开文字素材，在"通道"面板中观察3个颜色通道，发现蓝色通道的文字信息比较完整，和黑色背景对比较强烈。所以复制蓝色通道，生成名为"蓝拷贝"的Alpha通道，如图2-3-27所示。

（2）由于最终需要获得文字选区，也就是通道中文字颜色需要变成白色。为了增加文字和背景的对比度，执行"图像"→"调整"→"色阶"命令，移动对话框中的黑、白、灰滑块，让白色文字更加白，灰色背景更加黑，如图2-3-28所示。使用黑色画笔，把画面中的白色杂点去除。

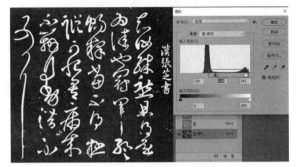

图2-3-27　文字图片和"通道"面板　　　　图2-3-28　用"色阶"命令调整黑白图片

（3）载入选区，并返回图像，可以看到文字已经被选中了。使用移动工具，把文字移动到"文字背景.jpg"文件中，调整文字大小，即可得到最终效果。

案例2-3-6：制作云端塔楼，效果如图2-3-29所示。

图2-3-29　"云端塔楼"原始素材和效果图

设计目标：掌握使用Alpha通道创建选区的方法。

设计思路：在塔楼图片的"通道"面板中，建立Alpha通道，填充自上而下的白到黑的渐变色，将Alpha通道转换为选区，移入背景图中。

设计步骤：

（1）用魔术橡皮擦工具擦除塔上方的白色背景。

（2）在"通道"面板中新建Alpha1通道。打开"RGB"通道左侧的显示按钮👁，半透明显示塔的具体位置。如图2-3-30所示，注意保持Alpha1通道被选中。从塔的顶部位置到塔的底座位置，填充白色到黑色的线性渐变，如图2-3-31所示。

（3）载入选区，返回图像，关闭Alpha1通道左侧的显示按钮，可以看到塔身已经被选中了，如图2-3-32所示。把选中的塔移动到文件"塔背景.jpg"中，调整大小后，就可以得到最终的效果。

图 2-3-30 新建 Alpha1 通道

图 2-3-31 Alpha1 通道填充渐变色

图 2-3-32 通道转换为选区

2.3.7 快速蒙版创建选区

蒙版是一种遮盖工具，可以分离和保护图像的部分区域。因此，创建了蒙版后，当你要改变图像某个区域的颜色，或者要对该区域应用滤镜或其他效果时，可以隔离并保护图像的其余部分。

蒙版存储在 Alpha 通道中。蒙版和通道都是灰度图像，因此可以使用绘画工具、编辑工具和滤镜等，像编辑任何其他图像一样对它们进行编辑。在蒙版上用黑色绘制的区域将会受到保护；而蒙版上用白色绘制的区域是可编辑区域。

使用快速蒙版模式可将选区转换为临时蒙版以便更轻松地编辑。可以使用任何绘画工具编辑快速蒙版或使用滤镜修改它。退出快速蒙版模式之后，蒙版将转换为图像上的一个选区。

例如，在"儿童.jpg"图片中，单击工具箱下方的"快速蒙版"按钮 ，即可进入快速蒙版编辑状态。利用黑色画笔在人物上进行涂抹。默认设置下蒙版区域为半透明红色，所以画笔涂抹过的地方会显示红色，如图 2-3-33 所示。如果有涂抹错的地方，可以使用橡皮擦工具擦除，也可以使用白色画笔修改。再次单击"快速蒙版"按钮，返回正常编辑模式。原先的快速蒙版会转换为选区，白色区域为选中部分，黑色区域为未选中部分，如图 2-3-34 所示。

图 2-3-33 画笔涂抹效果

反选选区，复制选区内容，粘贴到新打开的图像文件"草地.jpg"中，调整大小和位置。最终效果如图2-3-35所示。

图2-3-34　快速蒙版转换为选区

图2-3-35　最终合成效果

2.3.8　选区的编辑和存储

在创建好选区后，可能仍然需要对选区进行调整和移动，也可能需要保存创建好的选区，以待下次载入继续使用。

1. 选区的基本操作

（1）选择全部

要选择图像中所有内容，可以执行"选择"菜单→"全部"命令或按Ctrl+A快捷键。

（2）取消选择

取消当前的选区，可以执行"选择"菜单→"取消选择"命令或按Ctrl+D快捷键。

（3）反向选择

选择当前选区以外的区域，可以执行"选择"菜单→"反向选择"命令或按Ctrl+Shift+I快捷键。

（4）载入选区

执行"选择"菜单→"载入选区"命令，或按住Ctrl键的同时单击当前图层的缩略图，可以载入所选图层的非透明区域，转换为选区。

2. 移动选区

移动选区有两种情况：只移动选区，不影响选区中的内容；连同选区和内容同时移动。

（1）只移动选区：选择选框工具组、套索工具组或魔棒工具中的任何一个工具，在"新选区"模式下，将鼠标移到选区范围内，按下鼠标左键并拖动就能移动选区。

（2）连同选区和内容同时移动：选择移动工具，将鼠标指针移到选区范围内，按下鼠标左键并拖动就能移动选区中的图像，选区也会一起移动。

3. 修改选区

执行"选择"菜单→"修改"命令，可对选区进行"边界"、"平滑"、"扩展"和"收缩"等修改操作。

边界：可以在选区的边缘建立新选区，宽度可以设置。

平滑：使用魔棒等色彩范围工具创建选区后，可能出现一大片选区中有些地方未被选中，或者选区边缘锯齿感严重，"平滑"命令可以很方便地除去这些小块，使选区变得完整和平滑。

扩展和收缩：使用该命令，可将选区范围扩大或缩小1～100像素。

4．变换选区

"变换选区"命令可以对选区进行移动、放大、缩小、旋转和斜切操作。这些操作既可以通过鼠标来完成，也可以通过在其属性栏上输入数值来完成，如图2-3-36所示。

图2-3-36 "变换选区"属性栏

案例2-3-7：制作太极图，效果如图2-3-37所示。

设计目标：掌握选区创建和编辑等相关操作。

设计思路：新建圆形选区，填充白色，留下左边选区，填充黑色；接着把选区缩小到一半，移动到上方填充黑色，移动到下方填充白色；再次把选区缩小到一半大小，移动到上方填充白色，移动到下方填充黑色。

图2-3-37 太极图效果

设计步骤：

（1）新建文档，大小为500像素×500像素。将背景图层填充为棕红色。

（2）新建图层，执行"视图"→"新建参考线"命令，建立水平和垂直参考线，并移动到画布中心位置。绘制一个正圆形选区，填充白色，如图2-3-38所示。选择矩形选框工具，模式为"从选区减去"，在右侧减去一半的选区，剩下左侧选区，填充成黑色，如图2-3-39所示，最后取消选择。

（3）在"图层"面板中，单击"图层1"的缩略图，得到原来整个圆形选区。执行"选择"→"变换选区"命令，在工具属性栏中设置选区高度和宽度比例为50，在"新选区"模式下，移动选区到上方，填充为黑色，再移动选区到下方，填充为白色，如图2-3-40所示。

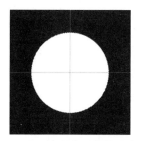 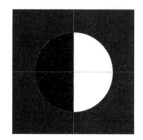 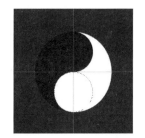

图2-3-38 填充选区颜色为白色　　图2-3-39 填充左侧选区为黑色　　图2-3-40 缩小选区并填充颜色

（4）使用相同的方法，再绘制出黑白两个小圆，即可得到如图2-3-37所示的最终效果。

5．羽化选区

当我们进行图像合成时，可能由于拼接边缘太清晰而使图片显得生硬不自然。"羽化"

命令可以柔化选区边界，使选区的边缘产生渐变、柔和的过渡效果。

羽化效果可以直接作用在创建选区的过程中。在工具箱中选择了某种选区工具后，可以在该工具属性栏的"羽化"文本框中设置羽化半径，该值越大羽化效果越明显，"0"表示不使用羽化。

如果要为已经创建的选区添加羽化效果，则要使用"选择"菜单→"修改"→"羽化"命令。

例如，在素材图中创建了一个羽化半径为0像素的椭圆选区，如图2-3-41（a）所示。

　　（a）创建选区　　　（b）羽化半径为0　　　（c）羽化半径为10　　　（d）羽化半径为30

图 2-3-41　不同羽化半径显示的效果

反选后填充上白色，会得到一个边缘清晰的没有羽化效果的图像，如图2-3-43（b）所示。如果将羽化半径分别设置为10像素、30像素，重复以上步骤，可以得到不同羽化效果，如图2-3-41（c）、（d）所示。

案例 2-3-8：制作通透的泡泡，效果如图2-3-42所示。

图 2-3-42　通透的泡泡效果图

　　设计目标：掌握选区的羽化、移动和复制操作。

　　设计思路：新建圆形选区，填充白色，缩小选区并羽化，删除选区内部图像，得到圆形泡泡；用画笔添加高光，再移入选区羽化后的素材图像。

　　设计步骤：

（1）新建文件，大小为600像素×500像素。背景图层为左上角浅蓝到右下角浅绿的线性渐变色。

（2）新建图层。绘制椭圆选区，填充白色，如图 2-3-43（a）所示。执行"选择"→"修改"→"收缩"命令，收缩量为 8 像素。

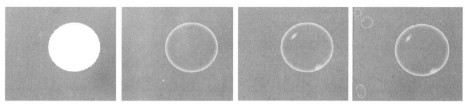

（a）白色填充选区　　　（b）删除内部填充后　　　（c）绘制高光　　　（d）复制气泡

图 2-3-43　泡泡绘制过程

（3）再将选区羽化 8 像素，按 Delete 键删除内部白色。取消选择，得到的图像如图 2-3-43（b）所示。

（4）使用画笔工具，设置大小为 44 像素，硬度为 18%，不透明度为 63%，画笔形状倾斜，如图 2-3-44 所示。在气泡内部单击，增加修饰性的高光，得到的图形如图 2-3-43（c）所示。

图 2-3-44　设置画笔参数

（5）按 Alt 键移动气泡，复制出几个小的气泡，移动到其他位置，如图 2-3-43（d）所示。打开人物图片，使用椭圆选框工具，羽化半径 20 像素，选中人物头像，把选区中的图像移到气泡文件，调整头像的大小和位置，让其出现在大气泡中。

6. 存储和载入选区

在创建好一个精心选取的选区后，可能需要将它保存下来，以备以后重复使用。这时候就需要用到"选择"菜单→"存储选区"命令，在弹出的"存储选区"对话框中设置保存选区的名称，如图 2-3-45 所示，选区就被存储在 Alpha 通道中了。

使用"选择"菜单→"载入选区"命令，在打开的"载入选区"对话框中，可以重新载入之前保存的选区，如图 2-3-46 所示。

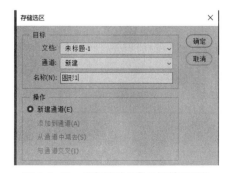

图 2-3-45　"存储选区"对话框设置

图 2-3-46　"载入选区"对话框

选区常用快捷键如下：

- 全选：Ctrl+A；
- 反选：Ctrl+Shift+I；
- 撤销选区：Ctrl+D；
- 重新选择选区：Ctrl+Shift+D；
- 羽化：Shift+F6；
- 复制选区图像：Ctrl+C；
- 粘贴：Ctrl+V；
- 粘贴入：Alt+Ctrl+Shift+V。

2.4 图层应用

图层是 Photoshop 中的一个重要概念，是实现绘图与合成的基础。图层默认就像一张张的透明胶片，我们可以在胶片上绘制图像，最后把所有的图像叠加在一起，整个图像便可以表现出来。各个图层之间都可以独立操作编辑，互不干扰。

2.4.1 图层基本操作

1. "图层"面板

"图层"面板是管理和操作图层的主要场所，可以对图层进行各种操作，如新建、删除、复制、移动、链接、合并等。默认状态下，"图层"面板处于显示状态，如果没有显示，也可以选择"窗口"→"图层"命令，或按F7键，打开"图层"面板，如图2-4-1所示。

图 2-4-1 "图层"面板

下面介绍"图层"面板的各个组成部分及其功能。

图层的混合模式 正常 ：当前图层和下方图层图像的混合方式。

图层不透明度：设置当前图层的不透明度，取值为0%（透明）～100%（完全显示）。

在"图层"面板"锁定"后面有一系列的锁定按钮，单击一次为锁定状态，再次单击可以解锁。

- 锁定透明像素 ：保护图层的透明区域，图层的操作只针对非透明像素的区域。
- 锁定图像像素 ：保护整个图层的像素，当前层不可再进行任何修改操作。
- 锁定位置 ：不可移动当前层的图像。
- 锁定全部 ：综合前三项锁定的内容。
- 填充 填充：100% ：设置非图层样式部分的透明度。

指示图层可见性 ：显示或隐藏当前图层的内容。

链接图层 ：为选中的图层创建链接关系，具有链接关系的图层可以同时进行某些操作。

添加图层样式 ：为当前图层添加图层样式，制作特殊效果。

添加图层蒙版 ：为当前图层添加蒙版。

创建新的填充或调整图层 ：为当前图层添加一个调整图层。

创建新组█：创建新的图层组，可以将相似的图层放在同一组下面。

创建新图层█：创建新的图层，如果将面板上的图层拖到该图标上，则可以复制该层。

删除图层█：删除当前选中的图层，或将图层拖到该图标上也可以删除图层。

2. 常见图层类型

在 Photoshop 处理图像时，"图层"面板中会出现多种类型的图层，常见的图层有背景图层、普通图层和文字图层等。

（1）背景图层

背景图层是一个比较特殊的层，位于"图层"面板底层，"图层"面板中的大部分功能在背景图层中都不能使用；转换为普通图层之后，面板中很多的功能变成可用状态，如图 2-4-2 所示。

通过双击背景图层，在弹出的"新建图层"对话框中单击"确定"按钮，即可转化为普通图层。或者单击背景图层右侧的█按钮，可将其直接转化为普通图层，名称默认为"图层 0"。

(a) 转换前　　　　　　　　(b) 转换后

图 2-4-2　背景图层转换为普通图层

（2）普通图层

普通图层是最常见的一种图层，用户可以对普通图层做任何的编辑操作，单击"创建新图层"按钮█，即可创建透明的普通图层，当外部图像复制到当前文件时，会自动为其建立一个普通图层。

可以把普通图层转换为智能对象图层。普通图层和智能对象图层的区别为，普通图层如果被缩小后又放大，其清晰度会明显下降。但智能对象图层被缩小后又放大，其清晰度能保持不变。另外，智能对象后期修改比较方便。比如，对其添加滤镜效果，可以直接单击█按钮，显示或隐藏该滤镜效果，还可以双击滤镜名称重新修改滤镜的参数设置，如图 2-4-3 所示。

图 2-4-3　普通图层和智能对象图层

（3）文字图层

文字图层是一种比较特殊的图层，许多功能不能直接应用在文字图层上。例如，滤镜效果、描边、填充等，只有在文字图层栅格化变成普通图层后，才能使用。

使用工具箱中的文字工具█T在工作区中单击时，系统会自动建立一个文字图层。

3. 图层的基本操作

图像处理过程中，需要经常对图层进行创建、删除、复制、链接、合并、改变排列顺序等一系列的操作，这些操作可以通过图层面板来实现，也可以使用"图层"菜单中的命令来完成。

（1）创建图层

创建图层的方法有很多，下面介绍其中比较常用的几种。

方法一：单击"图层"面板的"创建新图层"按钮█。

方法二：选择"图层"菜单→"新建"→"图层"命令。

（2）删除图层

可以通过下面几种常用的方法来删除图层：

方法一：选中要删除的图层，将它直接拖到"图层"面板下方的"删除图层"按钮█上。

方法二：选中要删除的图层，单击"图层"面板右下角的"删除图层"按钮█。

方法三：选中要删除的图层，单击"图层"面板右上角的█按钮，在弹出的快捷菜单中选择"删除图层"命令即可。

（3）复制图层

可以通过下面几种常用的方法来复制图层。

方法一：选中要复制的图层，拖曳到"图层"面板下方的"创建新图层"按钮█上，即可复制此图层。

方法二：用鼠标右键单击需要复制的图层，在弹出的快捷菜单中选择"复制图层"命令即可。

方法三：选中需要复制的图层，单击"图层"面板右上角的█按钮，在弹出的"图层"面板菜单中选择"复制图层"命令。

在操作过程中，我们经常要对图层中部分区域进行复制或移动操作。在图层中选中要处理的区域，选择"图层"菜单→"新建"→"通过拷贝的图层"（或按Ctrl+J键），选择"图层"菜单→"新建"→"通过剪切的图层"命令（按Ctrl+Shift+J键），可以将选择区域内的图像复制或剪切为新的图层。

（4）链接与合并图层

前面讲过，图层的操作是相互独立互不干扰的。但是，在编辑图像时，有时希望对多个图层中的内容同时进行旋转、移动、缩放等操作，这时，可以将图层进行链接或合并操作。

① 链接图层。在"图层"面板中，选中需要链接的多个图层，再单击"图层"面板下方的"链接图层"按钮█，即可将选择的图层链接起来。

② 合并图层。当图层比较多时，可以将相关的图层合并为一个图层，这样可以减少图层数目。

单击"图层"面板右上角的█按钮，在弹出的菜单中有以下3个合并图层命令，如图2-4-4所示。

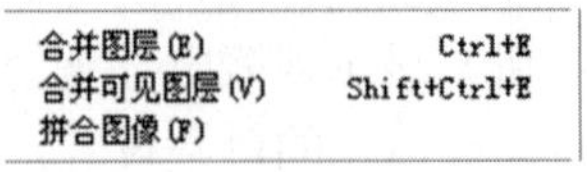

合并图层 (E)	Ctrl+E
合并可见图层 (V)	Shift+Ctrl+E
拼合图像 (F)	

图2-4-4 合并图层菜单

● 合并图层：将选中的图层合并为一个图层，快捷键为Ctrl+E。

● 合并可见图层：将"图层"面板中所有可见的图层进行合并，隐藏的图层不会被合并。

● 拼合图像：将"图层"面板中所有的图层进行合并，并扔掉图像中隐藏的图层。若有隐藏的图层，则在合并时会弹出一个询问对话框，提示用户是否要扔掉隐藏的图层，若单击"确定"按钮，合并后将扔掉隐藏的图层。若单击"取消"按钮，则可取消合并操作。

③ 盖印图层。盖印图层就是在处理图片的时候，将前面所有步骤处理的效果盖印到新的图层上，功能和合并图层差不多，不过比合并图层更好用。因为盖印是重新生成一个新的图层，不会影响之前所处理的图层。这样做的好处是，如果觉得之前处理的效果不太满意，可以删除盖印图层，之前做效果的图层依然还在。盖印图层的快捷键是Ctrl+Shift+Alt+E。

案例 2-4-1： 胶片打孔效果。

设计效果： 效果图如图2-4-5所示。

设计思路： 新建图层，建立一个小的白色方孔，复制一排白色方孔并对齐，合并所有白色方孔图层，并复制出下排方孔，上下两排方孔要对齐，中间加入素材图片。

设计目标： 掌握图层链接、排列、对齐、合并图层等应用。

设计步骤：

① 新建一个250像素×600像素的文件，背景色设置为黑色。

② 新建图层，用矩形选框工具 在图层左上角绘制一个小的矩形选区，填充白色，取消选区。按住 Alt 键的同时，用移动工具 将白色矩形移动到右侧，将会复制出新的白色矩形，用该方法复制出一排白色矩形，如图2-4-6所示。

图2-4-5　胶片打孔效果图

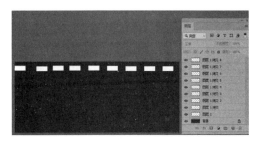

图2-4-6　绘制上排白色矩形

③ 在"图层"面板中选中所有的白色矩形图层，单击"图层"面板下方的链接按钮，链接选中的图层。单击移动工具，在工具属性栏中设置顶端对齐，水平居中分布，如图2-4-7所示。

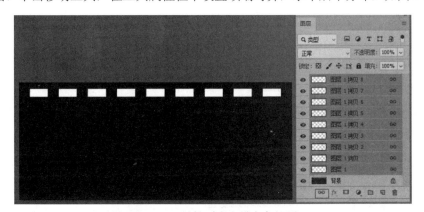

图2-4-7　链接对齐上排白色矩形

④ 按Ctrl+E组合键将上排所有白色矩形合并为一个图层。按住 Alt 键移动上排白色矩形，可以复制出下排的白色矩形，如图2-4-8所示。

图2-4-8　合并图层和复制图层

⑤ 打开3张素材图片，放入中间，可以得到最终效果。

（5）图层的排列顺序

图像显示的效果和图层的排列顺序密切相关，上层图像的内容会遮盖住下层的图像，因此在处理图像时，为了获得最佳的效果，经常要考虑不同的图层排列顺序。

可以通过下面的方法来调整图层顺序。

方法一：选中需要调整顺序的图层，拖曳到目标位置后松开鼠标即可。

方法二：选中需要调整顺序的图层，选择"图层"菜单→"排列"命令，在弹出的子菜单中选择一种调整顺序的命令。

下面通过一个具体的实例介绍调整图层顺序的操作。

① 分别打开"兔子1.jpg"和"兔子2.jpg"两张图片。

② 选择快速选择工具 ，将"兔子2.jpg"中的兔子大概的轮廓选中，如图2-4-9所示；再单击工具属性栏中的 选择并遮住… 按钮，设置边缘检测的半径值，如图2-4-10所示。单击左侧的调整画笔边缘工具 ，沿着兔子边缘的毛发涂抹一圈，使得兔子边缘的毛发也能够被精确选中，最终选择结果如图2-4-11所示。

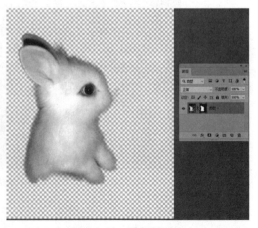

图2-4-9　选择大概的轮廓　　图2-4-10　调整边缘设置　　图2-4-11　选择结果

③ 使用移动工具 ⊕，将选中的兔子拖入到"兔子 1.jpg"文档中，"图层"面板自动创建了"图层 1"并放置新拖入的图像。

④ 隐藏"图层 1"，选中"背景"层，使用多边形套索工具 ⎫ 选中木箱右下角部分，如图 2-4-12 所示。选择"图层"菜单→"新建"→"通过拷贝的图层"命令或按 Ctrl+J 组合键，将选中的图像内容复制到新图层"图层 2"，如图 2-4-13 所示。

图 2-4-12　选中部分木箱

图 2-4-13　复制到新图层

⑤ 将"图层 2"拖动到"图层 1"的上方，显示"图层 1"，适当调整"图层 1"中对象的位置，最后就形成了小白兔躲在箱中的效果，如图 2-4-14 所示。

图 2-4-14　最终效果图

2.4.2　图层样式

Photoshop 内置了许多图层样式，如投影、斜面和浮雕及描边等，可以利用这些样式为图像制作一些常见的特效。这些效果在实际图像处理中经常用到。

图层样式能够应用于普通图层、文字图层、形状图层等，但不能应用于背景图层。应用图层样式后，用户可以将设置的样式效果复制并粘贴到其他图层。

1. 添加图层样式

选择"图层"菜单→"图层样式"命令，或单击"图层"面板下方的"添加图层样式"按钮 fx，或在"图层"面板中双击需要设置样式的图层缩略图，都会弹出"图层样式"对话框，在"图层样式"对话框中设置各项参数。

2. 清除图层样式效果

要删除某一图层样式，可在该图层上单击右键，在弹出的菜单中选择"清除图层样式"

命令，或拖曳图层样式图标到面板下方的垃圾桶中，如图2-4-15所示。

3. 图层样式的编辑操作

如果要在多个图层中应用相同的样式效果，可以使用拷贝图层样式操作，右键单击应用过图层样式的源图层，选择"拷贝图层样式"命令。右键单击目标图层，选择"粘贴图层样式"命令。或者按住Alt键然后将要复制的图层样式图标直接拖到目标图层中，如图2-4-16所示。

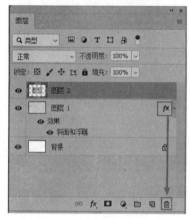

图2-4-15　删除图层样式

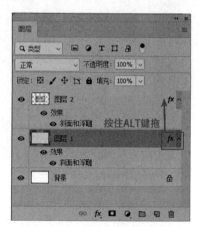

图2-4-16　复制粘贴图层样式

4. 图层样式应用

案例2-4-2：周岁纪念相册。

设计效果：效果如图2-4-17所示。

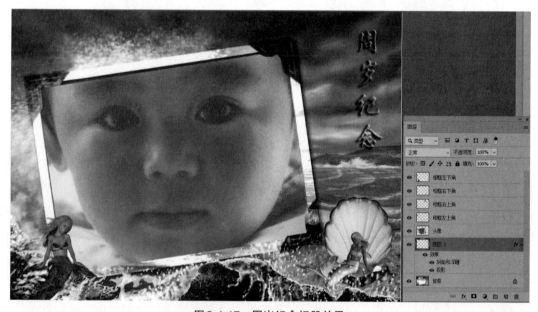

图2-4-17　周岁纪念相册效果

设计思路：首先利用图层排列顺序制作相片放于相框中的效果；在背景图层中创建文字选区并复制到新的图层，应用"斜面和浮雕"图层样式制作立体浮雕文字效果。

设计目标：掌握图层排列顺序，以及图层样式应用技巧。

设计步骤：

（1）分别打开"相框.jpg"和"头像.jpg"两个文件。

（2）全选头像拖动到"相框.jpg"文件中，将新图层命名为"头像"，利用自由变换工具调整头像的大小和角度，使其正好能够放入到相框内，如图 2-4-18 所示。

图 2-4-18　组合图像

（3）隐藏"头像"图层，选中背景层，使用工具箱中的磁性套索工具，把相框左下角的图像选中，按 Ctrl+J 组合键，将选中对象复制到新图层；同理，分别将相框的其他三个角选中以后复制到新的图层，更改图层名称。

（4）显示"头像"图层，将它拖动到相框 4 个角图层的下方。

（5）选择背景图层，使用直排文字蒙版工具，字体选择"华文行楷"，大小设置为72，输入"周岁纪念"四个字，确认输入后创建文字选择范围，按 Ctrl+J 组合键将选择区域内的图像复制到新图层，如图 2-4-19 所示。

图 2-4-19　制作文字选择范围

（6）双击"图层 1"缩略图，在出现的"图层样式"对话框中设置"投影"和"斜面浮雕"效果，最终结果如图 2-4-17 所示。

案例 2-4-3： 制作立体画框效果。

设计效果： 效果图如图 2-4-20 所示。

设计思路： 分别建立 2 层边框选区，设置渐变颜色。对边框图像设置投影和斜面浮雕、图案叠加等图层样式，得到图像的画框。

设计目标：掌握图层样式、选区变换、渐变工具的综合应用。

图2-4-20　立体画框案例效果图

设计步骤：

（1）打开女孩图片，复制背景图层，新建透明图层。用矩形选框工具，在图像内部绘制一个矩形选区。

（2）按Ctrl+Shift+I组合键反向选择。为选区填充从左上角黄色到右下角金黄色的线性渐变，效果如图2-4-21所示。

图2-4-21　外边框选区渐变效果

（3）按Ctrl+Shift+I组合键反向选择，选择矩形选框工具，选区模式设为"从选区减去"，在图像中绘制内部减去的区域，用渐变工具从选区右下角到左下角线性渐变填充，得到内部边框的渐变效果，如图2-4-22所示。

图2-4-22　内边框选区渐变效果

（4）按Ctrl+D组合键取消选区，选中图层1，单击"图层"面板下方的"图层样式"按钮，勾选"投影"样式和"斜面和浮雕"样式，参数设置如图2-4-23所示。

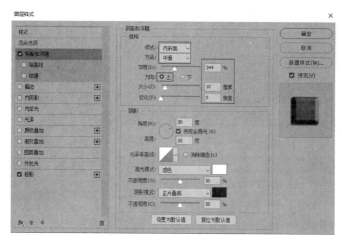

图 2-4-23　"斜面和浮雕"样式参数设置

（5）勾选"图案叠加"样式，参数设置如图 2-4-24 所示。确定后可以看到最终效果。或者自己选择中意的图案和参数，观察不同的边框效果。

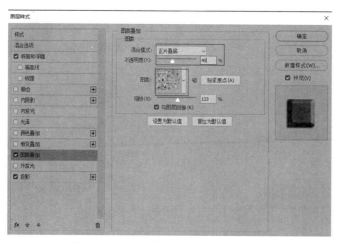

图 2-4-24　"图案叠加"样式参数设置

案例 2-4-4：制作卷角照片效果。

设计效果：本案例对照片进行处理，处理后的卷角照片效果如图 2-4-25 所示。

图 2-4-25　卷角照片效果

设计思路：首先利用"切变"滤镜对照片制作卷曲效果，再对照片应用"描边""投影"图层样式，将投影样式效果层创建为单独图层，再变形处理。

设计目标：掌握"滤镜"的使用方法以及分离图层样式的应用。

设计步骤：

（1）新建一个600像素×400像素的文档，新建图层"图层1"，设置前景色为"#f7e22e"，按Alt+Delete组合键为"图层1"填充前景色。

（2）选中"图层1"，执行"滤镜"→"杂色"→"添加杂色"命令，在出现的"添加杂色"对话框中，设置数量为20%。

（3）执行"滤镜"→"模糊"→"动感模糊"命令，在出现的"动感模糊"对话框中，将距离设为999。

（4）在"图层"面板中双击"图层1"，在出现的"图层样式"对话框中，设置样式为斜面和浮雕。再执行"滤镜"→"液化"命令，按住鼠标左键不放在图像上涂抹，制作弯曲纹理效果。

（5）打开"幼儿.jpg"文件，将它拖动到新建的文档中，选中新生成的"图层2"，按Ctrl+T组合键，调整图像到合适大小。双击"图层2"，在"图层样式"对话框中选择"投影"和"描边"样式，设置描边大小为5像素，位置为内部，效果如图2-4-26所示。

图2-4-26 设置图层样式及效果

（6）执行"滤镜"→"扭曲"→"切变"命令，在"切变"对话框中设置图像扭曲程度，最后效果如图2-4-27所示。

图2-4-27 "切变"对话框对图像应用切变滤镜效果

（7）在"图层 2"缩略图右边的 fx 图标上右击，在弹出的快捷菜单中选择"创建图层"命令，将样式效果从图层中分离，如图 2-4-28 所示。

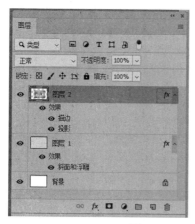

图 2-4-28　分离图层样式

（8）选中"图层 2 的投影"图层，执行"编辑"→"变换"→"水平翻转"命令，再将投影图像移到合适位置，设置图层的不透明度为 75%，最终照片效果如图 2-4-25 所示。

2.4.3　图层混合模式

图层混合模式是 Photoshop 的核心功能之一，它决定了上下图层像素的混合方式，可用于合成图像、制作选区和特殊效果。

1. 图层混合模式的作用

在"图层"面板中，混合模式用于控制当前图层中的像素与它之下的图层中的像素如何混合。除"背景"图层外，其他图层都支持混合模式。

2. 图层混合模式的设定

在"图层"面板中选择一个图层，单击面板顶部左边的下拉菜单，即可选择一种混合模式，如图 2-4-29 所示。

混合模式分为 6 组 27 种。每一组混合模式有着相似的效果。

组合模式组中的混合模式需要和图层的不透明度配合使用。

加深模式组中的混合模式可以使图像变暗，当前图层中的白色将被底层较暗的像素替代。将上下两层的像素进行比较，以上方图层中较暗的像素代替下方图层中与之相对应的较亮像素，且下方图层中较暗的区域代替上方图层中的较亮区域，因此叠加后整体图像变暗。

图 2-4-29　混合模式

减淡模式组的混合模式的效果正好与加深模式组相反，它们可以使图像变亮。

对比模式组中的混合模式可以增强图像的反差。混合时，50% 的灰色会完全消失，任何亮度值高于 50% 的灰色的像素会加亮底层的图像，亮度值低于 50% 的灰色的像素则使底层图像变暗。

比较模式组中的混合模式可以比较当前图像与底层图像，然后将颜色相同的区域显示为黑色，不同的区域显示为灰度层次或彩色。

色彩模式组中的混合模式会将色彩分为3种成分（色相、饱和度和亮度），然后再将其中的一种或两种应用在混合后的图像中。

下面对各个混合模式进行详细说明。

正常：上下图层间的混合与叠加关系依据上方图层的不透明度而定。

溶解：用于在当前图层中的图像出现透明像素的情况。依据图像中透明像素的数量显示出颗粒化效果。

变暗：将上下两层的像素进行比较，以上方图层中较暗的像素代替下方图层中与之相对应的较亮像素，且下方图层中较暗的区域代替上方图层中的较亮区域，因此叠加后整体图像变暗。

变亮：与"变暗"相反，取两个图层中较亮的像素。

正片叠底：将上下两层的颜色相乘并除以255，最终得到的颜色比上下两个图层的颜色都要暗一点。任何颜色和黑色执行"正片叠底"得到的仍然是黑色，因为黑色的像素值是0，任何颜色和白色（255）执行"正片叠底"则保持原来的颜色不变。

滤色（屏幕）：屏幕模式的作用结果和"正片叠底"模式刚好相反，它是将上下两层的补色相乘并除以255，最终得到的颜色通常都较浅。显示出由上方图层及下方图层中较亮的像素合成的效果，通常用于显示下方图层的高光部分。

颜色加深：用于加深图像的颜色，通常用于创建非常暗的阴影效果。

颜色减淡：此模式可以生成非常亮的合成效果，其原理为上方图层的像素值与下方图层的像素值采取一定的算法相加，此模式通常被用来创建光源中心点极亮的效果。

线性加深（linear burn）：查看每一个颜色通道的颜色信息，加暗所有通道的基色，并通过提高其他颜色的亮度来反映混合颜色，此模式对于白色无效。

线性减淡（linear dodge）：查看每一个颜色通道的颜色信息，加亮所有通道的基色，并通过降低其他颜色的亮度来反映混合颜色，此模式对于黑色无效。

叠加：选择此混合选项时，图像最终的效果将取决于下方图层，但上方图层的明暗对比效果也将直接影响到整体效果，叠加后下方图层的亮度与阴影区仍被保留。

使用此混合模式，可以使下方图层中的阴影与纹理较好地体现出来。

柔光：使用此模式时，Photoshop将根据上下图层的图像，使图像的颜色变亮或变暗，变化的程度取决于像素的明暗程度。如果上方图层的像素比50%灰色亮，则图像变亮；反之，则图像变暗。此模式常用于制作人与物体的倒影效果。

强光：此模式的叠加效果与"柔光"类似，但其加亮与变暗的程度较"柔光"模式大许多。

亮光（vivid light）：如果混合色比50%灰度亮，通过降低对比度来加亮图像，反之通过提高对比度来使图像变暗。

线性光（linear light）：如果混合色比50%灰度亮，通过提高对比度来加亮图像，反之通过降低对比度来使图像变暗。

点光（pin light）：此模式通过置换颜色像素来混合图像，如果混合色比50%灰度亮，则源图像暗的像素会被置换，而亮的像素则无变化；反之，亮的像素会被置换，而暗的像素无变化。

差值：此模式可从上方图层中减去下方图层相应处像素的颜色值，此模式通常使图像变暗并取得反相效果。

排除：与差值模式相似但对比度比较低的效果。

色相：选择此模式，最终图像的像素值由下方图层的亮度与饱和度值及上方图层的色相值构成。

饱和度：选择此模式，最终图像的像素值由下方图层的亮度和色相及上方图层的饱和度值构成。

颜色：选择此模式，最终图像的像素值由下方图层的亮度及上方图层的色相和饱和度值构成。

明度：选择此模式，最终图像的像素值由下方图层的色相和饱和度及上方图层的亮度值构成。

下面举例来说明图层混合模式的应用。

（1）打开黑白线稿图，在下方新建一个图层，填充颜色为浅红色，如图2-4-30所示。

图2-4-30 黑白线稿原图

（2）选择图层1，修改图层混合模式为"变暗"或"正片叠底"，该混合模式中上下层图像较暗的颜色起作用，因此叠加后整体图像变暗。由于图片最亮的颜色是白色，最暗的颜色是黑色。最终显示效果中，黑色部分不变，白色背景被下方的红色替换。呈现红底黑色线描的效果，如图2-4-31所示。

（3）选择图层1，修改图层混合模式为"滤色"，该混合模式中上下层图像较亮的颜色起作用。由于图片最亮的颜色是白色，最暗的颜色是黑色。最终显示效果中，白色背景部分不变，黑色被下方的红色替换，呈现白底红色线描的效果，如图2-4-32所示。

图2-4-31 红底黑色线描的效果

图2-4-32 白底红色线描的效果

下面举例说明如何运用图层混合模式进行图片颜色的校正。

（1）打开女孩图片，新建图层，选择预设颜色为"蓝红黄"，设置从左上角到右下角线性渐变填充。

（2）修改图层1的图层混合模式为"颜色"或"色相"，可以看到图片的色彩被改变，如图2-4-33所示。

图2-4-33　混合模式为"颜色"的效果

（3）另外，我们也可以修改图层1的图层混合模式观察其他效果。

2.4.4　图层蒙版

图层蒙版主要用于控制图层中各个区域的显示程度，它可以在不改变图层像素的情况下，将多幅图像完美地融合在一起。将城市图像和天空融合后的效果，如图2-4-34所示。

图2-4-34　使用蒙版合成图像

1. 创建图层蒙版

除了"背景"层以外，其他所有图层都可以添加图层蒙版。创建蒙版的方法很简单，只要单击"图层"面板下方的"添加图层蒙版" ▣ 按钮，就可以为当前图层创建一个默认填充内容为白色的蒙版。如果需要编辑蒙版图像，则单击"蒙版缩略图"按钮，当周围出现双线边框时，表示选中了蒙版，可以开始编辑，如图2-4-35所示。

图层蒙版也是一幅图像，应用灰色调进行描绘（包括白色和黑色），其中白色对应的图层区域内图像为完全显示，黑色对应的图层区域内图像为完全隐藏，灰色对应的图层区域内的图像则根据灰度值的不同显示不同程度的半透明效果。如果想在编辑窗口查看、编辑蒙版图像，可以按住Alt键不放，单击"蒙版缩略图"按钮。下面举例说明。

（1）打开沙漠图片和海水图片，将海水图片移动到沙漠图片上方。为"海水"图层建立白色蒙版。如图2-4-36所示，上方海水画面全部显示。

图 2-4-35　创建图层蒙版

图 2-4-36　白色蒙版显示当前海水图层

（2）选中右侧的图层蒙版，将其填充为黑色，海水图层将被隐藏，从而看到下方的沙漠图层。

（3）选中图层蒙版，设置前景色和背景色分别为白色和黑色。在图像的左上角，往右下方拉出一条短的渐变填充线，图层蒙版中左上角出现一小部分白色，相应地，海水图层相对区域被显示出来，得到沙漠尽头是海水的效果，如图 2-4-37 所示。

图 2-4-37　局部显示海水图层

案例 2-4-5：利用图层蒙版制作奥运宣传海报。

设计效果：奥运宣传海报如图 2-4-38 所示，效果文件 2-4-5.jpg。

设计思路：应用图层蒙版控制各张图片的显示区域，将多张图片合成在一幅图中。

设计目标：掌握图层蒙版的应用。

设计步骤：

（1）新建一个600像素×400像素的文档，为背景色填充右上角（#ff500d）到左下角（#ffc207）的径向渐变色。

图2-4-38　奥运宣传海报

（2）打开"奥运标志.jpg"，选择魔棒工具 ，在工具属性栏上先取消"连续"选项的选择 ，再用魔棒工具单击白色背景部分，生成选择区域后，再按Ctrl+Shift+I组合键反向选择，把选中的奥运标志拖动到新建文档窗口。适当调整大小和位置，将新图层命名为"奥运标志"。

（3）打开"红旗.jpg"，将它拖到新建文档窗口的右上角，将新图层命名为"红旗"。为该层创建一个图层蒙版，选择画笔工具 ，挑选一个柔性笔刷，根据显示的需要，分别用黑色或白色在蒙版中涂抹，涂抹过程中，可以随时按"]"键增加笔刷半径，按"["键减小笔刷的半径以获得最佳的显示效果，最后将"红旗"图层不透明度设为50%，如图2-4-38所示。

（4）打开"鸟巢.jpg"，将它拖到新建文档窗口的左下角，将新图层命名为"鸟巢"，利用上述相同的方法设置鸟巢的显示效果，如图2-4-38所示。

（5）设置前景色为#fefc0a，使用横排文字工具 T ，输入"2008北京奥运"创建一个文字层。鼠标右键单击文字层，从弹出的菜单中选择"栅格化文字"命令，将其转换为普通层。再执行"编辑"菜单→"描边"命令，设置描边宽度为1px，描边颜色为红色，位置为居外，为文字加上红色描边，最终效果如图2-4-38所示。

2．创建剪贴蒙版

使用下方图层中图像的形状来控制其上方图层图像的显示区域叫作剪贴蒙版。下面通过一个例子来看剪贴蒙版是如何工作的。

（1）新建一个500像素×350像素的文档，创建一个新图层"图层1"，在工具箱中选择自定义形状工具 ，在工具属性栏上设为"填充像素"模式 ，形状选择一个心形图 ，前景色设为黑色，在"图层1"中画出一个心形图，如图2-4-39所示。

（2）打开"剪贴蒙版.jpg"文件，将它拖动到新建文档中，选中新生成的"图层2"，调整到合适大小。

图 2-4-39 绘制心形图

（3）选中"图层 2"，执行"图层"菜单→"创建剪贴蒙版"命令或按住 Alt 键不放，将鼠标移至"图层 1"和"图层 2"的分界线上，当鼠标指针变成 时，单击分界线即可创建剪贴蒙版，结果如图 2-4-40 所示。

图 2-4-40 剪贴蒙版效果

2.4.5 调整图层

调整图层是一种比较特殊的图层，它与"图像"菜单→"调整"命令功能相同，都是对图像颜色进行修饰和调整的。通过菜单对图像进行调整色彩的操作，会改变图像原有的像素值，这对后期的重新修改造成不便，而通过调整图层来操作则不会改变原有图像的像素值。如果对调整的颜色不满意，还可以通过选择调整图层，在打开的相应的调整面板中重新修改里面的各项设置。下面通过一个案例来学习如何使用调整图层。

案例 2-4-6： 利用调整图层调整图像的色彩。

设计效果： 效果如图 2-4-41 所示，效果文件 2-4-6.jpg。

图 2-4-41 调整图层处理的最终效果

设计思路： 先使用色阶来调整图像的明暗程度，再使用曲线来调整图像红、绿通道的值，然后使用蒙版来控制调整的范围，最后得到一张色彩绚丽的、对比鲜明的图片。

设计目标： 掌握调整图层工具的使用。

设计步骤：

（1）打开"调整图层.jpg"文件，执行"窗口"→"直方图"命令调出"直方图"面板，在面板中选择RGB通道，观察此时的直方图可以看出，白场和黑场堆积了较多像素，而中间色调像素较少，这导致整个图像局部区域过亮或过暗，如图2-4-42所示。

（2）单击"图层"面板█按钮，创建一个色阶调整图层，滑动"色阶"面板上的黑场、白场、灰场滑块，将图像整体调亮。

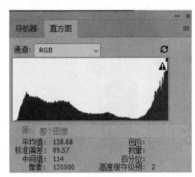

图2-4-42　原图及直方图

（3）调亮图像后，图像上方区域变得过亮，下面通过调整图层的蒙版来恢复原来的色调。将"前景色"设成黑色，选中蒙版，使用画笔工具█（硬度设为0），涂抹图像的上半部分，可以看到在蒙版的遮盖作用下，图像的上半部分恢复了以前的色调，如图2-4-43所示。

图2-4-43　操作蒙版

（4）创建一个曲线调整图层，在面板中选择"绿"通道，调节曲线的形状，提高图像中的绿色色调。选中蒙版，使用画笔工具█涂抹绿色区域之外的部分，如图2-4-44所示。

（5）同上，再创建一个调整红通道的曲线调整图层，提高图像中的红色色调。

（6）打开"草原天空.jpg"，把它拖动到"调整图层.jpg"文件窗口中，为该图层创建一个图层蒙版，利用渐变工具，为蒙版图层设置从上到下（白到黑）的线性渐变填充，再使用画笔工具涂抹调整，最终结果如图2-4-41所示。

图 2-4-44　提高绿色色调

2.5　滤镜的使用

滤镜是一种简易的软件处理模块，像万花筒，可以将图像处理为各种特殊的艺术效果，是制作特殊效果的艺术工具。

滤镜分为两种，即内置滤镜和外挂滤镜，内置滤镜是包含在 Photoshop 安装程序之中的滤镜特效；外挂滤镜是第三方厂商开发的，以插件形式安装到 Plug-ins 子目录中，再次打开 Photoshop 应用程序就可以在滤镜菜单中找到。

不同类别的内置滤镜共有近 100 多种，功能虽然各不相同，在使用方法上却有许多相似之处（见图 2-5-1）。本节精选其中常见的滤镜详细解说，并通过几个实例帮助读者灵活运用多个滤镜，从而得到满意的效果。

2.5.1　滤镜基础知识

滤镜只能应用于当前可视图层，且可以反复、连续应用，但一次只能应用在一个图层上。上次使用的滤镜将出现在滤镜菜单的顶部，可以通过执行此命令对图像再次应用上次使用过的滤镜效果。

有些滤镜完全在内存中处理，所以内存的容量对滤镜的生成速度影响很大。有些滤镜很复杂或有时要应用滤镜的图像尺寸很大，执行时需要很长时间，此时如果想结束正在生成的滤镜效果，只需按 Esc 键即可。

执行完滤镜命令后，选择"编辑"菜单→"渐隐"命令，可打开"渐隐"对话框，如图 2-5-2 所示。调节滤镜效果的透明度和混合模式，将滤镜效果与原图混合。

1. 预览和应用滤镜

图 2-5-1　滤镜菜单

选择了滤镜功能后，弹出相应滤镜对话框进行参数设置（如"高斯模糊"对话框见图 2-5-3）。若希望恢复之前的参数则按住 Alt 键，此时"取消"按钮变为"复位"按钮，单击即可将参数重置为调节前的效果。

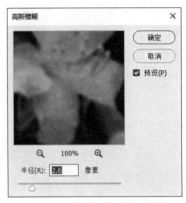

图 2-5-2　"渐隐"对话框　　　　　　　图 2-5-3　"高斯模糊"对话框

应用于大尺寸图像的滤镜非常耗时，有些滤镜允许在应用之前可以先预览效果，以调整最终参数。选中"预览"，可在图像窗口中预览滤镜应用效果。

一般的滤镜对话框都有预览框，从中也可以预览滤镜效果，按下鼠标并在其中拖动鼠标可移动预览图像，查看不同位置的图像效果。

2. 使用滤镜库

滤镜库功能，将用户常用的滤镜组拼嵌到一个调板中，以折叠菜单的方式显示，可同时完成多个滤镜的添加，也可直接观看每个滤镜的预览效果，十分方便。

选择"滤镜"菜单→"滤镜库"命令，弹出"滤镜库"对话框。对话框中部是滤镜列表，单击所需滤镜，即可在左边的"预览效果图"中浏览各个滤镜的效果，如图 2-5-4 所示。滤镜库可以添加多个滤镜效果，单击右下角的"新建效果图层"按钮 ，再选择一个滤镜，此时两个滤镜同时应用到图像中，并出现在右下角的"滤镜效果列表"中。

图 2-5-4　染色玻璃滤镜及效果图

　　若需更改滤镜或参数，只需在"滤镜效果列表"单击所需滤镜，然后在"滤镜参数设置区"设置参数，或直接选择不同的滤镜，观看最终结果。在列表中将一个滤镜拖动到另一个滤镜的上方或下方，即可改变滤镜效果的应用次序。

2.5.2　内置滤镜

1. 模糊滤镜组

　　"模糊"滤镜主要是削弱相邻像素的对比度，使图像中过于清晰或对比度过于强烈的区域产生模糊的效果。可以柔化选区或整个图像，消除杂色，掩盖缺陷或创造特殊效果，是所有滤镜中使用最广泛的滤镜之一。

　　（1）高斯模糊

　　利用钟形高斯曲线，有选择性地快速模糊图像，中间高，两端很低。应用非常广泛，可以模糊图像，修饰图像，当图像杂点较多时，可以去除杂点，使图像更平滑。

　　通过调节对话框中的"半径"参数控制模糊程度，调节范围为 0～1000 像素。

　　（2）动感模糊

　　动感模糊滤镜沿指定的方向（角度：−90 度～90 度），以指定的强度（距离：1～2000）模糊图像，产生类似于以固定曝光时间给运动对象拍照的效果，效果如图 2-5-5 所示。

图 2-5-5　动感模糊

　　（3）径向模糊

　　径向模糊模拟移动或旋转相机所产生的模糊，将图像围绕指定圆心，沿半径方向或圆环线方向产生模糊效果，效果如图 2-5-6 所示。

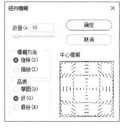

（a）"旋转"径向模糊　　　（b）"径向模糊"对话框　　　（c）"缩放"径向模糊

图 2-5-6　径向模糊

2. 素描滤镜组

　　素描滤镜组中的滤镜全部位于滤镜库中，用于创建手绘图像的效果，简化图像的色彩。

（注：此类滤镜不能应用在 CMYK 和 Lab 模式下）可以在图像中加入底纹从而产生三维效果。素描滤镜组及示例效果如图 2-5-7 所示。此滤镜组中大部分都要配合前景色和背景色使用，因此前景色和背景色的设置将对该滤镜组效果起到决定性的作用。

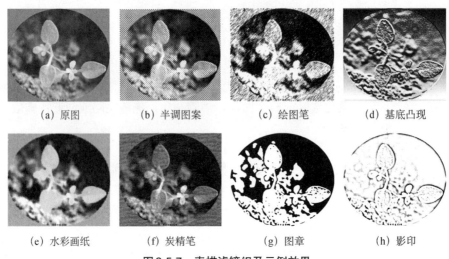

(a) 原图　　　　(b) 半调图案　　　　(c) 绘图笔　　　　(d) 基底凸现

(e) 水彩画纸　　　　(f) 炭精笔　　　　(g) 图章　　　　(h) 影印

图 2-5-7　素描滤镜组及示例效果

3. 扭曲滤镜组

扭曲滤镜主要利用各种方式在几何意义上扭曲一副图像，从而产生模拟水波、镜面反射和火光等自然效果或三维效果。

（1）切变滤镜

切变滤镜沿一条曲线扭曲图像，实例如图 2-5-8 所示。在曲线上单击可添加节点，通过拖移框中的控制点来控制曲线形状。若要删除控制点，只要用鼠标拖曳该点至框外即可。单击"复位"按钮，可将曲线恢复成直线。

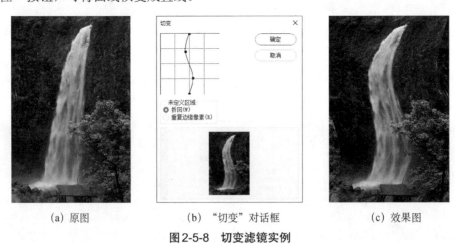

(a) 原图　　　　(b) "切变"对话框　　　　(c) 效果图

图 2-5-8　切变滤镜实例

（2）极坐标滤镜

极坐标滤镜根据选中的选项将选区在平面坐标和极坐标之间进行转换。可将直的物体拉弯，得到圆环效果，或将弯的物体拉直，实例见图 2-5-9。

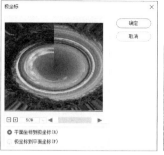
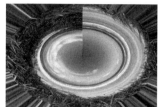

（a）原图　　　　　　　（b）"极坐标"对话框　　　　　（c）效果图

图2-5-9　极坐标滤镜效果实例

（3）球面化滤镜

球面化滤镜将选区折成球形、扭曲图像以及伸展图像以适合选中的曲线，使对象具有3D效果，实例见图2-5-10。

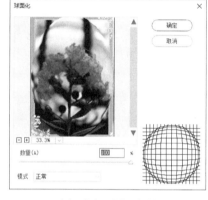

（a）原图　　　　　　　（b）"球面化"对话框　　　　　（c）效果图

图2-5-10　球面化滤镜实例

【调节参数】

数量：控制图像变形的强度，正值产生向外凸起的效果，负值产生向内凹下的效果。范围为-100%～100%。

模式："水平优先"只在水平方向上变形，"垂直优先"只在垂直方向上变形。"正常"则在水平和垂直方向上共同变形。

（4）水波滤镜

把图像中选中区域扭曲膨胀或变形缩小，使图像产生水波起伏的三维效果，效果如图2-5-11所示。

【调节参数】

数量：波纹的凹凸程度，正值为向外凸起效果，负值为向内凹陷效果。

起伏：控制波纹密度。

模式："围绕中心"将像素绕中心旋转，"从中心向外"将靠近或远离中心置换像素，"水池波纹"将像素置换到中心的左上方和右下方。

(a) 原图　　　　　　　　　(b) 对话框　　　　　　　　　(c) 效果图

图2-5-11　水波滤镜

（5）波浪滤镜

可创建波浪起伏的图案，像水池表面的波纹，"波浪"对话框如图2-5-12所示。其中，"波长"用于设置波长，取值范围为1～999。"类型"用于设置波的形状，如正弦、三角波和方波。"随机化"按钮每单击一下可为波浪重新制定一种随机效果，如图2-5-13所示。

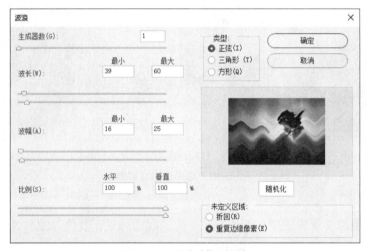

图2-5-12　"波浪"对话框

图2-5-13　各种波浪类型滤镜效果

案例 2-5-1：绘制几何图像。

设计效果：效果如图2-5-14所示，效果文件"2-5-14.jpg"。

设计思路：利用渐变工具，得到黑白渐变，对其执行"波浪滤镜"得到三角波，利用"极坐标"滤镜将其扭曲得到花形，用"铬黄渐变"得到液态金属质感，并设置图层混合模

(a)　　　　　　　　　　　(b)　　　　　　　　　　　(c)

图2-5-14　花朵上色效果

式为"颜色"，得到逼真的彩虹花。

设计目标：通过这个案例，熟练掌握滤镜的设置方法，并了解极坐标滤镜的妙用。

设计步骤：

① 新建一个10厘米×10厘米，颜色模式为RGB的文件。

② 设置前景色为白色，背景色为黑色。

③ 选择"渐变工具"，在渐变下拉框中选择"前景色到背景色"的渐变，类型选择"对称渐变"。

④ 按住鼠标不放，在画布中央向上拉一根渐变线，填充对称的白黑色渐变，如图2-5-15（a）所示。

⑤ 执行"滤镜"菜单→"扭曲"→"波浪"命令，设置"类型"为"三角形"，如图2-5-15（b）所示，得到三角波形。

⑥ 执行"滤镜"菜单→"扭曲"→"极坐标"命令，选择"平面坐标到极坐标"，得到如图2-5-15（c）所示效果。

⑦ 执行"滤镜"菜单→"滤镜库"→"素描"分类中选择"铬黄渐变"，得到花形的边缘，效果如图2-5-14（a）所示。

⑧ 在原图层上方新建一个新图层，在新图层上添加自己喜欢的渐变颜色，如图2-5-14（b）所示。

⑨ 对渐变图层，在"图层"面板的左上角，将该图层的混合模式设置为"颜色"，得到最终效果，如图2-5-14（c）所示。

 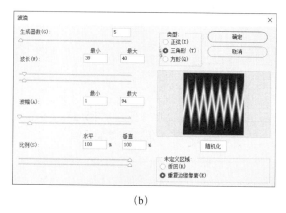 

(a)　　　　　　　　　　　(b)　　　　　　　　　　　(c)

图2-5-15　花形制作

（6）波纹滤镜

在图像上创建波浪起伏的图案，像水池表面的波纹，如图2-5-16所示。"数量"用于控制波纹变形幅度，"大小"用于控制波纹的大小。

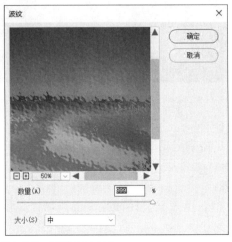

图2-5-16　"波纹"对话框及示例

（7）玻璃滤镜

用于创建使图像看起来像是透过不同类型的玻璃观看图像的扭曲效果。示例如图2-5-17所示，从"纹理"列表框中可选择一种纹理效果，Photoshop提供了块状、画布、磨砂、小镜头共4种纹理。选中"反相"选项可使图像的亮区和暗区互相交换。

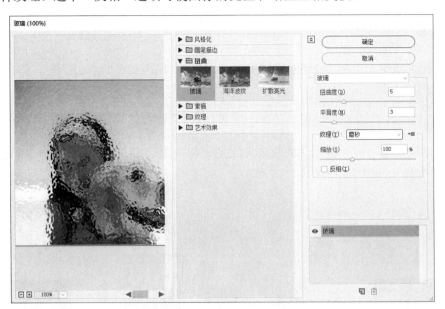

图2-5-17　"玻璃"滤镜示例

（8）置换滤镜

置换滤镜使用名为置换图的图像确定如何扭曲，置换图的大小和原图一样，明暗用于控制扭曲的方向和大小。"水平比例"和"垂直比例"参数分别控制图像水平和垂直方向的缩放比例。置换滤镜示例如图2-5-18所示。

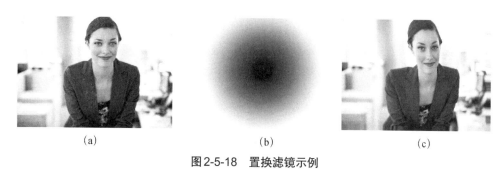

(a)　　　　　　　　　　(b)　　　　　　　　　　(c)

图 2-5-18　置换滤镜示例

4. 像素化滤镜组

"像素化"子菜单中的滤镜通过使单元格中颜色值相近的像素结成块来清晰地定义一个选区，通常会使图像面目全非。示例效果如图 2-5-19 所示。

"彩块化"滤镜：使纯色或相近的像素结成相近颜色的像素块。使用此滤镜能使图像出现彩绘效果。

"彩色半调"滤镜：模拟在图像的每个通道上使用半调网屏的效果，将一个通道分解为若干个矩形，然后用圆形替换掉矩形，图形的大小与矩形的亮度成正比。

"点状化"滤镜：将图像分解为随机分布的网点，模拟点状绘图的效果。使用背景色填充网点之间的空白区域。

"晶格化"滤镜：使用多边形纯色结块重新绘制图像。

"铜版雕刻"滤镜：使用黑白色或颜色完全饱和的网点图案重新绘制图像，使图像产生一种金属板印刷的效果。

(a) 原图　　　　　　　(b) 彩块化　　　　　　　(c) 点状化

(d) 彩色半调　　　　　(e) 晶格化　　　　　　(d) 铜版雕刻

图 2-5-19　像素化滤镜组效果

案例 2-5-2：下雪效果。

设计效果：效果如图 2-5-20（c）所示，效果文件"2-5-21.jpg"。

设计思路：利用"点状化"滤镜和"阈值"命令得到黑色背景上的错落白点雪花，对其执行"动感模糊"滤镜和"水波"滤镜得到风吹雪花效果，设置图层混合模式为"滤色"，去掉黑色背景得到逼真的下雪效果。

设计目标： 熟练掌握像素化滤镜的设置方法，和各种滤镜灵活运用产生的修饰效果。

图2-5-20　下雪效果

设计步骤：

（1）打开素材文件夹中的"2-5-20.jpg"文件，在"图层"面板中，将背景层拖动到"创建新图层"按钮上，复制出一个新的图层"背景 拷贝"。

（2）将背景色设为白色，对"背景 拷贝"执行"滤镜"→"像素化"→"点状化"命令，单元格大小为9左右，效果见图2-5-21（a），对话框设置如2-5-21（b）所示。

图2-5-21　点状化效果

（3）对该图层，执行"图像"→"调整"→"阈值"命令，设置阈值为255，得到如图2-5-21（c）所示效果。

（4）对该图层，再次执行"滤镜"→"模糊"→"动感模糊"命令，设置角度为-45度，距离为65像素，得到如图2-5-20（a）所示的风吹效果。

（5）若要进一步逼真化，可再次执行"滤镜"→"扭曲"→"水波"命令，设置数量为30，起伏为14，样式为"水池波纹"，效果如图2-5-20（b）所示。

（6）将"背景 拷贝"图层的图层混合模式设置为"滤色"，得到最终效果如图2-5-20（c）所示。

5. 纹理滤镜组

纹理滤镜组中的滤镜全部位于滤镜库中，其主要功能是为图像添加各种纹理效果，使图像具有深度感和材质感。该滤镜组共有6种滤镜，如图2-5-22所示。

"龟裂缝"滤镜：类似将图像绘制在凹凸不平的石膏表面，创建浮雕效果。

"颗粒"滤镜：在图像中生成一些不同种类的颗粒变化来增加图像纹理。

"马赛克拼贴"滤镜：使图像看起来像绘制在马赛克瓷砖上一样。

"拼缀图"滤镜：将图像分解为由若干方形图块组成的效果，图块的颜色由该区域的主色决定。

"染色玻璃"滤镜：将图像重新绘制成彩块玻璃效果，边框填充前景色。

"纹理化"滤镜：可对图像直接选用砖形、粗麻布、画布或砂岩的纹理，也可以载入其他纹理。

(a) 原图　　　　(b) 龟裂缝　　　　(c) 颗粒　　　　(d) 马赛克拼贴

(e) 拼缀图　　　(f) 染色玻璃　　(g) 纹理化：砖形　(h) 纹理化：粗麻布

图2-5-22　纹理滤镜组

6. 渲染滤镜组

渲染滤镜组可以产生照明的效果，可在图像中产生不同的光源效果和夜景效果。

（1）云彩滤镜

使用介于前景色和背景色之间的随机值生成柔和的云彩效果，如果按住Alt键使用云彩滤镜，将会生成色彩相对分明的云彩效果，可以使用于空图层。

新建一个300像素×400像素的新文件，设置前景色为蓝色，背景色为白色。

执行"滤镜"→"渲染"→"云彩"命令，效果如图2-5-23（a）所示。

执行"滤镜"→"扭曲"→"水波"命令，得到最终的水波效果如图2-5-23（b）所示。

（2）镜头光晕滤镜

模拟亮光照射到相机镜头所产生的光晕效果。此滤镜不能应用于灰度、CMYK和Lab模式的图像。

在"镜头光晕"对话框中，通过单击图像缩略图的任一位置或拖动其十字线，可指定光晕中心的位置。选择不同的镜头类型，可得到不同的光晕效果。

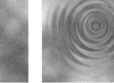

（a）云彩滤镜　　　（b）水波滤镜

图2-5-23　水波效果

图2-5-24为使用镜头光晕滤镜制作得到的星空效果。

设置画笔为"星形"形状，在"画笔"调板中设置"形状动态"和"散布"，绘制如图2-5-24（b）所示的星星效果。

执行"滤镜"菜单→"渲染"→"镜头光晕"命令，选"50～300毫米变焦"，绘制如图2-5-24（c）所示的星空效果。

再次执行"滤镜"菜单→"渲染"→"镜头光晕"命令，选"105毫米聚焦"，亮度设为80%，绘制如图2-5-24（d）所示的星空效果。

| （a）"镜头光晕"对话框 | （b）星星效果 | （c）星空效果1 | （d）星空效果2 |

图2-5-24　星空效果

（3）光照效果滤镜

光照效果的功能非常强大，可以通过改变不同的光照样式、光照类型以及光照属性，在RGB图像上产生无数种光照效果。还可以使用灰度文件的纹理（称为凹凸图）产生类似3D的效果，并存储你自己的样式以在其他图像中使用，为多张照片产生统一的光照效果。此滤镜不能应用于灰度、CMYK和Lab模式的图像。

光照效果滤镜窗口如图2-5-25所示，可分为上左右三个部分。上边属性栏可以在"预设"中挑选不同的样式，在"光照"类别中单击添加新的不同类型的光源。左边为预览区域，同时也是灯光设置区，既可以预览灯光照射效果，又可以移动光源位置，调整灯光照射范围的大小、方向和距离。右边为"属性"面板和"光源"面板，在"属性"面板可中以设置光照效果的类型，灯光的颜色、强度、聚光等属性，在"光源"面板中可以查看或删除当前已有的光源。

设置光照效果的步骤如下：

① 光照样式。在上方属性栏的"预设"中选择样式，默认为"自定"。Photoshop提供了17种预设的光照效果样式，每种样式都已设置好灯光的个数、类型、颜色等属性。从"预设"列表中选择好后，在此基础上进行修改可简化操作。在"预设"中如果选择"存储"，可将当前的灯光样式保存。

② 灯光类型。点光、聚光灯和无限光三种类型。

③ 灯光位置和方向。在预览区域中使用鼠标左键拖动中间的圆圈，可调整灯光位置。拖动圆周上的控制点，可控制灯光的形状。在圆周以外区域可以按住鼠标左键不放，旋转圆周来控制灯光的方向。

④ 增减光源。若要在场景中增加光源，只需在上方属性栏的"光照"类别中，单击添加不同类型光源的按钮。若要删除光源，则需在右边"光源"面板中先选中该光源，然后单击面板右下方的🗑按钮。

⑤ 3D效果。先将简单的纹理存于通道中,在光照滤镜窗口右边"属性"面板的"纹理"列表中选择刚才存储纹理的通道,调整各种相应的光照设置。

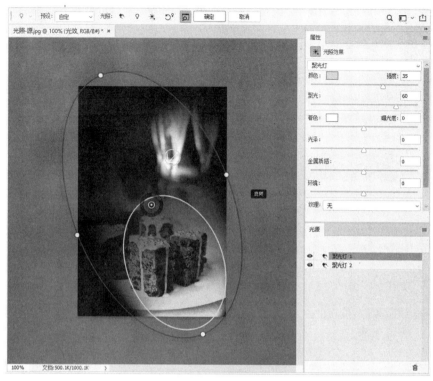

图2-5-25 光照效果滤镜窗口

光照效果示例如图2-5-26所示。

(a)原图 (b)添加2个灯的光照效果

图2-5-26 光照效果示例

7. 画笔描边滤镜组

画笔描边滤镜组中的滤镜全部位于滤镜库中,其主要功能是模拟不同的画笔或油墨笔刷来勾画图像,产生绘画效果。示例效果如图2-5-27所示。此类滤镜不能应用在CMYK和Lab模式下。

"成角线条":以两个45度角方向的线条来表现各种颜色的变化。

"阴影线"：保留细节特征，使用模拟铅笔阴影线添加纹理，产生交叉的网状线条。

"喷溅"：在图像中加入纹理细节，模拟液体颜料喷溅的效果。

"烟灰墨"：绘制非常黑的柔化模糊边缘的效果，模拟用黑色油墨画笔在宣纸上绘画。

"墨水轮廓"：用细线条勾画出颜色的边缘变化，形成钢笔油墨绘画的风格。

"喷色描边"：使用主导色并用成角的，喷溅的颜色线条重新绘制图像。

(a) 喷色描边	(b) 成角线条	(c) 阴影线
(d) 喷溅	(e) 烟灰墨	(f) 墨水轮廓

图 2-5-27　画笔描边滤镜组示例效果

8. 风格化滤镜组

风格化滤镜主要作用于图像的像素，可以强化图像的色彩边界，所以图像的对比度对此类滤镜的影响较大，风格化滤镜最终营造出的是一种印象派的图像效果。

（1）查找边缘滤镜

"查找边缘"对生产图像周围的边界非常有用，它可以查找图像边缘对比强烈的区域，并凸出边缘，然后用相对于白色背景的黑色线条勾勒图像的边缘。若先加大图像的对比度，然后再应用此滤镜，则可得到更多更细致的边缘，如图 2-5-28 所示。

(a) 原图	(b) 查找边缘滤镜

图 2-5-28　查找边缘滤镜示例

（2）风滤镜

在图像中色彩相差较大的边界上增加细小的水平短线来模拟风的效果。可选择三种起风方式：风、大风和飓风，有"左""右"两个方向，可按 Ctrl+F 组合键多次连用风滤镜，得到精致的风吹效果。风滤镜及其他一些风格化滤镜效果如图2-5-29所示。

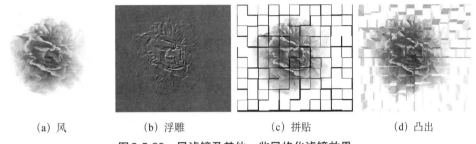

(a) 风　　　　　　(b) 浮雕　　　　　　(c) 拼贴　　　　　　(d) 凸出

图2-5-29　风滤镜及其他一些风格化滤镜效果

案例 2-5-3： 制作火焰字效果。

设计效果： 见 "2-5-31.jpg"。

设计思路： 利用风滤镜制作文字的燃烧效果，再利用波纹滤镜制作燃烧时的扭曲效果，将图像模式切换到索引模式后，设置"颜色"为"黑体"，为文字加上火焰的颜色。

设计目标： 掌握风滤镜及其他滤镜和颜色模式的结合使用。

设计步骤：

（1）新建一个450像素×300像素的新文档，颜色模式为"灰度"，背景颜色为黑色。

（2）将前景色设为白色，使用横排文字工具在空白文档的下方输入"火焰字"，设置字体为隶书，大小为120，栅格化文字。

（3）执行"图像"菜单→"图像旋转"→"顺时针90度"命令。

（4）执行"滤镜"菜单→"风格化"→"风"命令，在打开的"风"对话框中设置相关参数如图2-5-30（a）所示。重复再执行一次风滤镜，效果如图2-5-30（b）所示。

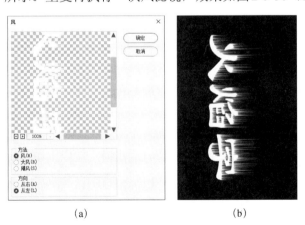

(a)　　　　　　　　　　　(b)

图 2-5-30　"风"对话框和效果

（5）执行"图像"菜单→"图像旋转"→"逆时针90度"命令。

（6）执行"滤镜"→"扭曲"→"波纹"命令，在打开的"波纹"对话框中设置相关参数如图2-5-31（a）所示，效果如图2-5-31（b）所示。

（7）执行"图像"菜单→"模式"→"索引颜色"命令，在弹出的对话框中单击"确定"按钮拼合图层。

（8）执行"图像"菜单→"模式"→"颜色表"命令，在对话框中选择"颜色表"为"黑体"，如图2-5-32（a）所示，最终效果如图2-5-32（b）所示。

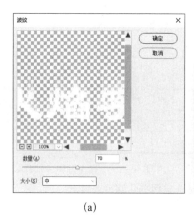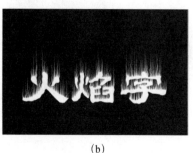

图 2-5-31　"波纹"对话框和效果

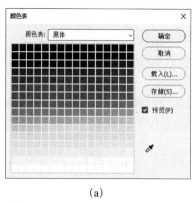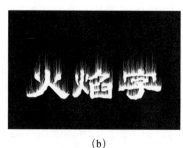

图 2-5-32　颜色表设置及火焰字效果

（3）浮雕效果滤镜

生成凸出和浮雕的效果，对比度越大的图像浮雕的效果越明显。

（4）拼贴滤镜

将图像按指定的值分裂为若干个正方形的拼贴图块，并按设置的位移百分比的值进行随机偏移。

（5）凸出滤镜

将图像分割为指定的三维立方块或棱锥体。此滤镜不能应用在Lab模式下。

9. 特殊功能滤镜组

这几个具有特殊功能的滤镜，如"消失点""液化"等滤镜，具有自己独特的操作窗口和使用方法，有的甚至还有自己的工具栏。

（1）消失点

消失点滤镜可以按照图像特殊的透视关系对图像进行复制、修复及变换操作。下面通过一个例子来系统介绍消失点滤镜。

打开图"2-5-33.jpg"，使用消失点滤镜，弹出"消失点"对话框，如图 2-5-33 所示。使用消失点滤镜处理图像效果如图 2-5-34 所示。

- 编辑平面工具：使用该工具可以选择、编辑、移动透视平面并调整平面大小。
- 创建平面工具：使用该工具可以定义透视平面的角节点，调整平面的大小和形状。

图 2-5-33　"消失点"对话框

（a）原图　　　　　　　　　　　（b）效果图

图 2-5-34　消失点滤镜效果

按住 Ctrl 键，拖动平面的节点，可以拖出新的平面。定义透视平面时，蓝色网格代表有效平面，红色网格或黄色网格代表无效平面。若定义的节点位置不正确，可按下 Backspace 键将该节点删除。

● 选框工具 ：该工具用于建立选区，还可以在顶部的工具选项区设立"羽化"和"不透明度"值。建立选区后，在"移动模式"下拉列表中选"目标"或按住 Alt 键拖动可复制图像，在"移动模式"下拉列表中选"源"或按住 Ctrl 键拖动，可使用源图像填充该区域。

● 图章工具 ：可以在顶部的工具选项区设立"直径"、"硬度"和"不透明度"值。建立好平面后，按住 Alt 键在图像中单击，可以取样，在其他区域拖动鼠标以复制源。

● 画笔工具 ：可以用平面中选定的颜色绘图，也可以使用吸管工具 使其在图像中拾取一种颜色，或者单击画笔颜色框，在打开的拾色器中选取颜色。在透视平面中，画笔的绘制将符合空间透视关系。按住 Shift 键绘图，可将描边限制为直线。

● 变换工具 ：使用该工具，可通过移动外框手柄来缩放、旋转和移动复制的图像，类似于在矩形选区上使用"自由变换"命令。

（2）液化滤镜

使用液化滤镜所提供的工具，我们可以对图像任意扭曲，还可以定义扭曲的范围和强度，还可以将我们调整好的变形效果存储起来或载入以前存储的变形效果。"液化"对话框如图2-5-35所示。

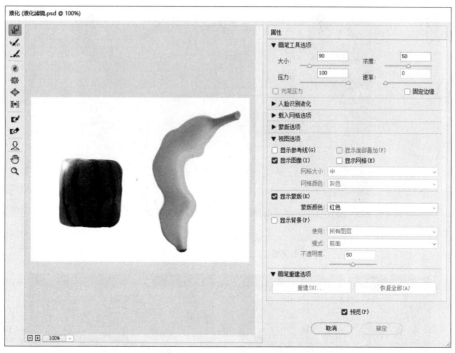

图2-5-35 "液化"对话框

- 向前变形工具 ：可以在图像上拖曳像素产生变形效果。
- 重建工具 ：对变形的图像进行完全或部分的恢复。
- 平滑工具 ：可以对图像平滑地变形。
- 顺时针旋转扭曲工具 ：按住鼠标按钮或来回拖曳时顺时针旋转像素。
- 褶皱工具 ：按住鼠标按钮或来回拖曳时像素靠近画笔区域的中心。
- 膨胀工具 ：按住鼠标按钮或来回拖曳时像素远离画笔区域的中心。
- 左推工具 ：按住鼠标按钮拖动鼠标，图像中的像素将发生位移变形效果。
- 冻结蒙版工具 ：可以使用此工具绘制不会被扭曲的区域。
- 解冻蒙版工具 ：使用此工具可以使冻结的区域解冻。
- 脸部工具 ：可以自动辨识人脸的各部分器官，让用户轻松完成相关的调整。
- 抓手工具 ：当图像无法完整显示时，可以使用此工具对其进行移动操作。
- 缩放工具 ：可以放大或缩小图像。

2.5.3 外挂滤镜

Photoshop滤镜插件也叫外挂滤镜，它是由第三方厂商为Photoshop所开发的滤镜，它不但种类繁多、功能齐全而且不断升级和更新。用户通过安装滤镜插件，能够使Photoshop获得更有针对性的功能。如KPT系列（Kai's Power Tools）滤镜和Eye Candy滤镜。

如需安装外挂滤镜，需要先退出Photoshop软件，将外挂滤镜复制到Photoshop安装目录下的Plug-Ins下，再重新启动Photoshop，就可以在"滤镜"菜单中找到它。

安装 Flaming Pear Flood 外挂滤镜后，执行"滤镜"菜单→"Flaming Pear"→"Flood2…"命令，在打开的对话框中设置如图 2-5-36 所示参数，制作的水波倒影效果如图 2-5-37 所示。

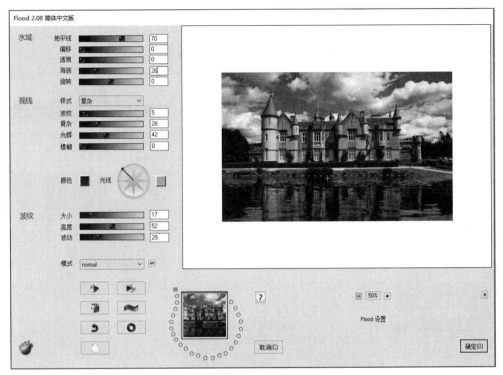

图 2-5-36　"Flood2.06 简体中文版"对话框参数设置

图 2-5-37　水波倒影效果图

案例 2-5-4：为人物背景添加彩色铅笔效果。

设计效果：效果如图 2-5-38 所示，效果文件"2-5-38.jpg"。

设计思路：利用纹理滤镜、模糊滤镜和画笔描边滤镜得到彩色渲染效果；再利用查找边缘滤镜得到铅笔素描效果；将这两层的图层混合模式设为"叠加"得到最终的铅笔彩绘背景。

设计目标：掌握综合利用各种滤镜，来帮助实现设计效果。

设计步骤：

（1）打开图"2-5-38.psd"，把背景层复制 2 层（背景拷贝、背景拷贝 2）。

（2）对"背景拷贝"依次做下面的滤镜操作：执行"滤镜"→"滤镜库"命令，选择"纹理"中的"颗粒"，设置强度为 25，对比度为 40，颗粒类型为喷洒，如图 2-5-39（a）所示。

图 2-5-38　彩色铅笔效果

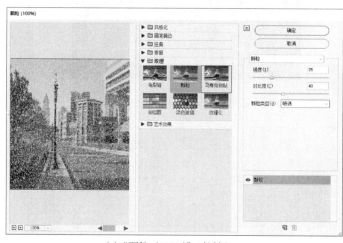

（a）"颗粒（100%）"对话框　　　　　　　　　（b）"动感模糊"对话框

图 2-5-39　喷洒滤镜和动感模糊滤镜

（3）执行"滤镜"菜单→"模糊"→"动感模糊"命令，设置角度为 40 度，距离为 20，如图 2-5-39（b）所示。

（4）执行"滤镜"菜单→"滤镜库"命令，选择"画笔描边"中的"成角的线条"，设置方向平衡为 40；描边长度为 7；锐化为 3，如图 2-5-40（a）所示。

（5）将"背景拷贝"的图层混合模式设置为"叠加"，得到如图 2-5-40（b）所示的彩色渲染效果。

（a）"成角的线条"对话框　　　　　　　　　（b）彩色渲染效果

图 2-5-40　彩色渲染效果

（6）对"背景拷贝 2"做下面的操作：执行"滤镜"菜单→"风格化"→"查找边缘"命令，效果如图 2-5-41（a）所示。

（a）　　　　　　　　　　　　　　　　　（b）

图 2-5-41　查找边缘效果

（7）执行"图像"→"调整"→"色相/色饱和度"命令（减低饱和度在-44 左右），提高明度（值在 34 左右），效果如图 2-5-41（b）所示。

（8）将"背景拷贝 2"图层的图层混合模式也设为"叠加"。

（9）选中所有图层，按 Ctrl+E 组合键合并图层，完成最终效果。

2.6　色彩与色调的调整

在图像设计中，色彩与色调都会影响到图像的视觉效果。图像的调色主要分为两个方面：其一是色调的调整，丰富图像的层次；其二是色彩的调整，可以改变或替换图像的颜色。Photoshop 为此提供了丰富的工具。

2.6.1　图像色调调整

图像色调主要指图像的明暗度，它反映了图像的层次。

1. 色调分布

Photoshop 用直方图工具来显示图像中明暗像素的分布状况。执行"窗口"→"直方图"命令，可以打开"直方图"面板，如图 2-6-1 所示。直方图中的横坐标表示像素的明暗度，也称为色阶，从左到右为从最暗色值（0）到最亮色值（255）之间的 256 个亮度等级。纵坐标表示像素的数量，即图像中在该亮度（色阶）下的像素数目。

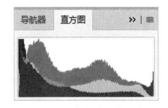

图 2-6-1　"直方图"面板

2. 色阶

如果像素集中在直方图的左边，那么图像就会偏暗。反之，如果集中在直方图的右边，图像就会偏亮。这两种情况都需要进行调整。色阶的调整通常使用"色阶"和"曲线"命令。

打开如图 2-6-2（a）所示的文件，通过图 2-6-2（b）所示直方图观察，该图片色调偏暗，选择"图像"→"调整"→"色阶"命令，弹出"色阶"对话框。在该对话框中，"输入色阶"表示色阶命令接受的输入，输出色阶表示色阶命令的输出。输入色阶中有三个滑块：黑色滑块、灰色滑块和白色滑块。如果给黑色滑块赋予一个大于0的值（或者向右移动），那么图像中所有亮度小于该值的像素都会变成黑色。灰色滑块和白色滑块作用类似。

(a) 原图   (b) 直方图

图2-6-2   原图效果与直方图

我们在该对话框中，将白色滑块向左移动（值为160），此时的直方图如图2-6-3（a）所示，图像将会变亮，最终效果如图2-6-3（b）所示。

(a) 调整后的直方图   (b) 调整后的效果图

图2-6-3   调亮后的直方图与效果图

3. 曲线

"曲线"命令的功能与"色阶"命令相似，但功能更强大。它可以对图像的色彩、亮度和对比度进行调整。在该对话框中，它还可以对多个不同的点进行调整，便于精确调整图像。

打开相应的文件，选择"图像"菜单→"调整"→"曲线"命令，弹出"曲线"对话框。

该对话框中，横坐标表示图像原来的亮度值，纵坐标表示图像调整后的亮度值。如果"显示数量"处设置为"光"，则将曲线向上拉动，图像会变亮，将曲线向下拉动，图像会变暗，如图2-6-4和图2-6-5所示。如果"显示数量"处设置为"颜色/油墨"方式，则效果相反。

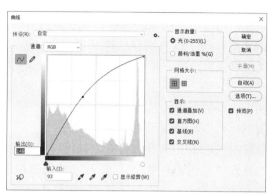

图2-6-4　"曲线"对话框及调亮效果

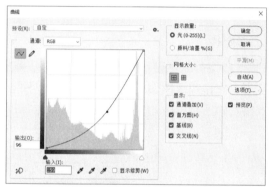

图2-6-5　"曲线"对话框及调暗效果

2.6.2　图像色彩调整

图像色彩的调整主要包括调整图像的色相与饱和度、色彩平衡、替换颜色、去色与黑白等。

1. 色相与饱和度

图像中的色彩由色相、饱和度和明度组成，执行"图像"→"调整"→"色相/饱和度"命令或按Ctrl+U组合键，在打开的"色相/饱和度"对话框中可以对这三个组成部分进行调整，如图2-6-6所示。

图2-6-6 "色相/饱和度"对话框

● "全图"选项：用于调整图像中所有的颜色，该选项还包括"红色""黄色""绿色""青色""蓝色""洋红"等其他几种颜色的选项，可以从中选择一种颜色来单独进行调整。

● 色相：用于调整图像的色彩，取值范围为−180～+180。

● 饱和度：用于调整图像的饱和度，取值范围为−100～+100，取值为正值，增加图像的饱和度，取值为负值，降低图像的饱和度，如果取值为−100，则图像将失去色彩变为灰度图像。

● 明度：调整图像的亮度。

● 着色：可以将图像调整成单色调效果。

下面利用"色相/饱和度"命令，来改变图像的颜色。

（1）打开"色相饱和度.jpg"图片，使用磁性套索工具 ，选中图中右下角的青苹果，再执行"选择"菜单→"修改"→"羽化"命令，设置羽化半径为2。

（2）执行"图像"→"调整"→"色相/饱和度"命令或按Ctrl+U组合键打开"色相/饱和度"对话框，设置色相的值或拖动滑块，观察苹果颜色的变化。

2. 色彩平衡

"色彩平衡"命令可以在图像原有色彩的基础上根据需要增加或减少一些颜色，以改变图像的色彩。它作用于图像的复合颜色通道，不能对单个颜色通道进行调整，因此只适用于简单的、粗略的色彩调整。"色彩平衡"对话框如图2-6-7所示。

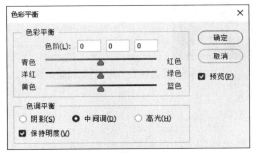

图2-6-7 "色彩平衡"对话框

下面利用"色彩平衡"命令来调整图像的偏色。

打开"偏色.jpg"图片，执行"图像"菜单→"调整"→"色彩平衡"命令或按Ctrl+B组合键，在打开的"色彩平衡"对话框中对图像的"中间调"和"高光"部分进行调整，如图2-6-8所示。

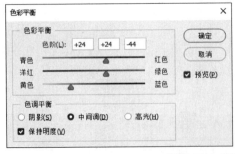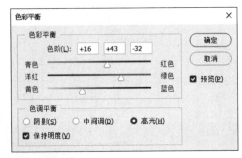

图2-6-8 色彩平衡调整设置

色彩平衡调整后的效果如图2-6-9所示，后期还可以使用色阶、曲线等调整命令继续进行调整。

（a）原图　　　　　　　　　　（b）色彩平衡调整后

图 2-6-9　色彩平衡调整效果

3. 替换颜色

替换颜色可以把图像中的某种颜色用指定的颜色进行替换，下面来看一个替换颜色的实例。

（1）打开"替换颜色.jpg"图片，执行"图像"菜单→"调整"→"替换颜色"命令，在打开的"替换颜色"对话框中先单击"吸管工具" ，再单击图像中需要替换的颜色，此时在对话框的选区预览图会显示选中的范围，白色表示选中区域，如图 2-6-10（a）所示。

（2）拖动"颜色容差"下面的滑块来调整选择范围，也可以通过在对话框中选择"添加到取样" 吸管或"从取样中减去" 吸管，在图像中单击所需颜色来扩大或缩小选择范围。选择好范围后，将色相设为-60，如图 2-6-10（b）所示。

 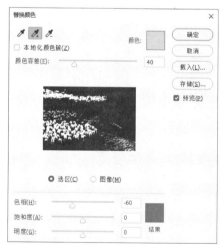

（a）吸管工具　　　　　　　　　　（b）"添加到取样"吸管

图 2-6-10　"替换颜色"对话框

（3）经过替换颜色调整后的图像如图 2-6-11 所示。

4. 去色与黑白

"去色"可以将彩色图像中的颜色信息去除，将其转换为相同色彩模式的灰度图像。对一副彩色图像执行"图像"菜单→"调整"→"去色"命令即可，无须设置参数。

（a）原图　　　　　　　　　　　　　　　（b）替换颜色调整后

图 2-6-11　替换颜色效果图

"黑白"也可以将彩色图像转换为灰度图像，通过对各个颜色分量的调整，用户可以获得高质量的灰度图像。另外还可以通过勾选"色调"调整色相，为转换后的灰度图像着色，将其变为单一颜色的图像。对一副彩色图像执行"图像"→"调整"→"黑白"命令，并调整色相后的效果，如图 2-6-12 所示。

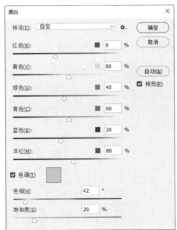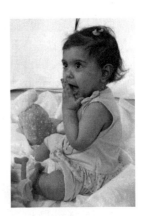

图 2-6-12　黑白调整图像

2.6.3　色调与色彩的应用

案例 2-6-1：调整色调与色彩。

设计效果：设计前后对照效果如图 2-6-13 所示，效果文件为"彩妆效果.jpg"文件。

图 2-6-13　调整色调与色彩前后对照效果图

设计思路： 从图中可以看出，原图中的背景色偏暗，需要调亮，可利用"曲线""色阶"命令操作；而口红部分，需要对其着色，局部色彩调整，需要先选择，后操作，利用"色彩平衡""色相/饱和度"等色彩调节命令完成；眼珠色彩也略做了调整。

设计目标： 掌握色调与色彩调整的综合应用。

设计步骤：

（1）打开"2-6-1.psd"文件。

（2）调整背景色。选中背景层，选择"图像"菜单→"调整"→"曲线"（或"色阶"）命令，调亮色调。

（3）选中"人物"图层，更改眼睛色彩。

① 利用选择工具选中眼珠，设置羽化半径为 2.0 像素。

② 将其复制到一个新图层。

③ 选择"图像"菜单→"调整"→"色相/饱和度"命令，将色相设置为"+60"。

④ 利用橡皮工具擦除眼球周围的多余部分。

⑤ 设置该图层透明度为 60%。

（4）选中"口红"图层，给图中的"口红"上色。

① 选中左侧口红，利用"色彩平衡"命令调整颜色，参数值为（+100，-100，0）。

② 选中两支口红套，调整颜色，设置色彩平衡参数值为（+100，0，-100）。

③ 同理，设置另一支口红的颜色。色彩平衡参数值为（+100，-100，-100）。

④ 给"口红"图层添加"外发光"图层样式效果，图素大小设置为 8 像素。

2.7　图像的修复

图像修复技术是 Photoshop 图像处理中的重要部分，如瑕疵照片的修复、人物照片美容等。常用的图像修复技术包括仿制图章工具、修复画笔工具、模糊锐化工具、色彩色调调整以及滤镜的运用等。图像修复技术相对复杂，有时需要多种操作综合运用。由于它在图像处理方面的重要性，我们将其单独列出介绍。

2.7.1　图章工具

图章工具是最常用的修饰工具，包括仿制图章工具和图案图章工具。

1. 仿制图章工具

仿制图章工具 ▲ 能把一幅画的全部或部分复制到同一幅画或其他图像，常用于去除图像中的缺陷。选中仿制图章工具，按住 Alt 键在源图像中单击采样，之后在目标图像所需位置拖曳鼠标进行涂抹，可复制取样内容。使用效果如图 2-7-1 所示。

工具属性栏上，"画笔"边上的数值代表图章直径，可点开小三角修改。"对每个描边使用相同的位移" ▓ （或 ☑ 对齐）选中时，不管停顿多久，起点如何变化，再次绘制也能保持涂抹内容的连续性；否则每次绘制都以第一次按 Alt 键取样位置为起点进行复制，造成多重叠加效果。

利用仿制图章工具去除人物衣服上的文字，前后对比效果如图 2-7-2 所示。此类操作，我们还可以用来修复破损或有瑕疵的照片。

图2-7-1　仿制图章工具复制内容效果

图2-7-2　去除图片上的文字前后对比效果

提示： 仿制图章工具可对取样的图像完全复制操作，若要精确修复图像中的瑕疵，注意在瑕疵最近点且多次进行取样。

利用仿制图章工具去瑕疵，对照效果如图2-7-3所示。

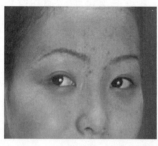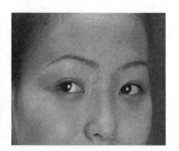

图2-7-3　仿制图章工具去痘前后对照效果

2. 图案图章工具

图案图章工具用于复制图案，其中图案可以是Photoshop的预设图案，也可以是用户定义图案。

打开图像文件，设置背景透明，用矩形选框工具，建立矩形选区，如图2-7-4所示。选择"编辑"→"定义图案"命令，在"图案名称"对话框中输入新图案名称。选择图案图章工具，在"图案"下拉列表中选择刚定义的图案，在当前或其他图像中拖曳鼠标复制图案，结果如图2-7-5所示。

图2-7-4　矩形选区

图2-7-5　图案图章工具复制图案结果

当然，图案图章工具也可以用来修复图像。比如修复皮肤，只需在皮肤图像中选择一块完好的区域，定义为图案，再用此图案去涂抹瑕疵部分。

2.7.2　修复画笔工具

1. 修复画笔工具

修复画笔工具对图像中不理想或缺损的局部进行修补，与图章工具相似，也通过采样来填充图像。不同的是，修复画笔工具能将采样点色彩、色调、纹理与所修复的像素相匹配，从而与周围图像完美融合。它常用于去除人物痘痘，眼袋和皱纹等。

修复画笔工具属性栏如图2-7-6所示。在去除人物痘痘时，先按住 Alt 键，在人物光洁的皮肤上采样，松开 Alt 键，再在人物的痘点处单击或涂抹，效果如图2-7-7所示。

图2-7-6　修复画笔工具属性栏

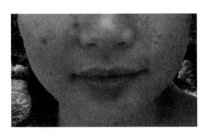
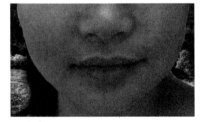

图2-7-7　去痘前后对比效果图

若使用污点修复工具，则省去了采样步骤，可直接在瑕疵位置处单击。

2. 修补工具

修补有明显裂痕或污点等缺陷图。操作方法很简单，选择修补工具，在需要修复的地方选中一块区域，选中修补工具属性栏中的"从目标修补源"，并将此选区拖动到附近完好的区域实现修补。若选中修补工具属性栏中的"从源修补目标"，则操作方式相反，需要先选择一块完好且能盖住污点的区域，再拖至需要修补的地方。

修补工具一般用来修复一些面积较大的部分，如皱纹、胎记或照片破损等。当然，对于细节处理也可以用此工具完成，修补工具和修复画笔工具一样，也会将样本像素的纹理、光照和阴影与所修复的像素进行匹配。

利用修补工具去痣：使用修补工具在有痣的地方选中一块区域，选中修补工具属性栏中的"从目标修补源"，再拖动此区域到脸另一侧对应位置即可，前后对照图如图2-7-8所示。

图2-7-8　去痣前后对照图

3. 消除红眼工具

在给动物拍照时，由于闪光灯强光刺激，视觉神经的血红色会在照片上形成红眼。使用消除红眼工具 ⁺◉ 可以很方便地去除红眼。选择该工具直接单击红眼区域，或者拉出一个小矩形框，框选红眼区域即可迅速修复。消除红眼前后对照图如图2-7-9所示。

图2-7-9　消除红眼前后对照图

2.7.3　颜色替换工具

颜色替换工具 ⬛, 能在保持照片原有材质纹理与明暗的前提下，用前景色置换图像中的色彩。但此工具不能用于位图、索引模式和多通道色彩模式。

选择颜色替换工具，设置合适的前景色和直径大小，在需要修改颜色的地方进行涂抹，按键盘上的"]""["可调整画笔的大小。颜色替换前后对照图如图2-7-10所示。

图2-7-10　颜色替换前后对照图

此类工具，常用于图像色彩的变换，如更换衣服颜色、染发等操作，如图2-7-11所示为染发前后效果对照图。

图 2-7-11　染发前后对照图

2.7.4　人物照片美容

许多人都想通过相机留下自己最美的身影，可拍出的照片往往有些地方不能遂人愿，利用 Photoshop 可以对照片进行美化处理，如去瑕疵、光洁肌肤、美白牙齿、身材矫形、彩妆等。

案例 2-7-1： 光洁肌肤、美白牙齿。

设计效果： 前后对照图如图 2-7-12 所示，效果文件"2-7-12.jpg"。

设计思路： 照片上的人物脸部除皮肤不够细腻、牙齿不够洁白外，无其他瑕疵，因此不用通过修复画笔或图章等工具进行修复，只需将皮肤变得光滑、美白牙齿即可。光滑肌肤的方法有很多种，如磨皮滤镜、模糊工具、模糊滤镜、蒙尘与划痕滤镜等。牙齿美白可以通过色调及色彩的调整来完成。

设计目标： 掌握光洁肌肤、牙齿美白的操作技巧。

图 2-7-12　美肤洁牙前后对照图

设计步骤：

（1）在 Photoshop 中打开"美肤原图.jpg"图像。

（2）美肤处理。

① 选择"滤镜"菜单→"杂色"→"蒙尘与划痕"命令，设置半径为"4"。

② 这时，我们需要将一些不要变化的区域还原，选择"工具箱"中的历史记录画笔工具，在"历史记录"面板中设置历史画笔记录的源，如图 2-7-13 所示。

③ 接下来，利用历史记录画笔工具在不要变化的区域如眼睛、嘴巴、头发上涂抹，涂抹时注意改变历史记录

图 2-7-13　设置历史画笔记录的源

画笔工具的相关属性。

（3）美牙处理。

① 将图像放大，利用选择工具选中牙齿部分。

② 选择"图像"菜单→"调整"→"去色"命令。

③ 利用"色阶"命令，调整白场滑块，将牙齿变得白净些。

④ 利用"色彩平衡"命令，为图像添加一些红色，使牙齿的白看上去自然一些。

案例 2-7-2： 添加闪亮唇彩效果。

设计效果： 前后对照图如图2-7-14所示，效果文件"2-7-2.jpg"。

设计思路： 利用Photoshop可以对黑白照片进行着色，变成彩色照片；也可以将生活照设计成艺术照。添加眼影、腮红、唇彩、指甲色彩等，是处理这类照片的必要操作，操作也有些类似。添加闪亮的唇彩，首先要选中嘴唇，再更改色彩，闪亮片可利用"杂色"滤镜实现。

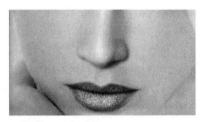

图2-7-14 添加闪亮唇彩前后对照图

设计目标： 掌握综合运用"滤镜"和"调整"命令，以及图层混合模式制作闪亮唇彩。

设计步骤：

（1）在Photoshop中打开"闪亮唇彩原图.jpg"图像。

（2）对嘴唇着色。

① 利用钢笔工具勾勒出嘴唇，按Ctrl+Enter键将其转换为选区，羽化半径为2像素。

② 利用"色相/饱和度"或"色彩平衡"等命令对嘴唇着色。

（3）制作闪亮片。

① 添加图层。

② 将嘴唇选区填充为灰色。

③ 选择"滤镜"菜单→"杂色"→"添加杂色"命令，杂色数量设为"6%"，并勾选"单色"选项。

④ 调整色阶，减少杂色中的白色数量。

⑤ 修改图层混合模式：叠加，也可设置为其他模式得到不一样的效果。

⑥ 调整曲线，增强嘴唇色彩的明暗对比度。

⑦ 观察效果，若不满意，继续调整。

（4）用大小为3像素的橡皮工具擦除上下嘴唇中间的亮片。当然，我们也可以用液化滤镜修改唇形。

2.8 路径的使用

在Photoshop中，路径是使用贝赛尔曲线所构成的一段闭合或者开放的曲线段。路径可以是一个点、一条直线或一条曲线，但它通常是与终点连接在一起的一系列直线段或曲线段。

利用路径可以选取和绘制复杂的图形，尤其是具有各种方向和弧度的曲线图形，还可以利用各种工具和命令来修改和编辑。在 Photoshop 中，我们还可以在路径和选区之间进行转换，从而创造出需要的操作区域。

2.8.1　路径基础

1. 常用路径工具

Photoshop 工具箱中提供了一系列用于路径创建、编辑、转换和选择的工具，如图 2-8-1 所示。

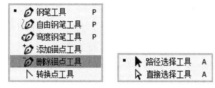

图 2-8-1　路径工具

钢笔工具 ⌀：建立路径的基本工具，可以用它来绘制直线或曲线路径。

自由钢笔工具 ⌀：使用方法类似于钢笔工具，但它不是通过建立锚点的方式来绘制路径的，而是直接绘制出任意形状的路径。

弯度钢笔工具 ⌀：可以轻松绘制弧线路径并可以快速调整弧线的位置、弧度等，方便创建线条比较圆滑的路径和形状。

添加锚点工具 ⌀：为已创建的路径添加一个锚点。

删除锚点工具 ⌀：将路径中的一个锚点删除。

转换点工具 ⌐：锚点有两种类型，即平滑点（有曲率调杆的点）和角点（无曲率调杆的点），使用转换点工具可以将锚点在以下两种类型之间互相转换。

路径选择工具 ▶：用来整体选择路径和路径上的锚点。

直接选择工具 ▷：用来选择路径上的单个锚点并可进行调整。

2. "路径"面板

"路径"面板上提供了许多对路径操作的功能按钮，如图 2-8-2 所示。

用前景色填充路径 ●：使用前景色填充路径。

用画笔描边路径 ○：使用画笔工具的笔刷来描边路径。

将路径作为选区载入 ⋮⋮：将路径转换为选择区域。

从选区生成工作路径 ✿：将选择区域转换为路径。

添加蒙版 ▣：添加图层蒙版。

创建新路径 ⊟：创建新路径。

删除当前路径 🗑：删除当前路径栏及其所保存的路径。

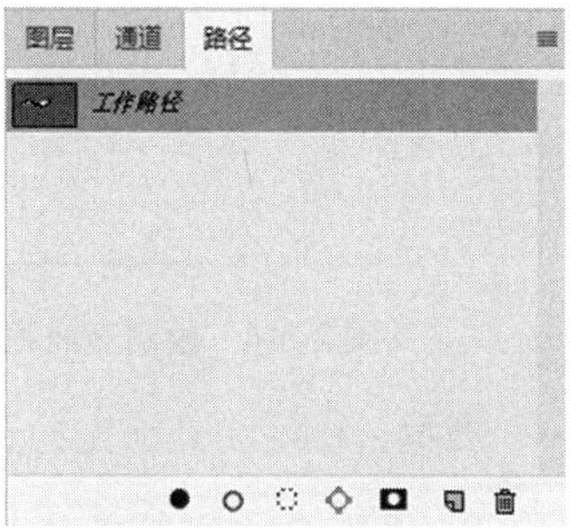

图 2-8-2　"路径"面板

2.8.2　创建路径

Photoshop 中创建路径的方法比较多，常用的方法就是直接使用钢笔工具、自由钢笔工具或弯度钢笔工具来绘制路径，也可以使用文字工具、形状工具或转换选择区域等方法来间接地创建路径。

1. 使用钢笔工具创建路径

钢笔工具是绘制路径的基本工具，在使用钢笔工具绘制路径前，需要先在钢笔工具属性栏中做好相关的设置，如图2-8-3所示。

图2-8-3　钢笔工具属性栏

钢笔工具属性栏上的各主要功能组及按钮说明如下：

路径：该组列表用于选择创建对象的类型，依次为形状、路径、像素。

形状：选择该模式，绘制路径后会在"图层"面板中自动添加一个新的形状图层。形状图层就是带形状剪贴路径的填充图层，默认填充前景色。

路径：选择该模式，绘制出来的矢量图形只产生工作路径。

像素：选择该模式，绘制图形时既不产生工作路径，也不产生形状图层，只在当前图层创建图形形状，并使用前景色填充。

建立：选区…　蒙版　形状：该组按钮分别将路径转换为选区、矢量蒙版或形状图层。

：该组按钮为路径操作、路径对齐方式和路径排列方式按钮，分别用来设置路径的不同组合方式、路径对齐的方式及调整路径的前后排列顺序。

（1）绘制直线路径

使用鼠标左键单击先创建一个起始锚点，然后将鼠标移至另一位置后再次单击创建第二个锚点，此时两个锚点之间就自动创建了一条直线路径。如果在创建第二个锚点时，按住Shift键不放再单击，可绘制水平、垂直或45度角的直线路径，如图2-8-4所示。

（2）绘制曲线路径

使用鼠标左键单击先确定一个起始锚点，在其他位置再次单击创建第二个锚点，注意此时不要松开鼠标左键，将鼠标向其他方向移动，两个锚点之间就创建了一条曲线路径，如图2-8-5所示。

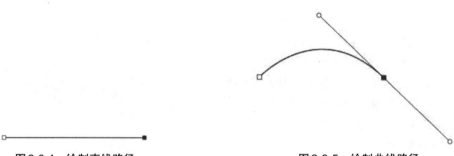

图2-8-4　绘制直线路径　　　　　　　　　　图2-8-5　绘制曲线路径

提示： 在绘制之前先检查钢笔工具属性栏，创建对象的类型是否为"路径"。

2. 使用自由钢笔工具来创建路径

使用自由钢笔工具可以绘制出任意形状的路径，用它创建路径的方法很简单，只要一直按住鼠标左键不放，移动鼠标在图像上绘制即可。

3. 使用弯度钢笔工具来创建路径

使用弯度钢笔工具可以轻松地绘制平滑曲线段和直线段，曲线的弯曲度根据锚点的相对位置自动形成。在绘制路径时，使用鼠标左键单击可以创建平滑点，双击鼠标左键则创建角点。鼠标点按拖动锚点则可以改变曲线的形状。

4. 其他方法创建路径

（1）使用文字工具创建路径

Photoshop 可以将文字转换为路径，因此也可以使用文字系列工具来创建路径。创建的方法很简单，使用文字工具创建好文字层后，只要在"图层"面板上右击文字层，从弹出的菜单中选择"创建工作路径"命令即可。

（2）使用形状工具创建路径

使用工具箱中提供的各种形状工具也可以创建路径，常见的形状工具有矩形工具、圆角矩形工具、椭圆工具、多边形工具、直线工具、自定形状工具。选择自定形状工具，在工具属性栏将创建对象类型设为"路径"，形状选择一个图形，绘制的路径如图2-8-6所示。

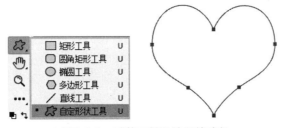

图2-8-6 形状工具及绘制的路径

（3）将选择区域转换为路径

选择区域和路径可以互相转换，因此也可以通过将选择区域转换为路径的方法来创建路径。

下面看一个将选择区域转换为路径的例子。

① 打开"蝴蝶.jpg"文件，使用魔棒工具单击图像的背景，选中背景后再按 Ctrl+Shift+I 组合键反向选择，将蝴蝶选中，如图2-8-7所示。

图2-8-7 选择蝴蝶图像

② 在"路径"面板中，单击"从选区生成工作路径"按钮创建路径。

③ 将背景层转换为普通层，隐藏该层，可以看到刚才创建的路径如图2-8-8所示。

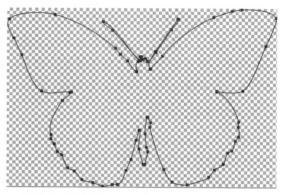

图2-8-8　查看创建的路径

　　上面的实例介绍了由选择区域创建路径，反过来由路径也可以创建选择区域，只要单击"路径"面板中的"将路径作为选区载入"按钮⬚，或者按Ctrl+Enter组合键，就可以将当前的路径转换为选择区域，如图2-8-9所示。

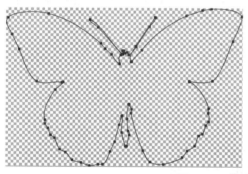

图2-8-9　将路径转换为选区

2.8.3　路径的编辑

　1．调整路径

　（1）添加或删除锚点

　　使用添加锚点工具✍在路径上单击可以为路径添加一个锚点，使用删除锚点工具✍单击路径上一个锚点，则可以将该锚点删除。

　（2）移动锚点

　　使用路径选择工具▶可以用来整体选择路径和路径上的锚点，如果想选择路径上的单个锚点并进行调整，就需要用到直接选择工具▷。

　（3）改变曲率

　　使用直接选择工具▷，选择需要调整曲率的锚点，在出现的控制手柄上按住鼠标左键不放，移动鼠标来进行曲率的调整。

　（4）改变曲线方向

　　使用转换点工具⌐和直接选择工具▷都可以改变曲线的方向，只是对于两侧都有控制柄的锚点，转换点工具改变的是一侧曲线的方向，而直接选择工具同时改变两侧的曲线方向，如图2-8-10所示。

（a）原路径

（b）转换点工具改变一侧方向

（c）直接选择工具同时改变两侧方向

图 2-8-10　改变曲线方向

（5）转换锚点

路径编辑过程当中，经常需要使用转换点工具 ⌐ 对锚点进行平滑点（有曲率调杆的点）和角点（无曲率调杆的点）的互相转换。使用转换点工具把角点转换成平滑点如图 2-8-11 所示。

（a）原路径

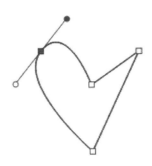
（b）转换左侧角点后

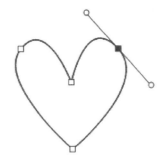
（c）转换右侧角点后

图 2-8-11　转换锚点

2. 填充路径和描边路径

（1）填充路径

使用"路径"面板上的"用前景色填充路径" ● 按钮，可以对路径填充前景色。将前景色设为红色，填充一个心形路径的结果如图 2-8-12 所示。

图 2-8-12　填充心形路径

（2）描边路径

创建好路径后，可以使用画笔、橡皮擦、仿制图章等工具中设置好的笔刷对路径进行描边。下面通过一个简单的实例来说明描边路径的过程。

① 新建 400 像素×300 像素的文件，使用自定形状工具 ♥，绘制心形路径，如图 2-8-13 所示。

② 在工具箱中选择画笔工具 ✐，在"旧版画笔"中选择"散布枫叶"笔刷 ✦，在画笔

工具属性栏中单击"切换画笔设置面板"  按钮，在"画笔设置"对话框中设置相关参数如图2-8-14所示。

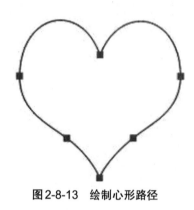

图2-8-13　绘制心形路径

图2-8-14　画笔笔刷设置

③ 设置前景色为绿色，单击"路径"面板中的"用画笔描边路径" ⬤ 按钮进行描边，描边结束后在"路径"面板的空白处单击可以取消路径的选择状态，最后结果如图2-8-15所示。

图2-8-15　描边路径及结果

2.8.4　文字路径

在处理图像过程中，有时需要特殊形状文字，文字路径可以轻松实现这一功能。下面看一个在路径上输入文本的实例。

（1）使用椭圆工具 ⬭，先绘制一个圆形路径。

（2）选择文字输入工具 **T**，把鼠标移动到路径上方，可以看到鼠标指针的形状在发生改变，当指针形状变成 时，单击鼠标左键会在路径上产生一个输入点，此时输入的文本会沿着路径排列，如图2-8-16所示。

（3）当指针形状变成 时，单击鼠标左键会在路径内部产生一个输入点，此时输入的文本会出现在路径的内部，如图2-8-17所示。

（4）文本输入结束后，如果想调整文本在路径上的方向，可以使用路径选择工具 ，把鼠标移至路径上方，当指针形状变成 或 时按住鼠标左键不放，拖动鼠标进行调整，如图 2-8-18 所示。如果光标移至文本的起始点或文本终点上方来进行调整，则可以调整文本的起始位置或结束位置。

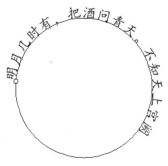

图 2-8-16　在路径上输入文本　　　图 2-8-17　在路径内部输入文本　　　图 2-8-18　调整文本方向

（5）如果想控制文本与路径的垂直距离，可以在"字符"面板中设置基线偏移，如图 2-8-19 所示。

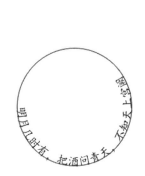

图 2-8-19　设置文本与路径距离

2.8.5　路径应用

案例 2-8-1：制作变形文字。

设计效果：变形文字效果如图 2-8-20 所示，效果文件"2-8-1.jpg"。

图 2-8-20　变形文字效果

设计思路：先将文字转换为路径，使用直接选择工具对转换后的路径进行变形，再把变形后的路径转换为选择区域，填充前景色。

设计目标：掌握文字、路径的转换及路径系列工具的使用。

设计步骤：

（1）新建一个500像素×350像素的文档，在工具箱中选择横排文字工具 **T**，设置字体为隶书，大小为72，输入文字"中国梦想秀"。

（2）鼠标右击"图层"面板中的文字层，在弹出的快捷菜单中选择"创建工作路径"命令，此时切换到"路径"面板，可以看到自动创建了一个工作路径。

（3）切换到"图层"面板，隐藏文字层，使用路径选择工具 将路径移到合适位置，在文档空白处单击，取消路径的全选状态。

（4）使用直接选择工具 ，对路径上的锚点进行拖动调整，制作变形文字效果，如图2-8-21所示。

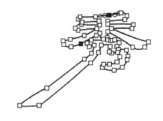 

（a）对其中一个字的路径变形　　　　　　　　　（b）对其他文字的路径变形

图2-8-21　对路径调整变形

（5）创建一个新图层"图层1"，按Ctrl+Enter组合键将路径转换为选择区域，用黑色进行填充。

提示：在Photoshop中可以将文字转换为工作路径，通过编辑转换后的路径，可以制作具有变形效果的文字，这在制作广告宣传海报时经常用到。

案例2-8-2：制作"心心相印"玉佩文字效果。

设计效果：玉佩文字效果文件"2-8-2.jpg"。

设计思路：通过输入文字创建工作路径来制作文字路径。通过绘制心形路径、复制路径以及设置路径组合的不同方式来制作环状心形路径。合并所有路径，将路径转换为选区后创建新图层并填充选区，最后为新图层添加图层样式来制作玉佩文字效果。

设计目标：掌握创建文字路径、设置路径组合的方式及合并路径的方法。

设计步骤：

（1）新建500像素×350像素的空白文档，设置颜色模式为RGB，背景内容为白色。

（2）使用横排文字工具 **T**输入文字"相印"，设置字体为隶书，大小为150。将文字转换成工作路径，隐藏文字层。

（3）选择自定形状工具 ，在工具属性栏的"创建对象类型"处选择"路径"，"形状"选择心形图形，绘制两个心形路径。调整两个路径的位置，形成环状心形路径，较大的心形路径在工具属性栏"路径操作"处选择"合并形状"，较小的心形路径选择"排除重叠形状"，如图2-8-22所示。鼠标画矩形框同时框选两个心形路径，在工具属性栏的"路径操作"处选择"合并形状组件"，合并两个路径。

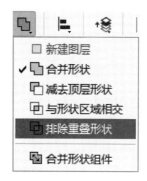

(a) 环状心形路径

(b) 选择排除重叠形状

图 2-8-22 制作环状心形路径

（4）选中合并后的路径，按住 Alt 键不放拖动鼠标复制出第 2 个与之相连的环状心形路径，然后框选两个环状心形路径，在"路径操作"处选择"合并形状组件"合并路径，效果如图 2-8-23 所示。如果发现这两个路径没有合并，则需将它们的"路径操作"处都设置为"合并形状"后，再进行合并操作。

（5）使用路径选择工具将"相"和"印"的文字路径分别移到 2 个环状心形路径中，使用直接选择工具 ▶ 或按 Ctrl+T 组合键调整文字路径到合适的大小。鼠标框选所有路径，在工具属性栏的"路径操作"处选择"合并形状组件"合并路径，如图 2-8-24 所示。

图 2-8-23 制作相连的环状心形路径

图 2-8-24 合并所有路径

（6）创建新图层"图层 1"，按 Ctrl+Enter 组合键将路径转换为选择区域，设置前景色为 #f37286，按 Alt+Delete 组合键填充前景色，再 Ctrl+D 组合键取消选择区域。

（7）单击"图层"面板中的"添加图层样式"按钮 fx，为"图层 1"添加"斜面和浮雕"、"光泽"及"投影"效果。"斜面和浮雕"图层样式中将"阴影模式"下方的"不透明度"设为 0，其他的设置如图 2-8-25 所示。"光泽"图层样式中设置效果颜色为 #f37286，其他设置如图 2-8-26 所示。"投影"图层样式中设置阴影颜色为 #a41d21，其他设置如图 2-8-27 所示。最终效果如图 2-8-28 所示。

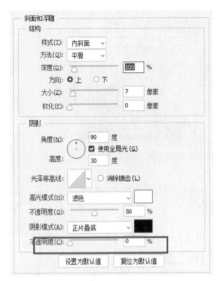

图 2-8-25　"斜面和浮雕"图层样式设置

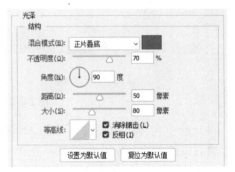

图 2-8-26　"光泽"图层样式设置

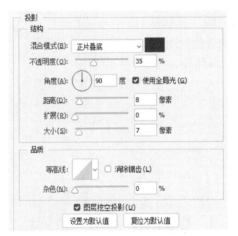

图 2-8-27　"投影"图层样式设置

图 2-8-28　"心心相印"玉佩文字效果

2.9　图像处理综合应用

综合实例 2-9-1： 人物修饰。

设计效果： 人物修饰前后对比效果如图 2-9-1 所示，效果文件"2-9-1.jpg"。

设计思路： 人物脸部存在许多斑点，因此可以先考虑用污点修复画笔工具加以修复。修复后的原斑点位置，会存在颜色分布不均匀和周围颜色对比较强的情况，因此需要把这些地方找出来加以处理。本例是通过对通道中的图像使用"最小值"和"高反差保留"滤镜及对通道图像多次计算来加强原斑点位置的对比，最后用曲线来调整所生成的选择区域。

设计目标： 掌握常用的修复系列工具及通道抠图的原理和技巧。

设计步骤：

（1）打开"人物修饰.jpg"图片，在工具箱中选择污点修复画笔工具，对人物脸部的斑点进行修复，在修复过程中，可以根据需要按"]"键放大笔刷，按"["键减小笔刷，修

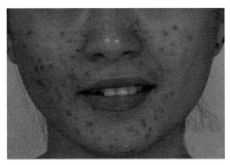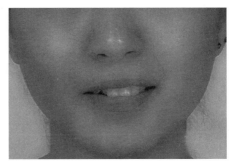

图 2-9-1　人物修饰前后对比效果

复斑点最后的结果如图 2-9-2 所示。修复结束，把背景图层拖到"创建新图层"按钮 🖫 上复制一份，如图 2-9-3 所示。

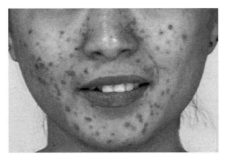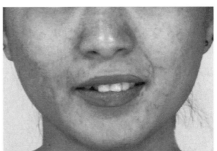

（a）原图　　　　　　　　　　　　　（b）去除斑点后

图 2-9-2　去除脸部斑点

（2）修复斑点结束后，会发现人物脸部皮肤原来有斑点的地方，有的颜色较深，有的颜色较浅，需要选中这些地方后，再对其进行调整。切换到"通道"面板，观察红、绿、蓝三个通道内的图像，经过比较，发现绿通道里面的图像对比较强，保留图像细节较好。将绿通道拖到"通道"面板下方的"创建新通道"按钮 🖫 上复制一份，复制后的内容保存在"绿 拷贝"通道，如图 2-9-4 所示。

图 2-9-3　复制图层　　　　　　　　　　图 2-9-4　复制绿通道

（3）执行"滤镜"→"其他"→"最小值"命令，半径设为 1 像素。再执行"滤镜→其他→高反差保留"命令，半径设为 10 像素。

（4）执行"图像"→"计算"命令，在打开的"计算"对话框中将"混合"设为"强光"，计算结果自动保存在"Alpha 1"通道中，如图 2-9-5 所示。

图2-9-5　第1次计算

（5）对保存了上步计算结果的"Alpha 1"通道，重复再计算2次。第3次计算后的结果及通道如图2-9-6所示。

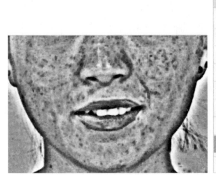

（a）第3次计算后的结果　　　　　　　（b）第3次计算后的通道

图2-9-6　第3次计算后的结果及通道

（6）按住Ctrl键不放，单击"Alpha 3"通道生成选择区域。因为需要选中图中黑色斑点部分进行调整，按Ctrl+Shift+I组合键反选刚才的选择区域。

（7）切换到"图层"面板，选中"背景 拷贝"图层，单击面板下方的"创建新的填充或调整图层"按钮，创建一个"曲线"调整图层，将调整图层中的曲线向上弯曲调亮图像。

（8）观察调整后的图像，如果对处理后的效果不满意，可以重复（2）～（7）的步骤继续调整。

综合案例 2-9-2：简历封面制作个案。

毕业求职时，一个好的简历封面能体现你的特色，让你的简历从一堆简历中脱颖而出。简历封面设计的成败，归结于两点：Photoshop技术和平面设计能力。

1. 平面设计能力

构思：一个有创意的封面，一个切合实际情况的点子是打动HR的关键。

构图：鲜明的色彩通常可以吸引眼球，配以合适的图案可以将人们的目光吸引到相应的焦点。而朴实的语句、简单的构图、单一的色调，则体现了你的专注，展现出了你内心的宽广和博大。针对不同的职位和行业，应采用不同的简历封面。

2. Photoshop技术能力

Photoshop技术是构思和构图的实现手段。专业的Photoshop制作，体现了你扎实的技术。可以进行图像编辑、图像合成、校色调色、特效制作。将你的构思和构图 100%实现，为简历增色不少。

设计效果：效果如图2-9-7所示，效果文件"2-9-3.jpg"。

图2-9-7　最终结果

设计思路：

（1）构思。每个工作都有其特殊的要求，用拼图体现"我就是你找的那个合适的人。给我一片蓝天，还你一个骄傲"。

（2）构图。蓝色，给人以简单冷静之感，体现内心宽广博大。简历下方为白云，上方为高飞的白鸟，飞鸟中有一块空白，旁边有块拼图正好可以拼完整。简历中间出现文字"right person"，以及姓名等个人信息。

（3）Photoshop 设计技术分解，如表2-9-1所示。

表2-9-1　设计技术分解

几个部分	所用技术
封底	设置个性化渐变得到页边留白； "色彩范围"选出白云； "图层蒙版"实现溶图
拼图效果	利用"自定形状工具"的"路径"模式得到拼图区域，"路径转化成选区"选出拼图区域； "图层样式"出现拼图立体效果； "魔棒工具"结合"快速蒙版"精确选出手部； 利用"磁性套索工具"选出拇指，调整"图层顺序"，将拼图放入手中
波浪文字	利用"钢笔工具"绘制路径，绘制沿路径的文字； 利用"描边"结合"渐变叠加"得到波浪文字； 进一步用"自定形状工具"的"填充"模式修饰文字
极速文字	"极坐标"滤镜结合"风"滤镜对文字进行修饰

设计目标：

（1）考察学生的 Photoshop 基本工具、图层操作、通道抠图、滤镜、色彩色调调整和修图工具的掌握情况，并通过这个例子，促使学生学会综合运用上述命令，掌握图像编辑、图像合成、校色调色、特效制作的基本方法。

（2）针对个案，学会简历封面设计的基本方法。

设计步骤：

1. 封底设计

（1）新建文件，大小为460像素×620像素，保存为"封面.psd"。选择"渐变工具"，打开"渐变编辑器"对话框，设置如图2-9-8所示，左端右端均设为白色。左端靠内增加一个色标，设置颜色为RGB（19，133，251）。选中线性渐变，在背景层上水平从右向左拖动。为封面右端留一个白边，效果如图2-9-9所示。

图2-9-8 "渐变编辑器"对话框

图2-9-9 渐变底色效果

（2）打开图"白云.jpg"文件，使用"选择"菜单→"色彩范围"命令，打开"色彩范围"对话框，如图2-9-10所示。选取白云，将白云移动到"封面"文件中背景层的上方，并去掉最上方的白云，效果如图2-9-11所示。

图2-9-10 "色彩范围"对话框

图2-9-11 白云封底效果

（3）置入"蓝天.jpg"文件，图层名为"蓝天"，缩放到合适大小，栅格化图层，并执行"编辑"菜单→"变换"→"水平翻转"命令，并移动到封面右上角，效果如图 2-9-12 所示。为"蓝天"层添加"图层蒙版"，设前景色为黑色，选择柔角画笔，在图层蒙版上涂抹，效果如图 2-9-13 所示。

图 2-9-12　蓝天效果

图 2-9-13　蒙版效果

2. 拼图效果

（1）选择自定形状工具，在工具属性栏中设置模式为"路径"，在"形状"中打开下拉菜单，设置类别为"物体"，选择列表中的"拼图4"形状。在画布中绘制一个拼图形路径。

（2）使用"路径选择工具"移动路径到画布中最大的白鸽上方。按 Ctrl+Enter 键将拼图路径转化成选区，单击"蓝天"图层缩略图，选中图层后再按 Ctrl+J 快捷键，将选中的白鸽复制到"拼图"图层。按 Ctrl+T 快捷键可以改变白鸽的大小和角度，并移到一边。切换到"路径"面板，选中工作路径，单击面板下方的"将路径作为选区载入"按钮载入选区，选中"蓝天"图层，为载入的选区填充白色，按 Ctrl+D 快捷键取消选区，效果如图 2-9-14 所示。

（3）对"拼图"图层添加"投影"图层样式（角度45度，大小5，距离5，扩展0）和"斜面和浮雕"样式（样式为内斜面，方法为平滑，大小为5），效果如图 2-9-15 所示。

图 2-9-14　拼图效果

图 2-9-15　图层样式效果

（4）打开图"手.jpg"文件，使用"魔棒工具"选中背景，单击工具箱中的"以快速蒙版模式编辑"按钮。用黑色画笔涂抹指甲区域，再退出快速蒙版模式，执行"选择"→"反选"命令，将选中的手移动到"封面"文件，并放置到"拼图"图层的下方，用柔角橡皮擦除手的边缘，效果如图2-9-16所示。

（5）用"磁性套索工具"选中大拇指，按Ctrl+J组合键，将选区内容复制到一个新的图层，并将大拇指所在的这个新图层移动到"拼图"图层的上方，效果如图2-9-17所示。

图2-9-16　手和拼图效果

图2-9-17　手拿拼图最终效果

3. 波浪文字效果

（1）选择"钢笔工具"，在画布上绘制一条如图2-9-18所示曲线形路径。选择"文字工具"，设置字体为"impact"，大小为28点，颜色为白色，输入沿路径的文字"right person"，如图2-9-19所示。

图2-9-18　曲线形路径

图2-9-19　波浪文字

图2-9-20　"描边"对话框
参数设置（内描边）

（2）按住Ctrl键，单击"文字"图层左边的缩略图，获得文字选区，新建图层"内描边"。执行"编辑"→"描边"命令，参数设置如图2-9-20所示。再次新建图层"外描边"，执行"编辑"菜单→"描边"命令，"位置"改为"居外"。

（3）对"内描边"图层，添加"渐变叠加"图层样式，渐变色为RGB（140，214，249）到RGB（10，71，174）；对"外描边"图层添加"渐变叠加"图层样式，渐变色为RGB（0，228，225）。效果如图2-9-21所示。

（4）将"文字"图层、"内描边"和"外描边"图层合并成一个图层，用橡皮工具擦除文字中的点，用"自定形状工具"绘制一个红心，调整大小和方向，并放置在合适的位置，效果如图2-9-22所示。

图 2-9-21　描边文字效果

图 2-9-22　文字效果

4. 极速文字

（1）选择"横排文字工具"，大小设为 100 点，颜色设为 RGB（253，115，3），字体设为"方正舒体"，在封面的下方输入文字"自荐书"，删格化文字。

（2）执行"滤镜"菜单"扭曲"→"极坐标"命令，设置极坐标到平面坐标，效果如图 2-9-23 所示。

（3）执行"图像"→"图像旋转"→"逆时针 90 度"命令。

（4）执行"滤镜"→"风格化"→"风"命令，设置类型为"风"，方向为从右，效果如图 2-9-24 所示。

图 2-9-23　扭曲文字效果

图 2-9-24　风吹效果

（5）执行"图像"→"图像旋转"→"顺时针 90 度"命令，再执行"滤镜"→"扭曲"→"极坐标"命令，设置平面坐标到极坐标。可进一步添加姓名、日期等信息。

2.10　思考与练习

一、选择题

1. 在 RGB 色彩模式中，R=G=B=255 的颜色是（　　）。

A. 白色　　　　　　　　B. 黑色　　　　　　　　C. 红色　　　　　　　　D. 蓝色

2.（　　）色彩模式适合彩色打印机和彩色印刷。

A. RGB　　　　　　B. CMYK　　　　　　C. HSB　　　　　　D. Lab

3. 在同样大小的显示器屏幕上，显示分辨率越大，屏幕显示的文字（　　　）。

A. 越小　　　　　　B. 一样大　　　　　　C. 越大　　　　　　D. 与显示分辨率无关

4. 单色图像采用（　　）位二进制表示一个像素。

A. 24　　　　　　　B. 2　　　　　　　　C. 8　　　　　　　　D. 1

5. 某一图像的宽度和高度分别为 20、10 英寸，其分辨率为 72 像素/英寸，那么该图像的显示尺寸为（　　　）像素。

A. 800 像素×600 像素　　　　　　　　B. 1024 像素×768 像素

C. 1440 像素×1440 像素　　　　　　　D. 1440 像素×720 像素

6. 一幅大小为 640 像素×480 像素的真彩色图像，未经压缩的图像数据量是（　　　）。

A. 900KB　　　　　B. 225KB　　　　　C. 300KB　　　　　D. 600KB

7. Photoshop 是用来处理（　　　）的软件。

A. 图形　　　　　　B. 图像　　　　　　C. 文字　　　　　　D. 动画

8. 下面对矢量图和位图描述正确的是（　　　）。

A. 位图的基本组成单元是像素　　　　　B. 位图的基本组成单元是锚点和路径

C. 矢量图放大后会失真　　　　　　　　D. 矢量图显示效果更逼真

9. 图像分辨率的单位是（　　　）。

A. dpi　　　　　　　B. ppi　　　　　　　C. lpi　　　　　　　D. pixel

10. 色彩深度是指在一个图像中（　　　）的数量。

A. 颜色　　　　　　B. 饱和度　　　　　　C. 亮度　　　　　　D. 灰度

11. 下列（　　　）命令在调整色偏时更具优势。

A. 色调均化　　　　B. 色彩平衡　　　　　C. 阈值　　　　　　D. 亮度/对比度

二、简答题

1. 简述位图与矢量图的区别。

2. 简述 Photoshop 图像处理的应用。

3. 什么叫分辨率，分辨率有哪些类型？

4. 简述 Photoshop 中创建选区的方法，并说说各自的特点。

三、操作题

设计一份自己的简历封面。

要求：

（1）界面简洁美观。

（2）素材选取合理。

（3）特效的合理应用。

（4）添加文字效果。

第 3 章　计算机动画

内容提要

　　现如今，计算机动画被广泛地应用于网页开发、广告设计、游戏开发、电影特技、教育教学等领域。Animate CC 由原 Adobe Flash Professional CC 更名得来，在支持 Flash SWF 文件的基础上，加入了对 HTML5 的支持，功能更为强大。

　　本章将通过 Adobe Animate CC 2019 软件给大家介绍 Animate 的基本操作，并通过实例介绍利用 Animate 制作动画的基本原理和制作方法。通过本章的学习，使读者能轻松地了解计算机动画的相关理论知识，熟悉 Animate 各项功能和操作方法，掌握逐帧动画、形状补间动画、传统补间动画、补间动画、骨骼动画、引导路径动画和遮罩动画等几种常见动画类型的制作方法和技巧，并应用于自己的动画创作实践中。

重点难点

1. Animate 工具箱的使用
2. 逐帧、形状补间、传统补间、补间和骨骼动画的制作
3. 引导路径动画和遮罩动画的制作

3.1　计算机动画基础知识

　　动画，其实就是让静止的画面"动"起来，动画被广泛地应用于动画影片、广告设计、网站设计、教学设计、游戏设计等领域。

　　动画是一种通过连续画面来显示运动的技术，即通过一定速度投放画面以达到连续的动态效果。它的基本原理与电影、电视一样，都是视觉暂留原理。医学已经证明，人类的眼睛具有"视觉暂留"的特性，即人的眼睛看到一幅画或一个物体后，在 1/24 秒内不会消失。实验证明：动画画面刷新率为 24 帧/秒，即每秒放映 24 幅画面，则人眼看到的就是连续的画面效果。

　　传统动画的生产过程主要包括编剧、设计关键帧、绘制中间帧、拍摄合成等方面。这个过程相当复杂。从设计规划开始，要经过设计具体场景、设计关键帧、制作关键帧之间的中间画面、复制到透明胶片上、上墨涂色、检查编辑，最后到逐帧拍摄，其中消耗的人力、物

力、财力以及时间都是巨大的。因此，当计算机技术发展起来以后，人们开始尝试用计算机进行动画创作。

计算机动画是采用连续播放静止图像的方法产生景物运动的效果，即使用计算机产生图形、图像运动的技术。计算机动画的原理与传统动画基本类似，只是在传统动画的基础上把计算机技术用于动画的处理和应用，并可以实现传统动画所达不到的效果。由于采用数字处理方式，动画的运动效果、画面色调、纹理、光影效果等可以不断改变，输出方式也多种多样。计算机动画可分为二维动画和三维动画。

3.2 Animate动画制作

2015年5月2日Adobe公司将Adobe Flash更名为Adobe Animate CC，在支持Flash SWF文件的基础上，加入了对HTML5的支持，以便为网页开发者提供更适应现有网页应用的音频、图片、视频、动画等创作支持。

3.2.1 熟悉Animate操作界面

在默认情况下，启动Animate CC 2019会打开主屏，如图3-2-1所示。利用它可以快速创建新的Animate文件或打开已有的文件。

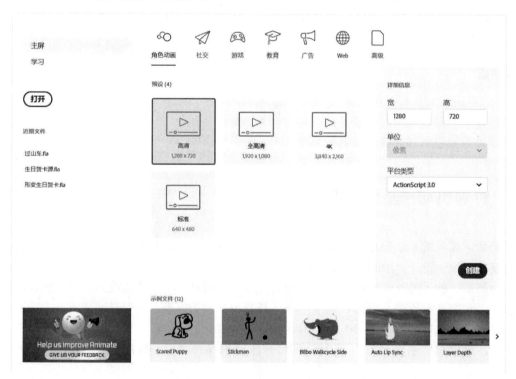

图3-2-1 Animate CC 2019 主屏

创新一个新文件后，将显示Animate CC 2019的主界面，主要由菜单栏、工具箱、时间轴面板、场景和舞台、属性面板和浮动面板组等组成，如图3-2-2所示。

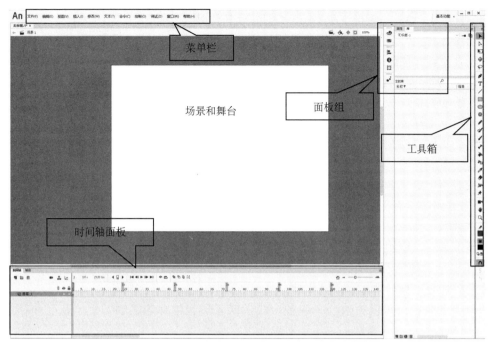

图 3-2-2 Animate CC 2019 主界面

1. 菜单栏

菜单栏包含了 Animate CC 2019 的绝大部分命令，可以实现许多基本操作。

"文件"菜单：用于文件操作，如新建、打开、保存文件、导入导出操作等。

"编辑"菜单：用于编辑对象，如复制、剪贴、粘贴等。

"视图"菜单：用于设置开发环境的外观，如放大、缩小工作区、网格、标尺等。

"插入"菜单：用于对动画添加元素，如新建元件、添加新场景等。

"修改"菜单：用于对动画中的对象、场景等进行修改，如修改文档、修改元件等。

"文本"菜单：用于对文本的属性和样式进行修改，如文本的大小、字体等。

"命令"菜单：用于管理和运行 ActionScript 命令。

"控制"菜单：用于播放、控制和测试动画。

"调试"菜单：用于调试动画。

"窗口"菜单：用于显示、关闭各种窗口面板，以及调整窗口布局。

"帮助"菜单：用于快速获取帮助信息和在线技术支持。

2. 工具箱

工具箱中包含了各种常用的编辑工具。当选择了某个工具时，都可以在"属性"面板中设置该工具的各项参数，设置完成后就可以使用工具绘制或者编辑对象了。

（1）线条工具

将指针定位在线条起始处，并将其拖动到线条结束处，就可以绘制一段直线段。若按住 Shift 键的同时拖动鼠标，则可以绘制水平、垂直或与水平呈 45°角的直线段。在"属性"面板中，可以通过设置笔触颜色来确定绘制线条的颜色，通过设置笔触大小和样式来设置线条的粗细和外观。

（2）椭圆工具 ⬭、矩形工具 ▢ 和多角星形工具 ⬡

使用这几种工具，在舞台上拖动鼠标就可以绘制矩形、椭圆、星形或多边形。使用椭圆和矩形工具时，按住 Shift 键拖动鼠标可以绘制圆形和正方形。

使用多角星形工具时，利用"属性"面板中的选项，可以设定绘制的是星形还是多边形，以及边的数量。

（3）铅笔工具 ✐

铅笔工具可以绘制任意线条和形状，绘画的方式与使用真实铅笔大致相同。选择铅笔工具后，在工具箱下方的工具选项区，可以设置铅笔的三种绘制模式："伸直"模式用于绘制直线，或者将接近三角形、椭圆、圆形、矩形和正方形的形状转换为这些常见的几何形状；"平滑"模式用于绘制平滑曲线；"墨水"模式用于绘制不用修改的手画线条。

（4）画笔工具 ✐

画笔工具可以绘制矢量色块，产生类似于刷子的笔触。利用工具选项区或"属性"面板的 ⚙，可以选择画笔的模式。

（5）墨水瓶工具 🍼 和颜料桶工具 🎨

利用墨水瓶工具可以更改一个或多个线条或者形状轮廓的笔触颜色、宽度和样式。在"属性"面板设置好相关参数后，单击对象即可。

使用颜料桶工具可以对封闭区域填充颜色，包括纯色、渐变色和位图填充的方式进行填色。可以填充空白区域，也可以更改已涂色区域的颜色。

（6）任意变形工具 ▦

使用任意变形工具可以对选中的对象进行移动、旋转、缩放、倾斜和扭曲等操作。

（7）渐变变形工具 ▢

利用渐变变形工具可以对选中对象的填充色进行变形处理。使用时，选择渐变变形工具单击对象，被选择的对象周围将出现填充变形调整手柄。通过调整填充的大小、方向或中心，可以改变填充效果。

（8）橡皮擦工具 ◆

利用橡皮擦工具可以快速擦除舞台上的任何矢量对象，包括笔触和填充。在工具选项区可以设置橡皮擦模式。

- 标准擦除模式：可以擦除同一图层中操作经过区域的笔触和填充。
- 擦除填色模式：只擦除操作经过区域的填充，不影响笔触。
- 擦除线条模式：只擦除操作经过区域的笔触，不影响填充。
- 擦除所选填充模式：只擦除当前对象选中的填充部分。
- 内部擦除模式：只擦除使用橡皮擦工具时操作开始处的填充，如果从空白处开始擦除，则不会擦除任何内容。

（9）选择工具 ▶

选择工具的一个功能是单击对象进行选择，拖动鼠标可以移动对象，如果按住 Alt 键的同时拖动鼠标，则可以复制对象。另一个功能是使用选择工具拖动线条或者形状轮廓上的任意点，可以改变线条或轮廓的形状。

（10）文本工具 **T**

使用文本工具，可以添加文本。在"属性"面板中，可以设置文本的类型、字体、大小、颜色和方向等。在 Animate CC 2019 中，文本有 3 种类型：静态文本、动态文本和输入文本。静态文本是在动画播放过程中不会发生变化的文本；动态文本是在动画播放过程中可以动态改变甚至自动更新的文本；输入文本是在影片播放过程中用于和用户进行交互的文本。在属性面板中，还可以对文本添加滤镜等效果。

3. 时间轴面板

时间轴面板是 Animate 的设计核心区域。将图像按照一定的时间、空间顺序播放，就会形成动画，而时间轴就是用来表现、记录、调整动画中的全部信息，是控制动画流程的重要手段。时间轴由图层区、帧和播放头组成，分别用来进行图层操作和帧操作。时间轴面板如图 3-2-3 所示。

图 3-2-3　时间轴面板

（1）图层操作

在创建较为复杂的动画时，为了能够独立地对动画中的对象进行定位、分离、排序和变形的操作，而不影响其他对象，需要将不同的对象放置在不同的图层上。对图层的操作，都可以在时间轴的图层区进行。

① 插入图层：单击左上角的"新建图层"按钮　。

② 删除图层：选中需要删除的图层，单击左上角的"删除图层"按钮　。

③ 更改图层名称：双击需要重命名的图层名称，输入新的名称即可。

④ 改变图层顺序：改变图层顺序，可以调整图层间的遮挡关系。选择需要调整顺序的图层，按住鼠标左键拖动到目标位置后，放开鼠标即可。

⑤ 显示和隐藏图层：单击图层对应行"隐藏或显示所有图层"按钮对应列的黑点，使之变成 ✕，即可隐藏该图层。再次单击 ✕，则可显示该图层。

⑥ 锁定和解除锁定图层：当用户在某个图层上完成了操作，如果接下来不希望该图层的内容被不小心修改，可以将该图层锁定。其方法是单击该图层对应行"锁定或解除锁定所有图层"按钮对应的黑点，使之变成 🔒。

（2）帧操作

帧是 Animate 动画的基本单位。对于舞台中对象的时间控制，主要就是通过更改时间轴面板中的帧来实现的。Animate 中的帧可以分为关键帧、空白关键帧和普通帧等类型。

关键帧：用来存放动画中关键画面的帧，每个关键帧的内容可以不同。关键帧中有内容，且内容可以编辑。关键帧在时间轴中显示为黑色实心小圆点。

空白关键帧：和关键帧类似，不同的是空白关键帧中所对应的舞台中没有内容，在时间轴中显示为空心圆圈。

普通帧：用来延长上一个关键帧的播放状态和时间，普通帧中对应的舞台内容不可以编辑。在时间轴中显示为灰色矩形。

① 插入帧。

● 插入普通帧：执行"插入"菜单→"时间轴"→"帧"命令，或按下 F5 键，可以在当前帧的后面插入一个普通帧。

● 插入关键帧：执行"插入"菜单→"时间轴"→"关键帧"命令，或按下F6键，在播放头所在的位置添加关键帧，其内容与前一关键帧相同。

● 插入空白关键帧：执行"插入"菜单→"时间轴"→"空白关键帧"命令，或按下F7键，在播放头所在的位置添加空白关键帧。

● 一次插入多个普通帧：只要单击要插入的最后一帧的位置，执行"插入"菜单→"时间轴"→"帧"命令，或按下F5键即可。

● 鼠标拖动添加帧：在不使用任何键的状态下，选中某一帧，用鼠标向右拖动帧的末尾部分，帧就会添加到拖动的区域中，但最后一帧是关键帧。

② 删除、移动和复制帧。

● 删除帧：选中要删除的帧或关键帧，单击右键，选择快捷菜单中的"删除帧"命令即可。或选中要删除的帧或关键帧，按下Shift+F5快捷键删除。

● 移动帧：只要用鼠标拖动准备移动的帧或关键帧即可。

● 复制关键帧：按住Alt键将要复制的关键帧拖动到待复制的位置，然后释放鼠标即可。

③ 清除帧。"清除帧"命令用来清除帧中的内容，是用来清除帧内部的所有对象的命令。应用了"清除帧"命令的帧中将没有任何对象。

选中要清除的帧，单击鼠标右键，选择菜单中的"清除帧"命令，该帧将转化为空白关键帧。

④ 清除关键帧。选中要清除的关键帧，单击鼠标右键，选择菜单中的"清除关键帧"命令，该关键帧将被清除。

⑤ 多帧编辑。

● 选择多帧：选择某一帧，在按住Shift键的同时单击另外一帧，可以选中两帧之间包含的所有帧；或者按住Ctrl键并单击，可以选中多个不连续的帧。

● 将多帧转换为关键帧：选中帧，单击鼠标右键，在弹出的快捷菜单中选择"转换为关键帧"命令。

● 多帧的移动、复制和粘贴：要移动帧，只要将它们选中，然后用鼠标拖动到目的位置即可。如果要在两个文件或多个文件之间移动帧，就要使用右键菜单中的复制粘贴命令。

⑥ 影片中帧的翻转。选取某一段帧，单击鼠标右键，在弹出的快捷菜单中选择"翻转帧"命令，可以将影片的播放次序翻转。

4. 舞台

舞台是创建动画时放置图形内容的矩形区域，是展示、播放、控制动画的地方。舞台中显示的内容是当前帧的内容。因此我们可以在当前帧中添加对象或修改对象。使用放大和缩小功能，可以在工作时更改舞台的视图比例。借助网格可以在舞台上定位项目。

5. 常用的设计面板组

Animate中包含许多设计面板，如"属性"面板、"颜色"面板、"对齐"面板、"变形"面板、"库"面板等。这些面板提供了很多常用功能，用户需要掌握面板的基本操作方法。面板组在主界面右侧，如图3-2-4所示。

（1）"属性"面板

在新建一个文档之后，"属性"面板中可以设置
Animate 文档的舞台尺寸、背景颜色、帧频以及文档的发
布设置等。也可以通过"修改"菜单→"文档"命令，打
开文档设置窗口，对文档属性进行设置。

如果在工具箱中选择一个工具，则"属性"面板就会
变成该工具的属性面板，可以进行工具参数的设置。

（2）"库"面板

Animate 中的库可以存储用户创建的元件、导入的图
片、音频等素材。"库"面板显示库中所有项目名称的滚
动列表，允许在工作时查看和组织这些元素。"库"面板
中项目名称旁边的图标用于指示项目的文件类型。

（3）"颜色"面板

在"颜色"面板中，可以设置颜色为单色、线性渐变
色、径向渐变色或者位图填充。

图 3-2-4　常用面板组

（4）"变形"面板

在"变形"面板中，可以对选定对象进行缩放、旋转、倾斜和创建副本等操作。

（5）"对齐"面板

"对齐"面板中有对齐、分布、匹配大小和间隔 4 类按钮，可以快速设置对象的对齐方
式、分布等。

3.2.2　简单 Animate 动画制作

1. 元件、实例、库

Animate 中创建过一次的图形、按钮或影片剪辑称为元件。创建完成后，可在整个文档
或其他文档中重复使用该元件。用户所创建的元件会存放在当前文档的库中。在"库"面板
中可以查看和管理这些元件。

每个元件都有一个唯一的时间轴和舞台。可以添加图层，也可以将帧、关键帧添加至元
件时间轴。元件有三种类型。

● 图形元件：可用于静态图像，也可用来创建连接到主时间轴的可重用动画片段，与主
时间轴同步运行。交互式控件和声音在图形元件的动画序列中不起作用。

● 影片剪辑元件：用于创建可重用的动画片段。影片剪辑的时间轴独立于主时间轴。影
片剪辑元件可以包含交互式控件、声音甚至其他影片剪辑实例。

● 按钮元件：可以创建用于响应鼠标单击、滑过或其他动作的交互式按钮。按钮元件可
以被看作是一个 4 帧的影片剪辑，时间轴上对每一帧给定具有特定含义的名称，如图 3-2-5 所
示第 1 帧是弹起帧，代表光标没有经过按钮时，该按钮的外观。第 2 帧是指针经过帧，代表
光标滑过按钮时，该按钮的外观。第 3 帧是按下帧，代表光标按下按钮时，该按钮的外观。
第 4 帧是点击帧，定义响应光标单击的物理区域。此区域在影片播放时不可见。按钮元件需
要添加 ActionScript 脚本，才能对用户的操作做出反馈。

图 3-2-5　按钮元件

实例是指位于舞台上或嵌套在另一个元件内的元件副本，是库中元件的具体应用。实例可以与其父元件在颜色、大小和功能方面有差别。编辑元件会更新基于它的所有实例，但对元件的一个实例应用效果则只更新该实例。

（1）元件操作

● 创建元件。

新建空白新元件：在"库"面板下方单击"新建元件"按钮██或利用"插入"菜单→"新建元件"命令或者按下 Ctrl+F8 快捷键，在"新建元件"对话框中设置元件名字及类型，就可以新建一个空白的新元件。

将已有内容转换为元件：选中舞台上要转换为元件的内容，利用"修改"菜单→"转化为元件"命令或者按下 F8 键就可以将选中的内容转换为元件。

● 复制元件。可以生成一个和现有元件内容一样的元件。其方法为：在"库"面板中右键单击需要复制的元件，在弹出的快捷菜单中选择"直接复制"命令。

● 编辑元件。双击"库"面板中的元件图标可以进入元件编辑状态，编辑完成后，单击舞台上方编辑栏内的场景名称即返回到文档。修改了元件之后，所有基于该元件的实例都会发生更新。

（2）实例操作

● 创建实例。将库中的元件拖到舞台上，就创建了一个该元件的实例。

● 编辑实例属性。每个实例都各有独立于元件的属性。可以在"属性"面板的"色彩效果"选项中更改实例的色调、透明度和亮度；可以利用任意变形工具倾斜、旋转或缩放实例；也可以在"库"面板中重新定义实例的类型，例如，把图形更改为影片剪辑。修改一个实例的属性，并不会影响到元件，也不会影响到基于该元件的其他实例。

（3）"库"面板操作

① 打开另一个文档中的库：在当前文档中使用"文件"菜单→"导入"→"打开外部库"命令，定位到要打开的库所在的 Animate 文件后打开。

② 从另一个文档复制库项目：选择包含这些库项目的文档，在"库"面板中选择库项目并复制，在新文档的库中右击，在弹出的快捷菜单中选择"编辑"→"粘贴"命令。

2. Animate 简单动画类型

Animate CC 2019 提供了多种方法用来创建动画和特殊效果。各种方法为创作精彩的动画内容提供了多种可能。Animate 支持以下类型的动画。

● 逐帧动画：使用此动画技术，可以为时间轴中的每个帧指定不同的图像。使用此技术可创建与快速连续播放的影片帧类似的效果。如果想要每个帧的图形元素具有不同的复杂动画，那么此技术非常有用。

● 形状补间动画：在起始关键帧绘制一个形状，在结束关键帧更改该形状或绘制另一个形状。然后，Animate 将自动给出中间内插帧的形状，创建一个形状变形为另一个形状的动画。构成形状补间动画的元素是形状，若是元件、组合、文字、位图的其他元素，必须将其完全打散后才可以制作形状补间动画。

● 传统补间动画：在起始关键帧上放置一个元件，然后在结束关键帧改变这个元件的大小、颜色、位置、透明度等，Animate 将自动生成二者之间的过渡帧。构成传统补间动画的元素是元件，包括影片剪辑、图形元件、按钮，若是文字、形状、位图等对象，需要先将其转换成元件后才可以制作传统补间动画。

● 补间动画：在起始关键帧中放置动画对象，创建补间动画。之后，再在时间轴上所需位置处插入属性关键帧，改变属性关键帧中对象的属性，如位置、颜色、大小、透明度等。可以添加多个属性关键帧。

● 骨骼动画：在这种类型的动画中，对象具有互相连接的"骨骼"组成的骨架结构，通过改变骨骼的朝向和位置来为对象生成动画，可以比较精确地模拟人物走路等动作。

3. 逐帧动画

（1）逐帧动画概念

逐帧动画是最常见的一种动画形式，它在每一帧中都会更改舞台内容，最适合于图像在每一帧中均发生变化的精细动画。如动物的奔跑、人物的表情动作等。若要创建逐帧动画，要将每个帧都定义为关键帧，然后为每个帧制作不同的图像，所以制作逐帧动画的工作量比较大，而且最终输出的文件也比较大。有时还需要在关键帧之间插入普通帧，来降低动画变化的速度。

（2）逐帧动画的制作

在 Animate 中，制作逐帧动画主要有两种方式：一种是将动画过程分解成一个个画面，在每个关键帧里绘制相应的画面内容；另一种是通过导入序列图像，如 GIF 文件，从而生成动画序列。

下面以"草原女孩"为实例来介绍逐帧动画的制作过程。

案例 3-2-1：利用逐帧动画制作"草原女孩"动画，参照"草原女孩.swf"文件，播放效果如图 3-2-6 所示。

图 3-2-6　"草原女孩"播放效果图

设计目标：理解逐帧动画的原理，掌握逐帧动画的制作方法和技巧。

设计思路：马的动画可以通过导入动图"horse.gif"文件来获得。文字逐渐出现的逐帧动画设计思路为：第 1 个关键帧显示一个字，下一个关键帧比上一个关键帧多显示一个字，直至最后一个关键帧显示所有的文字。眨眼睛的逐帧动画设计思路为：第1个关键帧中绘制睁开的眼睛，第2个关键帧中绘制闭上的眼睛，两个关键帧之间添加适当的普通帧来降低眼睛眨动的频率。

设计步骤：

① 新建文档。将舞台大小设置为800像素×600像素，图层1更名为"背景"。利用"文件"菜单→"导入"→"导入到舞台"命令，将素材文件"草原.jpg"导入到舞台上，并在"对齐"面板设置大小和对齐方式，使其刚好覆盖舞台。延续背景图层至第50帧，锁定该图层。

② 新建图层"马"。将素材文件"horse.gif"导入到舞台。单击时间轴面板上方的"编辑多个帧"按钮，再单击第1个关键帧，接着按住Shift键的同时单击最后一个关键帧。使用选择工具将舞台中的马动画整体移动到舞台右下方。弹起"编辑多个帧"按钮后，在每个关键帧后面各插入2个普通帧，使得马奔跑速度降低的同时消除画面停顿感。删除50帧之后的所有帧。锁定该图层。

③ 新建图层"女孩"。将素材图片"girl.png"导入到舞台左侧，使用任意变形工具适当增加大小。锁定该图层。

④ 新建图层"眼睛"。在第1帧中，在脸部合适位置绘制女孩的左眼，绘制过程如图3-2-7所示。按Ctrl+G组合键将眼睛组合。复制生成右眼，水平翻转后放置到脸部合适位置。再在第25帧处插入空白关键帧，绘制两只眼睛闭上时的形状，如图3-2-8所示。绘制时，可以单击时间轴面板上方的"绘图纸外观"按钮，方便定位。

图3-2-7　绘制眼睛过程　　　　　　　　　　图3-2-8　绘制眼睛闭上的形状

⑤ 新建图层"文字"。在第1帧处输入"草"字，在第10、20、30帧处插入关键帧，依次再输入"原""女""孩"，制作出文字依次出现的效果。完成后的时间轴面板如图3-2-9所示。

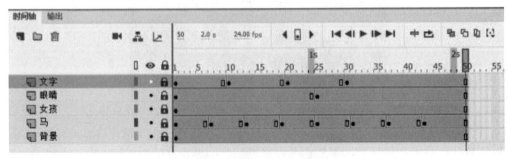

图3-2-9　"草原女孩"时间轴面板

⑥ 测试动画。

4. 形状补间动画

（1）形状补间动画概念

在时间轴中的一个起始关键帧上绘制一个矢量形状，而在另一个关键帧处更改该形状或绘制另一个形状。然后，Animate 将自动给出中间内插帧的形状，创建一个形状变形为另一个形状的动画。补间形状最适合用于形状发生变化的动画，也可以对补间形状内的形状的位置、大小和颜色等进行补间。若要对组、实例、文字或位图图像创建形状补间动画，则需要先使用Ctrl+B组合键分离这些元素。

形状补间动画成功创建后，在时间轴面板上显示为带箭头的实线。如果显示为虚线，则表示动画创建有误。

另外，还可以通过添加形状提示来告诉Animate起始形状上的哪些点应与结束形状上的特定点对应，从而人为地来控制形变的过程。

（2）形状补间动画的制作

下面以"生日贺卡"为例来介绍形状补间动画的制作过程。

案例 3-2-2：利用形状补间动画制作"生日贺卡"动画，参照"生日贺卡.swf"文件，播放效果如图3-2-10所示。

设计目标：理解形状补间动画的原理。掌握形状补间动画的制作方法和技巧，了解使用形状提示点控制形变过程。

设计思路：变形文字"生日快乐"由4个图层构成，每个图层制作一个圣诞帽形状到文字形状的形状补间动画。再利用补间形状动画原理制作一个贺卡翻开效果，其中需要添加形状提示点控制形变过程。

设计步骤：

① 打开"生日贺卡源.fla"文件。图层1更名为"背景"，导入"背景.jpg"到舞台，设置舞台大小为匹配内容。延续背景图层至第100帧。

图3-2-10 "生日贺卡"动画
播放效果图

② 新建图层"生"。将库中的"Cap1"元件拖动至舞台，使用Ctrl+B组合键打散为形状。在第60帧处插入空白关键帧，输入文字"生"，也将其打散为形状。右键单击第1帧至第60帧中的任意一帧，在弹出的快捷菜单中选择"创建形状补间"命令。

③ 使用相同的方法依次完成"日""快""乐"图层。

④ 新建图层"贺卡内页"，导入"贺卡.jpg"至舞台，并改变大小、方向。

⑤ 新建图层"贺卡封面"。绘制一个与贺卡内页重合的矩形。在第60帧处插入关键帧，将矩形变形，制作出打开的效果。创建第1帧到第60帧的形状补间动画。

⑥ 由于封面呈现的并不是翻开效果，所以需要使用形状提示功能。在"贺卡封面"的第一帧，利用菜单"修改"→"形状"→"添加形状提示"命令，依次添加4个形状提示点，将其移动到封面的4个角上。在第60帧处，再将4个提示点移动到相应位置，如图3-2-11所示。

⑦ 测试动画。动画制作完成后的时间轴面板如图3-2-12所示。

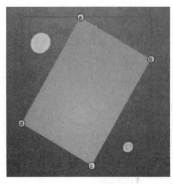

图 3-2-11 添加形状提示点

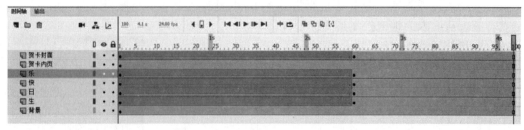

图 3-2-12 "生日贺卡"时间轴面板

5．传统补间动画

（1）传统补间动画概念

传统补间可以实现运动对象的大小、位置、颜色（包括亮度、色调、透明度）变化。传统补间动画的运动对象可以为元件、实例，若是文本、形状或位图对象，在创建传统补间动画时，系统会自动将首尾关键帧中的对象转换为两个图形元件。在此，建议读者自行转换。

传统补间动画成功创建后，在时间轴面板上显示为带箭头的实线。如果显示为虚线，则表示动画创建有误。通常，传统补间动画起始和结束关键帧处为同一个运动对象，所以结束处可以按 F6 键插入关键帧。有时也需要在起始和结束关键帧中放置不同的运动对象，来实现变化结束时刻对象突变的特殊效果。

（2）传统补间动画的制作

下面以"蓝天白云.swf"为例介绍传统补间的制作过程。

案例 3-2-3：制作蓝天白云的动画，参照"蓝图白云.swf"，播放效果如图 3-2-13 所示。

图 3-2-13 "蓝图白云"舞台播放效果

设计目标：理解传统补间动画的原理。掌握传统补间动画的制作方法和技巧。

设计思路：利用传统补间动画原理，其中背景图层设计思路为：让图片从起始关键帧处到结束关键帧处的"亮度"属性由-85%变化为0%，实现图片逐渐变亮的动画过程；太阳图层设计思路为：利用传统补间动画关键帧的图形元件可以放大、缩小原理实现；白云图层设计思路为：起始关键帧和结束关键帧的白云元件可以改变位置和Alpha值，从而实现从左到右运动；风车转轮图层设计思路为：利用传统补间动画的旋转方向和次数实现原地旋转效果；摇摆的花朵图层设计思路为：使用任意变形工具将关键帧处的花朵旋转中心移动到下方，并进行旋转，使得元件基于固定点旋转。

设计步骤：

① 打开"蓝天白云源.fla"文档。将文档大小改为600像素×400像素，帧频为20fps。

② 将图层1更名为"背景"。将库中的"背景.jpg"移入舞台，并使其与舞台重合。选中图片，按F8键将其转换为图形元件"背景图"。在第40帧处插入关键帧。选择第1关键帧处的背景图，在"属性"面板的"色彩效果"项中设置其亮度属性为-85%，如图3-2-14所示。右键单击第1帧至第40帧中的任意一帧，在弹出的快捷菜单中选择"创建传统补间"命令。将背景图层延长到第100帧。

图3-2-14 设置图形元件
"背景图"的亮度属性

③ 新建图层"太阳"。将库中的图形元件"太阳"移动至舞台左上角。在第50帧、第100帧处分别插入关键帧。选择第50帧处的太阳图形，使用任意变形工具进行适当缩小。创建该图层第1～50帧，第50～100帧的传统补间动画。

④ 新建图层"白云"。将库中的图形元件"白云"移动至舞台上方的左外侧。在第70帧、第100帧处分别插入关键帧。选择第70帧，使用移动工具往右侧拖动白云图形。选择第100帧，使用移动工具将白云图形往右拖出舞台，并在"属性"面板中修改其Alpha属性为0%。创建该图层第1～70帧，第70～100帧的传统补间动画。

⑤ 新建图层"风车支架"。将库中的"支架"图形元件移入舞台，使用任意变形工具改变其大小。

⑥ 新建图层"风车转轮"。在第1帧处，将库中的"转轮"图形元件移入舞台，并调整位置。在第100帧处插入关键帧。创建第1～100帧的传统补间动画，并在"属性"面板中设置旋转方向为顺时针，旋转为3次，缓动为-80，如图3-2-15所示。

⑦ 新建图层"花朵"。将库中的"花"图形元件移入舞台右下方，再复制出2朵花，并使用任意变形工具修改其方向大小。

⑧ 新建图层"飘动的花朵"。将库中的"花"图形元件移入舞台右下方1朵，使用任意变形工具将变形中心点移动到下方花柄处，并向左旋转，如图3-2-16所示。在第50帧、第100帧处分别插入关键帧。选择第50帧处的花朵，将其向右旋转。分别创建第1～50帧，第50～100帧的传统补间动画。

⑨ 测试动画。动画制作完成后的时间轴面板如图3-2-17所示。

图3-2-15　设置风车加速旋转动画

图3-2-16　变形中心点拖动至花柄下方

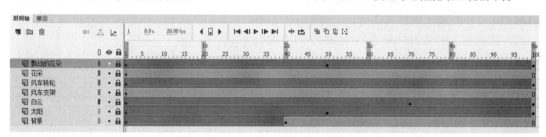

图3-2-17　"蓝天白云"动画完成后的时间轴面板

6. 补间动画

（1）补间动画概念

补间动画与传统补间动画类似，使用补间动画不仅可以设置运动对象的属性，如位置、颜色、大小等变化，还可以进行曲线运动。但是补间动画是通过属性关键帧来定义属性的，并因为不同的属性关键帧所设置的对象属性不同而产生不同的动画。

（2）补间动画的制作

下面通过案例"气球升空"来看一下补间动画是如何创建的。

案例 3-2-4：在"蓝天白云"动画的基础上，再添加气球慢慢升空的补间动画，效果参照"气球.swf"文件。

设计目标：理解补间动画原理，掌握补间动画的制作方法和技巧。

设计思路：先在图层第1个关键帧处放置气球元件，建立补间动画，添加属性关键帧，在其他属性关键帧处改变气球元件位置，再使用选择工具和转换锚点工具，将路径变得平滑弯曲，从而实现曲线运动效果。

设计步骤：

① 打开"气球升空源.fla"文档，新建图层"气球"。将库中的图形元件"气球"移入舞台的下方，并修改其大小。在时间轴面板中鼠标右键单击第1帧，选择"创建补间"命令。

② 在第40帧处按F6键插入属性关键帧（注：属性关键帧的图形为黑色菱形），并用移动工具将气球往右上移动，舞台中将出现一条路径。接着在第75帧处按F6键插入属性关键帧，并用移动工具将气球往左上移动，在第100帧处按F6键插入属性关键帧，并用移动工具将气球拖出舞台，如图3-2-18所示。

③ 使用选择工具、转换锚点工具将路径变光滑，如图3-2-19所示。

④ 测试动画。完成后的时间轴面板如图3-2-20所示。

图 3-2-18　添加属性关键帧的原始路径

图 3-2-19　编辑后的气球运动光滑路径

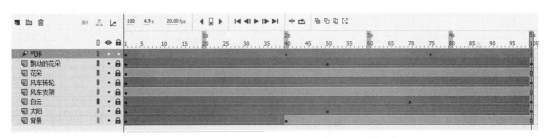

图 3-2-20　"气球升空"动画完成后的时间轴面板

3.2.3　引导路径动画制作

形状补间动画和传统补间动画都可以制作对象沿直线运动的动画，但现实世界里，很多物体的运动轨迹并不是直线，而是任意的曲线，如蝴蝶飞舞、树叶飘落，有的甚至还是封闭的曲线，如行星的运动轨迹等。像这样的运动轨迹稍微复杂些的动画，我们就需要采用引导路径动画来完成。

1. 引导路径动画概述

引导路径动画，也称引导层动画，是指将一个或多个图层链接到一个运动引导层，使一个或多个对象沿同一条路径运动的动画形式。

和形状补间动画或传统补间动画不同，引导路径动画涉及到了两个图层：被引导图层和运动引导层。

运动引导层处于上方，而被引导图层处在下方。在被引导图层中放置运动对象，在运动引导图层中绘制对象运动的轨迹，就可以使对象沿着预定的路径运动了。

引导路径动画，可以是一个对象沿着一条路径运动，也可以是多个对象沿着同一条路径运动。运动的轨迹既可以是任意的开放曲线，也可以是任意的封闭曲线，如果是后者，则需要在封闭的曲线上制作一个小缺口。

2. 引导路径动画的制作

下面以"轨道小车"为例来说明引导路径动画的创建过程。

案例 3-2-5：制作小车沿轨道行驶的动画，参照"轨道小车.swf"文件，动画播放效果如图 3-2-21 所示。

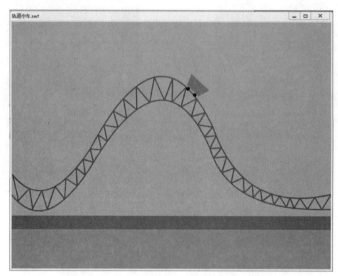

图 3-2-21 "轨道小车"动画播放效果图

设计目标：理解引导路径动画的原理，学习最基本的引导层动画的创建方法。

设计思路：小车是运动对象，放置于被引导图层，在运动引导层中绘制小车的运动轨迹线，走向和轨道一致。

设计步骤：

① 打开"轨道小车源.fla"文件，设置文档大小为 800 像素×600 像素，将图层 1 更名为"背景"。利用矩形工具绘制背景，延长"背景"图层至第 80 帧。

② 新建"轨道"图层，将库中的图形元件"轨道"放至舞台上。

③ 新建"小车"图层，将库中图形元件"小车"拖动至舞台上轨道起始处。

④ 右击"小车"图层，在弹出的快捷菜单中选择"添加传统运动引导层"命令，为小车图层添加运动引导层，如图 3-2-22 所示。

⑤ 选中运动引导层的第 1 帧，选择铅笔工具，设置铅笔模式为平滑，笔触颜色为灰色。在轨道上方绘制一条曲线，这条曲线即小车行驶的轨迹线，如图 3-2-23 所示。延长运动引导层至第 80 帧处。

⑥ 在"小车"图层的第 1 帧，拖动小车实例，将其中心对准引导线的起点（在将对象中心对准引导线起点时，可将舞台显示比例放大，便于操作），如图 3-2-24 所示。

图 3-2-22 添加传统运动引导层

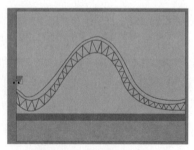

图 3-2-23 绘制引导线

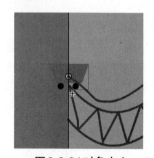

图 3-2-24 对象中心

对准引导线的起点

⑦ 在第 80 帧处，按 F6 键插入关键帧，并将小车实例的中心对准引导线的终点。

⑧ 创建"小车"图层第 1～80 帧的传统补间动画，并在"属性"面板中勾选"调整到路径"选项，使小车行驶时能随路径改变方向。

⑨ 测试动画。完成后的时间轴面板如图 3-2-25 所示。

图 3-2-25 "轨道小车"完成后的时间轴面板

这样就完成了小车沿着绘制好的轨迹行驶的动画，小车所在的图层是被引导图层。运动的轨迹绘制在运动引导层中，在动画播放时是不可见的。在绘制运动轨迹线时，要注意平滑流畅，尽量一气呵成，不作停顿。

但有些动画，对象运动的轨迹是封闭的曲线，如地球绕着太阳转。因为运动的轨迹是一个封闭的椭圆，没有所谓的起点和终点，所以在制作过程中，就需要特殊处理，将封闭的轨迹线擦除出一个小缺口。

案例 3-2-6：制作地球绕着太阳运转的动画，参照"地球太阳.swf"文件，播放效果如图 3-2-26 所示。

设计目标：进一步理解运动引导动画的原理，学习引导线为封闭曲线的引导路径动画制作。

设计思路：地球作为运动对象放置于被引导图层，在运动引导层中绘制运动轨迹：有缺口的椭圆线。

图 3-2-26 "地球太阳"播放效果图

设计步骤：

① 打开"地球太阳源文件.fla"文件，将图层 1 重命名为"背景"。将库中的图形元件"bk"放至舞台中央，调整大小。延长背景层至第 60 帧处。

② 新建"太阳"图层，把库中的"太阳"元件放至舞台中央。

③ 新建"地球"图层，把库中的"地球"元件放到舞台上。

④ 为"地球"图层添加传统运动引导层，在该图层的第1帧，绘制一个笔触颜色为黄色，填充颜色为无的椭圆。使用橡皮擦工具，在这个椭圆上擦出一个小缺口，如图3-2-27所示。

图3-2-27　绘制有缺口的引导线

⑤ 将"地球"图层第1帧中的地球元件的中心点对准椭圆线缺口的一端，在第60帧处插入关键帧，并将该帧中地球元件的中心点对准椭圆线缺口的另一端。创建该图层第1～60帧的传统补间动画。

⑥ 测试动画。动画制作完成后的时间轴面板如图3-2-28所示。

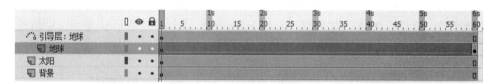

图3-2-28　"地球太阳"动画完成后的时间轴面板

上面的例子中，利用橡皮擦工具将封闭的椭圆擦出了一个小缺口，就人为地为运动轨迹制造了起点和终点。当然，这个缺口不能太大，否则动画连续播放时，就会出现位置上的跳跃。

3.2.4　遮罩动画制作

在动画中，我们常常看到很多神奇炫目的效果，比如探照灯、放大镜、万花筒、水波涟漪等，这些丰富的效果都可以使用"遮罩动画"来打造。

1．遮罩动画概述

遮罩动画由两个图层构成：遮罩层和被遮罩层，两个图层上下链接在一起。在遮罩层中绘制填充色块或文字，或者放置对象，就等于在遮罩层上挖出了与之形状相同的"视窗"，动画的效果就是透过遮罩层上的"视窗"来观看下方被遮罩层的内容。当然，被遮罩层中只有与"视窗"位置相对应的区域的内容可以显示，其余区域的内容都会被隐藏起来。遮罩图层中对象是被挖空的，所以只关注对象的形状，其颜色可以是任意的。遮罩图层中的对象可以是元件、形状、文字等，但不能是线条。

2. 遮罩动画的创建

下面就以"彩条文字.swf"为实例来说明遮罩动画的创建过程。

案例 3-2-7： 利用遮罩动画制作会变颜色的彩虹文字，效果参照"照彩虹文字.swf"文件。

设计目标： 理解遮罩动画原理，掌握动画产生在被遮罩层的遮罩动画创建方法。

设计思想： 文字形状是"视窗"，透过这个视窗，可以看到下方彩条的移动，从而形成会变颜色的彩虹字。所以，文字所在的图层是遮罩层，彩条所在的图层是被遮罩层。彩条在做位移运动。

设计步骤：

① 新建空白文档，保存为"彩虹文字.fla"文件。设置舞台大小为 640 像素×300 像素，背景色为#000033。

② 将图层 1 更名为"彩条"图层，在第 1 帧中，利用矩形工具绘制一个笔触颜色为无、填充颜色为七彩色的矩形，大小、位置如图 3-2-29 所示。在第 60 帧处，插入关键帧，并将该帧中彩条位置水平右移，位置如图 3-2-30 所示。创建该图层第 1～60 帧处的形状补间动画。

图 3-2-29　动画开始时彩条位置

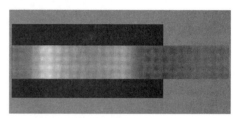
图 3-2-30　动画结束时彩条位置

③ 在"彩条"图层上方新建"文字"图层，在第 1 帧中，舞台中央位置输入文字"彩虹文字"，设置字体为隶书，大小为 120 点，如图 3-2-31 所示。延长该图层至第 60 帧处。

图 3-2-31　添加文字后的舞台效果

④ 在"图层"面板中，右键单击"文字"图层，在弹出的快捷菜单中选择"遮罩层"命令，将文字图层设置为遮罩层。

⑤ 测试动画。动画制作完成后的时间轴面板如图 3-2-32 所示。

这样，就可以通过遮罩层上和文字形状一样的"视窗"，看到下方被遮罩层彩条的流动了。其实，对于这个例子，只要修改第②个步骤中"彩条"图层第 1 帧处的彩色矩形的位置，

图 3-2-32　"彩虹文字"完成后的时间轴面板

将其水平向左移动至舞台外，其他操作均不变，就可以打造出完全不同的动画效果，使得彩色文字能够逐步显现。

遮罩动画是Animate动画类型中较为复杂的一种。不仅需要正确区分哪个是遮罩层，哪个是被遮罩层；而且遮罩层和被遮罩层中都可以制作动画，这就需要进一步确定到底是哪个图层在动或者是两个图层都在动。

案例3-2-8：利用遮罩动画打造探照灯效果，参照"探照灯.swf"文件，播放效果如图3-2-33所示。

图3-2-33 "探照灯"动画播放效果

设计目标：进一步理解遮罩动画原理，掌握动画产生在遮罩层的遮罩动画制作方法。

设计思路：动画中应该包含三个图层，从下到上分别放置黑暗的夜景、光照的夜景和探照灯。其中，光照的夜景处于被遮罩层，探照灯处于遮罩层，遮罩层中要制作探照灯移动的位移动画。

制作步骤：

① 新建一个新文档，保存为"探照灯.fla"文件。

② 将图层1重命名为"深色夜景"图层，使用矩形工具，绘制一个与舞台大小一致的矩形，设置笔触颜色为无，填充颜色为#000033到#000066的从上至下的线性渐变填充。

③ 利用"圣诞老人.png"图像，制作图形元件"圣诞老人"，并将该元件拖动至舞台合适位置，调整大小，亮度调整至-50%。

④ 在舞台上输入文字"Merry Christmas"，设置字体为黑体，大小为60，颜色为#006600，延长"深色夜景"层至第60帧。

⑤ 在时间轴面板中单击"深色夜景"图层的第1帧，按Ctrl+C组合键，将该帧中的所有内容复制。新建图层"亮色夜景"，单击该图层的第1帧，按Shift+Ctrl+V组合键，将复制的内容原位粘贴到该帧中。隐藏"深色夜景"图层。

⑥ 以"亮色夜景"为当前图层，将舞台上"圣诞老人"实例的亮度调整至0%，背景矩形的填充色改为白色，文字颜色改为#FF6600。完成后，延长该帧至第60帧。显示"深色夜景"图层。

⑦ 新建图层"圆"，在第1帧中，舞台左侧绘制一个圆，颜色任意，大小、位置如图3-2-34

所示。

⑧ 在"圆"图层的第60帧处插入关键帧，将该帧中的圆向右水平移动至舞台右侧，位置如图3-2-35所示。

图3-2-34 圆的起始位置   图3-2-35 圆的结束位置

⑨ 创建"圆"图层第1～60帧的形状补间动画。

⑩ 将"圆"图层设置为遮罩层。完成后的时间轴面板如图3-2-36所示。

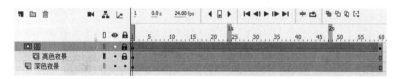

图3-2-36 "探照灯"动画完成后的时间轴面板

⑪ 测试动画。

3.2.5 骨骼动画制作

1. 骨骼动画的概念

与传统动画不同，在骨骼动画中，对象具有互相连接的由"骨骼"组成的骨架结构，通过改变骨骼的朝向和位置来为对象生成动画。利用它，可以实现人物走动、跑步、跳跃等动作，也可以制作头发摆动、动物尾巴摆动等。

在Animate CC 2019中，利用工具箱中的骨骼工具 ✔️，就可以添加骨骼。在添加骨骼时，Animate可以自动创建与对象关联的骨架并移动到时间轴中的姿势图层。该图层称为骨架图层。每个骨架图层只能包含一个骨架及其关联的实例或形状。

2. 骨骼动画的制作

下面通过案例"走路的农夫"来看一下骨骼动画是如何创建的。

案例3-2-9： 制作农夫走路，效果参照"走路的农夫.swf"文件。

设计目标： 理解骨骼动画原理，掌握骨骼动画的制作方法。

设计思路： 利用库中的身体各部分元件，搭建农夫模型，并为其添加骨骼。通过调整各关键帧中骨骼的角度和方向、形成走路过程中的不同姿势。

制作步骤：

① 打开"走路的农夫源.fla"文件。新建影片剪辑元件"走路"，利用库中的元件，搭建农夫模型，如图3-2-37所示。注意，要利用任意变形工具将各部位中心点移至各关节处，如"右手"中心点要移至肩关节处。

② 选择骨骼工具，在各个躯体实例之间添加骨骼，并调整好角度，如图3-2-38所示。

图3-2-37　农夫造型

图3-2-38　添加骨骼

③ 在骨架图层的第5、10、15、20帧处插入关键帧，调整第5、10、15帧中的骨骼姿势，如图3-2-39所示。完成后的"走路"元件的时间轴面板如图3-2-40所示。

④ 返回场景一，将影片剪辑"走路"拖动至舞台。测试动画。

图3-2-39　第5、10、15帧中的姿势

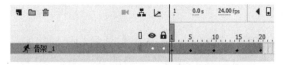

图3-2-40　影片剪辑元件"走路"的时间轴面板

3.3　动画制作综合应用

前面学习了Animate中几种基本动画，包括逐帧动画、形状补间动画、传统补间动画、补间动画、骨骼动画以及引导路径动画和遮罩动画的概念和创建方法。这几种动画类型的特点不同，适用的场合也不同。而我们在日常的动画设计和创作中，往往需要将几种动画类型

结合在一起，综合应用，才能实现更加精美的动画效果。

案例 3-10：制作古诗文画卷效果，参照 "古诗画卷.swf" 文件，动画播放时的舞台效果如图 3-3-1 所示。

图 3-3-1　"古诗画卷" 动画播放时的舞台效果

设计目标：进一步理解各种类型的动画制作原理，综合应用各种动画，完成一个完整的动画作品。

设计思路：该动画较为复杂，涉及到的图层和动画较多，如表 3-3-1 所示。

表 3-3-1　"古诗画卷" 中涉及的图层及其内容

图层	图层中的对象	动画	是否为遮罩层或被遮罩层
"背景" 图层	棕色系背景图片	无	否
"左卷轴" 图层	左卷轴	从舞台中心至左侧的位移动画	否
"右卷轴" 图层	右卷轴	从舞台中心至右侧的位移动画	否
"诗句背景" 图层	白色矩形，荷叶，荷花	无	被遮罩层
"停留蜻蜓" 图层	蜻蜓	无	被遮罩层
"诗句" 图层	诗句	透明度变化的传统补间动画	被遮罩层
遮罩层	矩形	从小到大的形状补间动画	遮罩层
"飞舞蜻蜓" 图层	蜻蜓	引导路径动画	否

其中的遮罩层是一个细长条的矩形渐变为一个和诗句背景大小一致的矩形，"视窗" 慢慢变大，也就实现了画卷缓缓展开的效果。

制作步骤：

① 打开 "古诗画卷源.fla" 文件，将图层 1 重命名为 "背景"，导入 "古诗背景.jpg" 图片，设置为舞台背景。将文档大小设置为匹配内容，延长至第 100 帧处。

② 新建图层 "诗句背景"，在第 1 帧处绘制一个白色矩形，并将库中的 "荷花" "荷叶" 等图形元件多拖动几个到舞台上，改变大小、方向、位置等，如图 3-3-2 所示。

③ 新建图形元件 "诗句"。利用文字工具输入诗句。设置字体为楷书，大小为 30，黑色，如图 3-3-3 所示。

图 3-3-2 "背景"和"诗句背景"图层内容

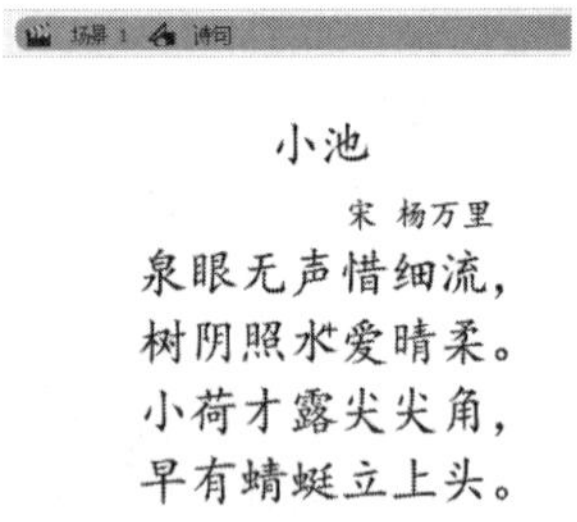

小池

宋 杨万里

泉眼无声惜细流，
树阴照水爱晴柔。
小荷才露尖尖角，
早有蜻蜓立上头。

图 3-3-3 "诗句"图形元件

④ 新建"诗句"图层，利用库中的"诗句"图形元件创建第 1～60 帧的传统补间动画，实现诗句慢慢显现的过程。第 1 帧和第 60 帧中"诗句"的透明度分别为 0% 和 100%。延长该图层至第 100 帧处。

⑤ 新建"停留蜻蜓"图层，将库中的"蜻蜓"元件拖动至舞台荷花上。

⑥ 新建图形元件"卷轴"。绘制矩形，笔触颜色为无，填充色为 #993300 到 #CCFF33 的从左到右的线性渐变。将这个矩形复制一个，填充色改为 #666666，放在渐变矩形的下面，制作出阴影效果。再绘制两个同色系的小矩形，分别放在上下两端。效果如图 3-3-4 所示。

⑦ 回到主场景，新建图层"左卷轴"，利用"卷轴"图形元件制作第 1～80 帧传统补间动画，实现左卷轴从舞台中央水平移动至舞台左侧的运动效果。同理，完成右卷轴的动画。

⑧ 新建图层"矩形"（注意：该图层要位于左卷轴和右卷轴图层之下，其他图层之上）。在第 1 帧中，在两个卷轴之间的位置绘制一个细条矩形，颜色任意，如图 3-3-5 所示。

图 3-3-4 "卷轴"图形
元件效果图

⑨ 在"矩形"图层的第 80 帧处插入关键帧，利用任意变形工具，改变矩形大小，效果如图 3-3-6 所示。创建该图层第 1～80 帧的形状补间动画。

⑩ 设置"矩形"图层为遮罩层。按住鼠标左键，分别拖动"诗句""诗句背景"图层到"矩形"图层上之后松开鼠标，使其都成为被遮罩层。延长所有图层至第 100 帧。

⑪ 新建"飞舞蜻蜓"图层。利用库中的"蜻蜓"影片剪辑元件制作第 1～80 帧的引导路径动画，使蜻蜓沿曲线飞舞，如图 3-3-7 所示。延长该图层至第 100 帧。

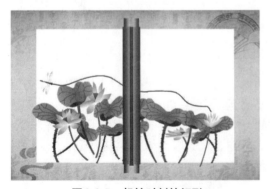

图 3-3-5 起始时刻的矩形

图 3-3-6 结束时刻的矩形

⑫ 添加背景音乐。利用"文件"菜单→"导入"→"导入到库"命令，将"古诗背景.mp3"导入到库中。新建"音乐"图层，将库中的音乐拖动至舞台上。选中任意一帧，在"属性"面板中单击"编辑声音封套"按钮 ✎，打开"编辑封套"对话框，拖动声音起始控件，去掉音乐起始的空白部分，如图3-3-8所示。设置同步选项为数据流，强制动画和音频流同步。

图 3-3-7 "蜻蜓"的引导路径动画

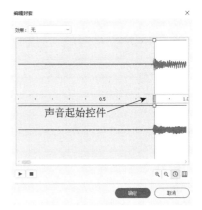

图 3-3-8 声音的"编辑封套"对话框

⑬ 测试动画。完成后的时间轴面板如图3-3-9所示。

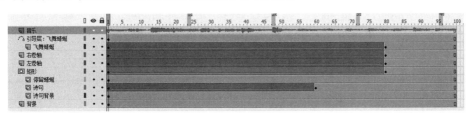

图 3-3-9 "古诗画卷"完成后的时间轴

3.4 思考与练习

1. 什么是帧？帧有几种类型？各自的特点是什么？
2. Animate 中有哪几种元件类型？元件和实例的关系是什么？
3. 什么是形状补间动画？简述创建形状补间动画的一般步骤。
4. 什么是补间动画？什么是传统补间动画？两者有何区别？
5. Animate 中的图层特效动画有哪两种？分别能实现何种效果？
6. 如何为动画添加声音？
7. 参照效果文件"蜜蜂采蜜.swf"，制作动画。要求：
（1）布置场景。
（2）房子从小到大，渐渐显现。
（3）小蜜蜂沿曲线飞舞。
（4）文字"花开时节采蜜忙"逐渐显示。

第 4 章　数字音频处理

内容提要

　　声音是携带信息极其丰富的媒体，是多媒体技术研究中的一个重要内容。Adobe Audition 是一个专业音频编辑和合成软件，其前身是 Syntrillium Software Corporation 公司的 Cool Edit，后来被 Adobe 公司收购，并升级为 Adobe Audition。Audition 是一个集声音录制、编辑、效果处理、混音合成于一体的数字音频软件。它模拟专业录音棚里的多轨录音机，具有极其丰富的声音处理手段和直观先进的参数调节功能，以及卓越的动态处理能力。

　　本章将通过 Adobe Audition CC 2019 软件给大家介绍 Audition 的基本操作，并通过实例介绍利用 Audition 制作声音的基本流程和编辑技巧。通过本章的学习，使读者能轻松地了解音频相关理论知识、音频作品的制作流程，熟悉 Audition 各项功能、使用方法及操作技巧，并应用于自己的实践工作中。

重点难点

　　1. 数字声音的录制

　　2. Audition 声音效果处理

　　3. Audition 多轨音频合成

4.1　音频基础知识

4.1.1　音频的相关概念

　　声音是因物体的振动而产生的一种物理现象。振动使物体周围的空气扰动而形成声波，声波以空气为媒介传入人们的耳朵，于是人们就听到了声音。因此，在物理上讲，声音是一种波，通常用随时间变化的连续波形来模拟表示。

　　用物理学的方法分析、描述声音特征的物理量有声波的振幅（Amplitude）、周期（Period）和频率（Frequency）。

　　振幅指的是波形的最高点（或最低点）与基线间的距离。振幅决定了声音的响度，幅度越大，声音越响。

周期指的是两个连续波峰间的时间长度。

频率指的是一秒内出现的周期数（振动次数），以 Hz 为单位。频率决定了声音音调的高低。频率越高则音调就越高，反之则低。比如说男生的声音都比较低沉，就是因为男生的声带较宽，发出的声音主要集中在低频部分的缘故。

一般来说，人的听觉器官能感知的声音频率大约在 20Hz～20kHz 之间。我们把频率小于20Hz 的信号称为亚音信号，或称为次音信号（Subsonic）；频率范围为 20Hz～20kHz 的信号称为音频信号（Audio）；高于 20kHz 的信号称为超音频信号，或称超声波信号（Ultrasonic）。

人说话的信号频率通常为 300～3000Hz，人们把这种频率范围的信号称为话音（Speech）信号。

需要指出的是，现实世界的声音不是由某个频率或某几个频率组成的，而是由许多不同频率不同振幅的正弦波叠加而成的，我们把这类信号称为复合信号。

我们把组成声音的频率范围称为带宽（Bandwidth）。带宽是声音信号的一个重要参数。一般而言，声源的频带越宽，声音的层次越丰富，表现力越好。比如，电话话音的带宽是200～3400Hz，调幅广播的带宽是 50～7000Hz，调频广播的带宽是 20～15000Hz，CD 唱片的带宽是 10～20000Hz。

4.1.2　声音的数字化

1. 声音的数字化过程

按照声音信号的存储形式不同，可以把声音分为模拟音频和数字音频。

在模拟音频技术中以模拟电压的幅度表示声音强弱。模拟音频不仅在时间上是连续的，而且在幅度上也是连续的。在时间上"连续"是指在一个指定的时间范围里声音信号的幅值有无穷多个，在幅度上"连续"是指幅度的数值有无穷多个。

而在计算机内，所有的信息均以数字表示。各种命令是不同的数字，各种幅度的物理量也是不同的数字。同样，语音信号也是由一系列数字来表示的，称为数字音频。

把模拟音频转换为数字音频的过程，就是音频的数字化。

音频信号的数字化就是对连续的声音信号进行采样和量化，对量化的结果选用某种音频编码算法进行编码，其过程如图 4-1-1 所示。

图 4-1-1　音频信号的数字化过程

采样（Sampling）就是在将模拟音频转化为数字音频时，在时间轴上每隔一个固定的时间间隔对声音波形曲线的振幅进行一次取值。该时间间隔称为采样周期（其倒数称为采样频率）。通过采样，使原来连续的时间被离散化。

把声音信号的幅度划分成有限个小的幅度范围，把落入某一幅度范围内的电压用一个数字表示，这称为量化（Quantization）。通过量化，使原来连续的幅度被离散化。

把量化后的值写成有利于计算机传输和存储的数据格式，这称为编码（Encoding）。

经过采样、量化、编码以后所得的结果就是音频信号的数字形式，即数字音频。

在有的资料上，也把量化和编码合在一起称为量化。音频信号的采样和量化见图 4-1-2。

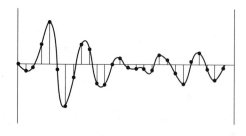
声音信号的采样

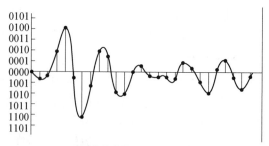
幅度的离散化（量化）

图 4-1-2　音频信号的采样和量化

（2）影响数字声音质量的主要因素

在对声音进行数字化时，需要确定采样频率、量化位数和通道数这几个参数。比如 CD 音乐的采样频率为 44.1kHz、采用 16 位量化并采用双通道记录声音。

① 采样频率就是每秒需要采集多少个声音样本，单位为 Hz。

可以想象，采样频率越高声音的保真度就越好。但是问题在于如果我们采样频率过高，则需要存储的数据量就过大了。

在音频信号数字化时，为了做到既能保证数据的无损恢复，而数据量又不要太大，在采样时要满足采样定理（又称奈奎斯特定理）。采样定理指出：采样频率至少应为信号最高频率的两倍，才能把数字信号表示的声音还原为原来的声音。

常用的音频采样频率有 8kHz、11.025kHz、22.05kHz、16kHz、44.1kHz、48kHz，专业声卡可高达 96kHz 以及 192kHz。

对于更高的采样频率的必要性目前还存在争议。支持者称超高频率的采样频率可以增加声音的保真度；而反对者则认为，48kHz 的采样频率已经足够，过高的采样频率将导致文件尺寸过大，并且在声音解码时可能产生"伪阴影"。

② 量化精度，也叫量化位数，或采样精度，指在模拟音频转换为数字音频时，将采样所获得的声音波形的幅度值进行数字化时所使用的二进制位数。

量化位数主要有 8 位和 16 位两种，专业级别使用 24 位甚至 32 位。目前可以做到 32 或者 64 位"浮点"，以提供更佳信噪比的数值，但是尚未被广泛采用。

③ 声道数，是指所使用的声音通道的个数。它表明声音记录只产生一个波形（单声道）还是多个波形（立体声）。常见的有单声道、双声道、4 声道、5.1 声道（6 声道）等。

比如，双声道立体声听起来要比单声道丰满优美，但需要两倍于单声道的存储空间。

美国杜比公司在声音处理方面有其独到之处，从早期的杜比立体声 Dolby Stereo 到现在的 AC-3，杜比公司为用户带来了不同凡响的音响效果体验。特别是 AC-3 的推出，以其优异的性能，先后被高清晰度电视 HDTV 和 DVD 标准采用。

杜比 AC-3 声音系统有完全独立的 6 个声道：全频带的左、右、中、左环绕、右环绕和一个低于 120Hz 的超低音声道（效果声道），因此又称作 5.1 声道，如图 4-1-3 所示。

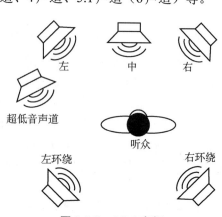

图 4-1-3　AC-3 音频

图 4-1-4 所示为音频设备的 5.1 声道的信号输入接口和信号输出（连接到音箱）接口。

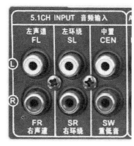

5.1 声道的信号输入接口　　　　　　　　　　　5.1 声道的信号输出接口

图 4-1-4　5.1 声道的输入输出接口实例图

采用数字音频获取声音文件的数据量比较大，计算未压缩的数字音频文件数据量大小的公式为

音频数据量=采样频率×（量化精度/8）×声道数×时间（秒）

例如，一段持续 1 分钟的双声道声音，若采样频率为 44.1kHz，量化位数为 16 位，数字化后不进行任何压缩，需要的存储容量为

$$44.1×1000×16/8×2×60B=10.584MB$$

4.1.3　常见的音频文件格式

常见的数字音频文件主要有以下几种格式，不同的格式之间可以相互转换。

1. WAV 格式

由 Microsoft 公司推出的波形音频文件格式，它通过对一段模拟声波进行采样、量化得到一系列量化的数字值，再对这些离散的波形数据加以编码存储，从而形成数字化的音频信号数据。

WAV 文件是一种通用的音频数据文件，Windows 系统和一般的音频卡都支持这种格式文件的生成、编辑和播放。这种文件的特点是易于生成和编辑，但是在保证一定音质的前提下压缩比不够，不适合在网络上播放。

2. VOC 格式

VOC 格式的声音文件，与 WAV 文件同属波形音频数字文件，主要适用于 DOS 操作系统。它由 Sound Blaster 音频卡制造公司——Creative Labs 公司设计，因此，Sound Blaster 就用它作为音频文件格式。

3. AIF 或 AIFF 格式

AIF 是音频交换文件格式（Audio Interchange File Format）的英文缩写，是 Apple 公司开发的一种声音文件格式。

4. MP3 格式

MP3 格式的文件，是对已经数字化的波形声音文件采用 MP3 压缩编码后得到的文件。MP3 压缩编码是运动图像压缩编码国际标准 MPEG-1 所包含的音频信号压缩编码方案的第 3

层，所以 MP3 的全称实际上是 MPEG Audio Layer-3。MPEG 音频编码具有很高的压缩率，得到压缩声音质量又较好，所以 MP3 格式是目前很流行的声音文件格式。

5. MIDI 格式

MIDI 的含义是乐器数字接口（Musical Instrument Digital Interface），它本来是由全球的数字电子乐器制造商建立起来的一个通信标准，以规定计算机音乐程序、电子合成器和其他电子设备之间交换信息与控制信号的方法。按照 MIDI 标准，可用音序器软件编写或由电子乐器生成 MIDI 文件。

MIDI 文件记录的是 MIDI 消息，它不是数字化后得到的波形声音数据，而是一系列指令。在 MIDI 文件中，包含着音符、定时和多达 16 个通道的演奏定义。每个通道的演奏音符又包括键、通道号、音长、音量和力度等信息。显然，MIDI 文件记录的是一些描述乐曲如何演奏的指令而非乐曲本身。

与波形声音文件相比，同样演奏长度的 MIDI 音乐文件比波形音乐文件所需的存储空间要少很多。例如，同样 30 分钟的立体声音乐，MIDI 文件大约只需 200KB，而波形文件要大约 300MB。MIDI 格式的文件一般用.mid 作为文件扩展名。

6. CD-DA 格式

CD-DA 文件是标准的激光光盘文件，扩展名是 CDA。CD 盘中的音乐，一般没有文件名，可以利用某些软件直接播放 CD 上的曲目，也可以用软件进行音轨抓取，转化为 Wave 文件。该格式的文件数据量大，但音质非常好。

7. RA 格式

RA 文件是 Real Networks 公司开发的一种流式音频文件格式，它采用流式传输方式，可以边下载边播放，在互联网上非常流行。由于它的面向目标是实时的网上传播，所以在高保真方面不如 MP3。

8. WMA 格式

WMA 文件是 Microsoft 公司开发的一种音频压缩格式，其特点是同时兼顾了保真度和网络传输需求。

4.2 Audition 数字音频处理技术

4.2.1 Audition 界面介绍

Audition 软件包括两种工作模式：波形编辑器和多轨编辑器，利用工具栏上的工作模式切换按钮可以方便地在两者之间切换，也可以利用"视图"菜单→"波形编辑器/多轨编辑器"命令进行切换，如图 4-2-1 所示。

1. 波形编辑器

波形编辑器，也叫单轨编辑器，或单轨编辑窗口，表示一次只能编辑一段单声道或立体声波形素材。其软件操作界面如图 4-2-2 所示。

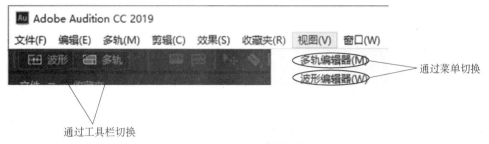

图 4-2-1　工作模式切换

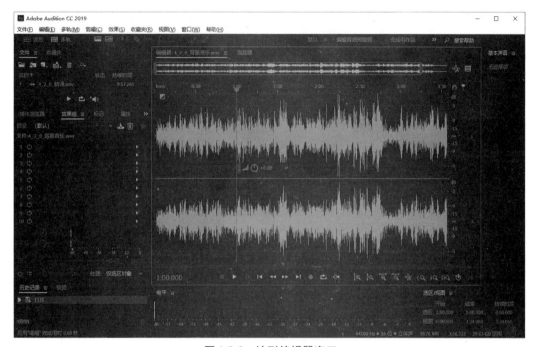

图 4-2-2　波形编辑器窗口

需要注意的是，Audition 有不同的界面布局模式，如果你所看到的界面与本书中的截图不同，可以尝试通过"窗口"菜单→"工作区"→"传统/默认"命令切换到不同的界面布局模式进行观察。

2. 多轨编辑器

在多轨编辑器中，以立体声多轨形式显示波形文件，可以对多个声音文件分别进行编辑。其软件操作界面如图 4-2-3 所示。

在专业音乐制作的过程中，各个乐器声部（包括人声）都是分轨录制的。当你对其中的一轨的录音效果不满意时，可以单独修改，甚至删除重录。在多轨状态下编辑时，一般一个波形文件占单独一轨，也可以用鼠标将某轨的波形拖到另一轨的波形文件后面，将两个波形合并到同一轨中。Audition 也为你提供了多轨混音功能，可以将多轨下的多个声音波形混缩并合成为一个声音文件。

需要注意的是，多轨编辑模式主要用于协调各个音轨之间的声音，并不能对声音文件进行复杂的编辑工作。如果需要对声音文件做比较精细的编辑，一般需要切换到波形编辑器下进行编辑。

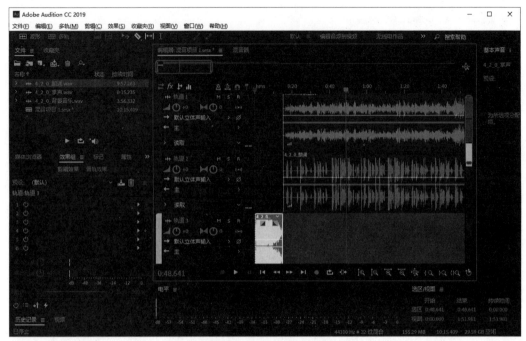

图4-2-3　多轨编辑器软件操作界面

3. 基本操作面板

在 Audition 的操作区（见图 4-2-4）中包括"录放"按钮、"缩放"按钮、时间显示、电平指示条等。其中比较常用的是"录放"按钮和"缩放"按钮。

图4-2-4　Audition 的操作区

（1）"录放"按钮

"录放"按钮共 10 个，按照顺序依次介绍如下。

● 停止：停止正在播放/录音的操作。

● 播放：播放目前打开的文件。

● 暂停：暂停录音/播放操作，再次单击此按钮继续录音/播放。

● 移到上一个：转到开始或上一个提示处。

● 快退：每单击一次向回倒带几毫秒，按住不放可连续回倒。

● 快进：每单击一次向前进带几毫秒，按住不放可连续进带。

● 移到下一个：转到结束或下一个提示处。

● 录制：单击该按钮开始录音。

● 循环播放：单击该按钮，然后单击"播放"按钮，则循环播放选中的波形。

● 跳过所选项目：单击该按钮，然后单击"播放"按钮，从播放指针（在波形显示区以红色竖线）处开始向前播放，遇到所选区域部分会跳过。

（2）"缩放"按钮

"缩放"按钮主要是为了便于编辑时观察波形变化而设置的，单击"缩放"按钮不会影响声音的效果。"缩放"按钮分"水平缩放"按钮和"垂直缩放"按钮，按照顺序依次介绍如下。

- 放大（振幅）：垂直方向上放大波形显示信号。
- 缩小（幅度）：垂直方向上缩小波形显示信号。
- 放大（时间）：将窗口中的波形在水平方向上放大显示。
- 缩小（时间）：将窗口中的波形在水平方向上缩小显示。
- 全部缩小：调整缩放到完整显示整个波形。
- 放大入点：将选择区域的左边界放大显示。
- 放大出点：将选择区域的右边界放大显示。
- 缩放至选区：调整缩放到完整显示选择区波形。

此外，也可以在水平或垂直尺上，直接右击标尺，在弹出的快捷菜单中选择相关缩放效果。

（3）多轨模式下的控制按钮

在多轨模式下，每个轨道的左侧都有一组控制按钮（见图 4-2-5），用来显示、控制该轨道的属性。最上面的按钮 M、S、R 分别代表静音（Mute，该音轨静音）、独奏（Solo，该音轨独奏）、录音（Record，录音至该音轨）三种状态，可按照需要进行选择。

图 4-2-5　轨道左侧的控制按钮

下面的两个旋钮分别用来调整该轨道声音的音量和声音的相位（指声音在听觉上处于左右声道中的位置）控制。对于轨道音量和相位的调整，可以直接在指示的数字上按住鼠标左键左右拖动，也可以在数字上单击鼠标左键，在出现的文本输入框中输入数值进行调整。

4.2.2　声音的录制

1. 录音前准备

在正式使用软件进行录音之前，需要先做好音频属性的设置。

选择"编辑"菜单→"首选项"→"音频硬件"命令，打开音频硬件设置窗口。在其中选择需要录制的声源选项。一般常用的录音声源有两类："立体声混音"用于录制当前计算机声卡正在播放的声音；"麦克风"则利用麦克风录制声音（根据具体所使用的话筒，显示结果会有所不同。比如笔记本电脑一般会有"内置麦克风"选项，"外置麦克风"则会根据所连接的话筒显示不同型号），如图 4-2-6 所示。

在这里，我们选择外接麦克风，分别介绍在波形编辑器和多轨编辑器工作模式下，如何利用话筒来进行录音。

2. 在波形编辑器中进行录音

在设置好音频属性后，可以在波形编辑器中录制单个音频文件，步骤介绍如下。

（1）新建文件。选择"文件"菜单→"新建"→"音频文件"命令，在出现的对话框中选择适当的采样率、声道数和深度参数（见图 4-2-7），单击"确定"按钮新建一个文件。

对于采样频率的选择，如果录制的是歌曲，可以选择 44100Hz 或 48000Hz 的采样频率，如果录制的只是一般语音，可以选择低一些的采样频率。

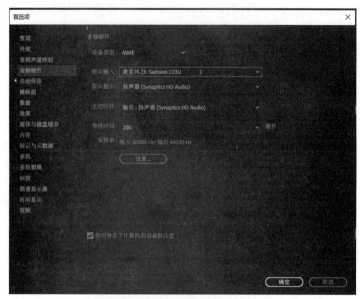

图 4-2-6　选择需要的音频输入选项

图 4-2-7　新建文件

（2）录音。单击下方操作面板上的红色"录音"按钮开始录音，录音结束后再单击操作面板上的"停止"按钮结束录音。在录音的过程中，也可以单击面板上的"暂停"按钮来暂停录音操作，再次单击该按钮继续录音。

（3）保存文件。录音完毕后，单击"播放"按钮可以回放刚才录下来的声音，如果对录音结果满意的话，就可以选择"文件"菜单→"另存为"命令来保存波形文件了。

3. 对录音电平的调整

在录音的时候，要注意对录音电平（录音音量）的调整。在录音时声音的电平越高，声音也就越清晰。不过，如果录音音量太大超过声卡可以处理的范围，会导致录下来的波形被截断成为方波，引起声音的失真。所以在录音时，为了让录制的声音尽可能清晰，我们既需要尽量大的音量，又不能超过系统可以接受的最大音量，这是录音时要严格掌握的尺度。

要调整录音的音量，可以单击图 4-2-6 中的音频"首选项"窗口的"设置"按钮（也可以在 Windows 的"声音设置"中打开"声音控制面板"），在打开的声音设置窗口中选择"录制"选项卡，打开对应声源的"属性"窗口，在打开的属性窗口中选择"级别"选项卡来设置录音的音量，如图 4-2-8 所示。在设置录音音量时，要根据实时录制的声音波形幅度的大小进行灵活调整。

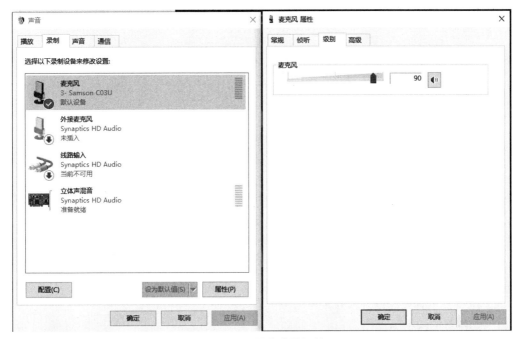

图 4-2-8 　录音音量调整

在波形编辑器窗口中，在波形显示区的右侧有标尺来标记音量大小，在标尺上单击鼠标右键可以选择标记声音幅度大小的单位。一般在录制人声时，声音波形的波峰（最大振幅）采样值在 20000～25000 是比较理想的。

如果选择用分贝（dB）来标记声音幅度的大小，则需要注意数字音频中的声音强度标记与物理学中的声音强度标记有所不同。虽然两者的单位都是用分贝（dB）来表示的，且数字越大表示声音强度越大。但物理中的分贝都是正数，如飞机起飞的 100dB 声音比汽车起动的 60dB 声音大，最小的声音被规定为 0dB；而在数字音频领域中，声音强度的分贝则以负数形式记录，最大的声音被规定为 0dB（超过 0dB 的声音无法被记录下来），而最小的声音是负无穷。

4. 在多轨编辑器中进行录音

在多轨模式下，我们可以一边听着伴奏，一边把人声录制在某一条声轨。录音步骤介绍如下。

（1）在波形编辑器模式下调整录音电平。由于在多轨模式下很难看出当前的录音电平是否合适，所以一般在多轨录音之前，要先在单轨模式下调整好录音音量，再切换到多轨模式进行录制。

（2）导入伴奏音乐。准备好需要的音乐伴奏文件，在左边的文件组织窗口的空白区域单击鼠标右键，在弹出的快捷菜单中选择"打开"或"导入"命令，打开所需的伴奏音乐文件。伴奏音乐打开后，会出现在文件组织窗口中。

（3）在多轨编辑器中，将伴奏音乐拖动到右侧的某一条音轨中（如轨道 1 中）的合适位置。

（4）选择录音轨道。在伴奏导入之后，接下来就可以选择一条音轨（如轨道 2）作为录音轨道，单击该音轨左侧的 R 按钮，使该音轨处于准备录音状态。

（5）开始录音。需要注意的是，现在我们录制的是纯的人声，此时应该戴耳机来监听伴奏，以避免伴奏通过麦克风录入，影响录音效果。

4.2.3　声音的编辑及合成

1. 在波形编辑器中编辑音频

（1）波形编辑器中的基本音频编辑命令

当声音录制完成后，接下来的工作就是对它进行编辑处理了。用Audition 编辑声音，与在字处理器中编辑文本相似，包括复制、剪切、粘贴、删除、裁剪（删除选区之外的波形）等操作，这些操作命令都可以在"编辑"菜单下找到。

在对音频进行编辑之前，可以先选择所要编辑的波形范围。在对波形进行选取时，可以直接单击鼠标拖动选择一段波形，也可以把选区的开始和结束时间输入到操作面板右侧的时段显示区域中的相应文本框内。

如果要单独选出立体声的左声道的声音波形，则可以将鼠标移到波形窗口的下方右边界，单击R按钮取消对右声道波形的选择。对右声道中的波形选择类似。

（2）改变声音音量和设置淡入淡出效果

在Audition的波形编辑器窗口中，可以看到三个控制按钮。拖动中间的"音量控制"按钮可以改变音频文件的幅度从而改变声音的音量，拖动左右两个控制按钮可以分别给声音添加淡入和淡出效果，如图4-2-9所示。

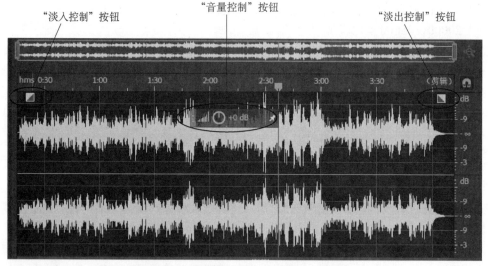

图4-2-9　音量和"淡入/淡出控制"按钮

2. 多轨编辑器中编辑音频

（1）多轨模式下的基本音频编辑命令

在多轨模式下，选择工具栏中的移动工具，可以选择波形并进行移动，利用时间选择工具可以拖动鼠标选择所需处理的音频波形，然后利用"编辑"菜单下的命令对其进行复制、剪切、粘贴、删除等操作，也可以利用"剪辑"菜单下的"拆分"命令或工具栏中的刀片工具对波形进行切割。以上的操作命令也可以通过单击鼠标右键，在弹出的快捷菜单中找到。

要注意的是，在波形编辑器中对声音进行编辑处理，一般是破坏性的，即直接对音频的源文件进行编辑。而在多轨编辑器中对声音的编辑操作是非破坏性的，这种编辑只体现在多轨模式下的变化，并不改变音频源文件的内容。

对于多轨模式下的多个音频波形，可以通过将多个音频波形进行编组从而固定它们之间相对的时间位置关系。方法是用 Ctrl+鼠标单击选中多个音频块，然后选择"剪辑"菜单→"分组"命令将剪辑进行分组。

（2）利用包络线编辑音频

包络线（Envelope）指的是某个声音参数在时间上的变化。如果包络线未显示，可通过"视图"菜单→"显示剪辑音量包络/显示剪辑声像包络/显示剪辑效果包络"命令打开相应的包络线。在显示的包络线上单击鼠标可以添加一个控制点，在垂直方向上上下拖动控制点可以调整所控制的参数，如果需要删除一个控制点，只要将其向上或向下拖动到音轨外面即可。

通过改变音量包络线，可以控制音乐剪辑在播放中的音量变化；通过编辑声相包络线，可以控制剪辑播放时在左右声道中的位置；通过编辑效果包络线，可以改变剪辑在不同时间的效果。

如图4-2-10所示，利用音量包络线控制背景音乐的音量，使得当朗诵声响起时，背景音乐音量降低。

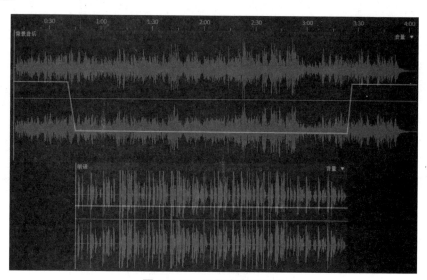

图 4-2-10　设置音量包络线

注意，对包络线的操作并不会改变原始音频波形。

3. 多轨混音合成

在各单个轨道的音频处理完毕后，我们还可以在"多轨"菜单下将多个声音波形混合生成单个声音文件。选择"多轨"菜单→"将会话混音为新文件"命令，可以把选中的波形或所有波形混合成一个新的波形文件。

下面我们通过一个实例来说明多轨音频合成的过程。

案例 4-2-1： 多轨音频的编辑与合成。

设计目标： 学会在 Audition 的多轨编辑器中，对多个音频素材进行编辑合成。

设计思路：将背景音乐、朗诵、掌声等多个素材，分别放置在多轨模式下的合适位置，经过简单的编辑后进行混音合成。

设计步骤：

（1）准备素材。新建一个文件夹"多轨合成"，把所需要的素材文件"背景音乐.mp3""朗诵.mp3""掌声.mp3"复制到该文件夹下。

（2）导入素材。打开 Audition 软件，并切换到多轨编辑模式，在文件组织窗口的空白区域单击鼠标右键，在弹出的快捷菜单中选择"打开"命令，在出现的"打开波形文件"窗口中选中这三个文件，并单击"打开"按钮。这时，这三个声音文件会出现在文件组织窗口中。

（3）在多轨模式下安排素材。把"背景音乐.mp3""朗诵.mp3""掌声.mp3"这三个声音分别拖动到轨道1、2、3，并调整好时间的先后顺序，如图4-2-11所示。

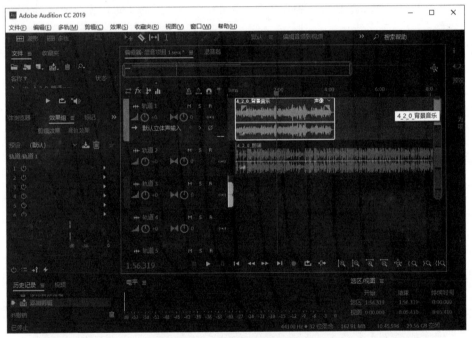

图4-2-11　多个音频素材的安排

（4）剪辑波形。这时候，我们发现该"朗诵"波形文件很长，我们可以只选取其中的片段进行合成。用"缩放"按钮，把波形显示区放大以便于观察。然后通过鼠标左键单击的方法，把播放指针（红色竖线）定位到需要剪切的朗诵波形的位置，选择"剪辑"菜单→"拆分"命令，把朗诵音频分割为两段，选中轨道2的后一段波形并按Delete键删除，剪辑前后的波形如图4-2-12所示。

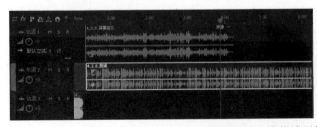

图4-2-12　音频波形的分割

（5）混音合成。从头到尾播放多轨上波形的合成效果，如果感觉不满意，还可以进一步调整各轨道的音量和各波形的前后位置。感觉满意后，选择"多轨"菜单→"将会话混音为新文件"→"整个会话"命令，把所有的波形混合成一个波形文件。混缩合成后的音频文件会自动在波形编辑器中打开，可以单击"播放"按钮试听合成的声音文件效果，如果满意的话，就可以保存混缩之后的波形文件了。

（6）保存多轨项目文件。在多轨编辑器中，选择"文件"菜单→"另存为"命令，把该混音项目文件（后缀为.sesx）也保存到刚才创建的"多轨合成"文件夹下。

打开文件夹，观察几个文件的大小，如图4-2-13所示。我们会发现.sesx项目文件大小只有几十 KB，而我们在这里用到的一个.wav格式的音频素材就有几十 MB 或更大。这说明在项目文件中，并没有真正地包含音频素材，只是包含了音频文件的链接。如果下次需要重新打开项目文件进行修改，软件还是要去查找原来的波形文件来打开。所以在制作多轨项目时，比较好的习惯是把音频素材和工程文件保存在同一个目录下，在需要时可以把整个文件夹一起拷贝过去。

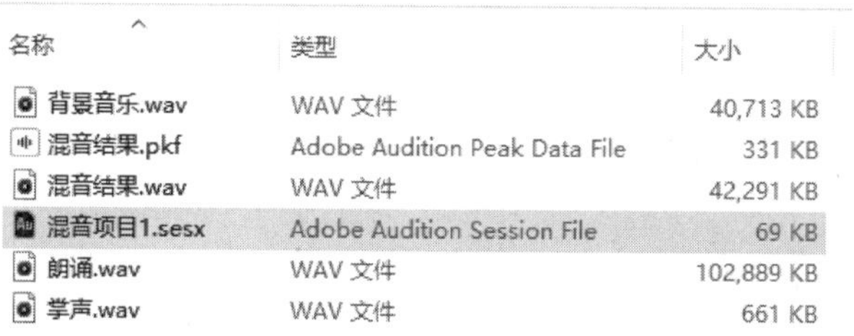

名称 ^	类型	大小
背景音乐.wav	WAV 文件	40,713 KB
混音结果.pkf	Adobe Audition Peak Data File	331 KB
混音结果.wav	WAV 文件	42,291 KB
混音项目1.sesx	Adobe Audition Session File	69 KB
朗诵.wav	WAV 文件	102,889 KB
掌声.wav	WAV 文件	661 KB

图4-2-13　所保存的项目文件和音频文件

另外，你可能会发现在文件夹下多出了几个后缀为.pkf格式的文件，这是 Audition 打开音频文件时自动生成的文件，里面包含了音频文件在 Audition 项目窗口中的相关显示信息。你可以直接删除这些文件，并不会影响到音频文件本身。如果不希望 Audition 自动生成这类文件，可以在"编辑"菜单→"首选项"→"媒体与磁盘缓存"命令，去除"保存峰值文件"选项前的勾选标记，这样 Audition 就不会自动生成.pkf格式的文件了。

4.2.4　给音频添加效果

在 Audition 中，除了对声音可以进行简单的编辑之外，还可以对其进行音效的美化处理。这是 Adobe Audition 最核心的部分，也是它超越其他音频软件的原因。通过它们，用户可以方便地制作出各种专业、迷人的声音效果，如产生音乐大厅的环境效果等。

大多数效果器可在波形编辑器和多轨编辑器中使用，但也有一些只适用于波形编辑器。

但是在对音频做效果处理时，会涉及许多物理声学方面的专业术语，一般非音乐专业的人很难弄懂。此时，你可以直接选择软件中所提供的预置模式，同样能生成令人吃惊的特殊效果。

可以通过以下三种途径给音频添加效果。

（1）在"效果组"面板中创建效果链接。可以加载多达16种效果，而且随时可以启用或关闭某个效果。

（2）利用"效果"菜单。可以从"效果"菜单中选择一个效果应用到被选中的音频，"效果"菜单中提供的一部分效果是效果组所没有的。

（3）利用收藏夹。收藏夹提供了一个快捷的应用效果的方法，你可以把喜欢的效果保存为收藏预设。

1. 在"效果组"面板中创建效果链接

在"效果组"面板中，可以看到有16个槽（slot），即我们可以为一个音频剪辑加载多达16种效果。单击空槽最右侧的三角形标记，可以加载一个效果，也可以移除或编辑已有的效果，如图4-2-14所示。

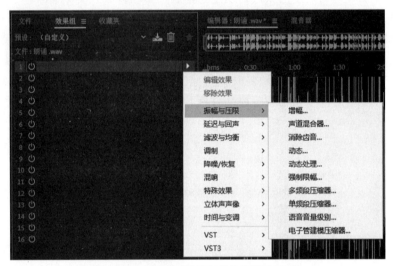

图4-2-14　利用"效果组"面板添加效果

在图4-2-15中，为选中的音频剪辑添加了增幅和混响两种效果。如果对一个音频剪辑添加了多个效果，音频效果将从上到下依次加载到音频文件中，每个效果左侧有电源形的按钮（单个效果开关），可以独立开启或关闭该效果。也可以利用面板左下角的电源形按钮（总效果开关）一次性开启或关闭所有效果。

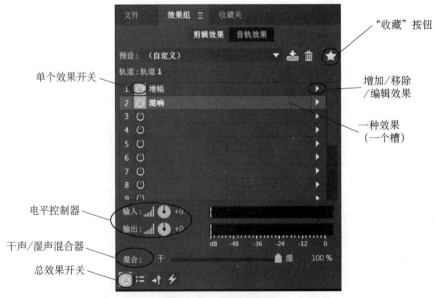

图4-2-15　效果组面板

有时，应用多个效果会导致某种程度的频率"叠加"，可能使得电平超出允许值，在面板左下角提供了输入和输出两个电平控制器，可以根据需要来降低或增加电平。

调整效果的干声/湿声混合器可以调整干声（Dry，指原音）和湿声（Wet，指效果音）的混合比例。

也可以将常用的效果保存为收藏（右上角五角星标记），便于下次使用。

在"效果组"面板中给音频文件添加的效果不会改变文件本身，会在播放时通过实时渲染给音频添加效果。所以，如果给一个音频添加了过多的复杂效果，而计算机的运行速度又跟不上的话，在音频播放时可能会产生延时。

如果是在波形编辑器模式下，在"效果组"面板底部还会出现一个"应用"按钮，单击该按钮，会将效果应用到该音频文件（改变音频文件）并将效果从效果组中删除。

2. 利用"效果"菜单添加效果

利用"效果"菜单可以给波形添加效果，"效果"菜单如图4-2-16所示。我们可以发现，"效果"菜单提供的一部分效果是效果组所没有的。这些效果将不会在"效果组"面板的"效果"菜单中出现，如果在多轨编辑器中选择"效果"菜单，则这些效果将以灰色显示。

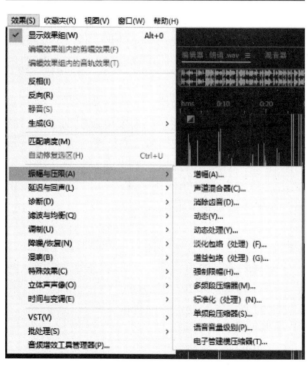

图4-2-16　"效果"菜单

我们可以对波形编辑器或对多轨编辑器中任何选中的音频通过"效果"菜单为其添加效果，但是如果是在多轨编辑器下通过菜单给某个轨道的音频剪辑添加效果，将在"效果组"面板中创建效果链接，其结果与前一种方法所叙述的相同。因此，我们这里只介绍在波形编辑器下利用"效果"菜单给音频添加效果。

在波形编辑器工作模式下，通过菜单一次只能使用一种效果，而且这种效果将直接应用于波形（改变音频文件）。

对比利用"效果组"面板和利用"效果"菜单添加的效果，可以发现，通过菜单添加效果时，增加了"应用"和"关闭"这两个按钮，如图4-2-17（b）所示。单击"应用"按钮表示直接将该效果应用于选中的波形，单击"关闭"按钮表示记录当前的参数但是不应用效果。

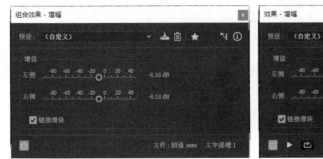

（a）利用"效果组"添加效果　　　　　（b）利用"效果"菜单添加效果

图4-2-17　效果组和效果菜单的区别

3. 常用效果器介绍

利用Audition自带的效果器，我们可以将声音波形做上下翻转（反相）、前后反向（倒置）、静音等处理，也可以生成噪音、语音（将文字转换成语音）、音调等，或者改变声音的波形振幅，给声音添加混响效果，对声音进行滤波处理，改变声音的音高和速度，对声音进行降噪等处理。除了软件自带的效果器外，还可以安装第三方开发的效果器插件给音频添加效果。

下面，我们给大家介绍一些常用的效果器。需要注意的是，部分效果器只能在波形编辑器下使用。对于在两种方式下都能添加的效果，大家可以根据自己的需要选择用不同的方式进行添加。比如，如果你不希望改变原始的音频文件，希望后期可以随时调整效果参数或移除效果，则可以通过"效果组"面板添加效果；如果你想要直接将效果应用于音频以获得更快的响应速度，可以利用"效果"菜单来添加效果，此时最好给原始的音频文件做一个备份，以免后期对于添加的效果不满意需要返工。

（1）音量调整

我们常常会发现录制的声音音量不合适，比如尽管已经把Windows音量控制中的麦克风的录音音量调到最大，从麦克风录制的声音的音量还是太小。或者从网上下载的一个声音文件，音量又太大了。这时可以利用图4-2-9中所示的"音量控制"按钮来调整音量，也可以利用效果器通过对波形振幅的调整来改变声音的音量。

案例4-2-2：利用效果器调整声音音量。

设计目标：调整声音的音量到合适值。

设计思路：通过观察波形确定当前波形的音量是否合适，并通过调整波形振幅改变声音的音量。

设计步骤：

① 打开文件。在波形编辑器下，执行"文件"→"打开"菜单命令打开"4_2_1音量调整.mp3"文件，此时该文件波形显示在单轨波形显示区，如图4-2-18（a）所示。

② 观察波形以确定当前音量是否合适。我们前面在介绍录音电平调整时提到过，为了让录制的人声尽可能清晰，我们既需要尽量大的音量，又不能让音量超过系统可以接受的最

大值。对声音波形音量调整的原理也是一样的。

　　那么，怎样的音量才是合适的呢？在波形显示区中上下的边界表示计算机能处理的最大音量 0dB 的振幅大小。我们调整声音波形，最大振幅不能超过这个最大值。通常我们设置音频文件的最大音量，还要比 0dB 低一些。如果以 dB 表示波形振幅，可以设置波峰在-6～-3dB 左右的位置。当然，具体的振幅大小设置，还需要根据声音文件本身的特点和应用场合来确定。

　　通过观察图 4-2-18（a）中的声音波形我们发现该声音文件波形最大振幅大约在-12dB，音量偏低，需要加大音量。

（a）原始波形　　　　　　　　　　　　　（b）音量调整以后

图 4-2-18　音量调整

　　③ 调整音量。执行"效果"菜单→"振幅与压限"→"增幅"命令，打开如图 4-2-19（a）所示的窗口，拖动增益滑块或在分贝框中填入 dB 数值；也可以直接在"预设"列表框中选择"+6dB 提升"项。单击"应用"按钮，完成音量的调整。这时，我们从图 4-2-18（b）中可以看出波形的振幅变大了。

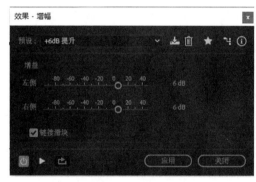

（a）利用增幅调整音量　　　　　　　　　　（b）利用标准化调整音量

图 4-2-19　波形振幅调整

　　前面我们提到在对音频做效果处理时，如果你对里面的参数不了解，可以直接选择软件中所提供的预置选项。因为预置选项中的参数都是经过音响专家反复测试得出的。比如在对声音幅度做调整时，3dB 的变化表示声能翻一番，6dB 至 10dB 才能使人耳感觉到声音有响度加倍/减倍的感觉。这就是为什么预置中的音量的增减为 3dB、6dB、10dB 的原因。

　　需要注意的是，对于同样的效果，经常也可以通过不同的"效果"菜单项来得到。比如我们刚才利用"增幅"命令对音量进行了提升。也可以执行"效果"菜单→"振幅与压限"→"标准化"命令，打开如图 4-2-19（a）所示的窗口，直接把波形的最大振幅设置为-5dB。

④ 保存文件。执行"文件"菜单→"保存"命令保存文件。

（2）渐变（淡入淡出）效果

通过调整波形的振幅大小，除了可以改变声音的整体音量之外，还可以产生许多不同的效果，如音量的渐变（淡入淡出）效果。

如果最初音量很小甚至无声，最终音量相对较大，就形成了一种淡入、渐强的效果；反之，如果最初音量较大，最终音量很小甚至无声，就形成了一种淡出、减弱的效果。

淡入淡出效果在音乐处理上应用得十分广泛。比如一首乐曲，通常应该在开始时从人们的听觉中不知不觉进入，最后又在不知不觉中消失。而不应该在进入时使人大吃一惊，结束时又戛然而止。

我们可以利用图4-2-9所示的"淡入/淡出控制"按钮来调整音量，也可以利用效果器通过对波形振幅的调整来改变声音的音量。

案例 4-2-3： 利用效果器设置淡入淡出效果。

设计目标： 截取声音片段并设置淡入淡出效果。

设计思路： 有时候，我们找到的声音素材比较长，而只需要截取其中的片段来使用。这时，对于所截取的声音片段设置淡入、淡出效果，可以使声音听起来比较自然。

设计步骤：

① 打开文件。在单轨模式下打开素材文件"4_2_2_菊花台.mp3"。

② 截取声音片段。观察操作区右侧的时段显示可以发现，这首乐曲的长度约为4分54秒。如果我们只需半分钟的音频素材，可以对声音进行截取。

拖动鼠标（也可以在时段显示区中直接键入时间）选择乐曲中大约1:34到2:04的位置，执行"编辑"菜单→"裁剪"命令删除选区之外的波形，如图4-2-20所示。

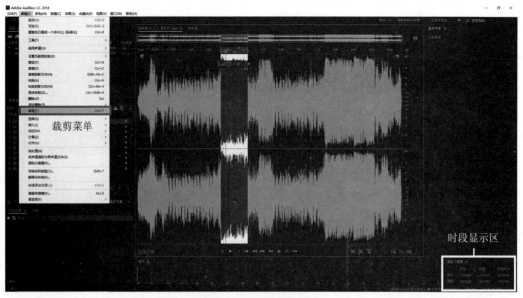

图 4-2-20　截取声音片段

③ 设置淡入淡出效果。选择波形开头约5秒的片段，执行"效果"菜单→"振幅与压限"→"淡化包络"命令，在出现的"效果设置"对话框中选择"平滑淡入"预置项，单击"应用"按钮，设置乐曲开头的淡入效果，如图4-2-21所示。

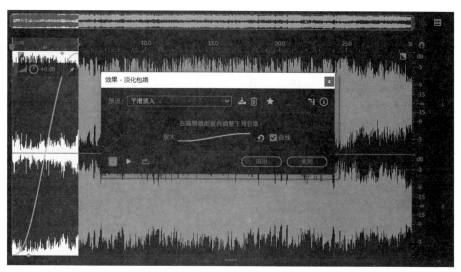

图 4-2-21　淡入效果设置

　　同样地，在波形结尾处选择约 5 秒的波形片段设置"平滑淡出"效果。设置淡入淡出效果后的波形如图 4-2-22 所示。

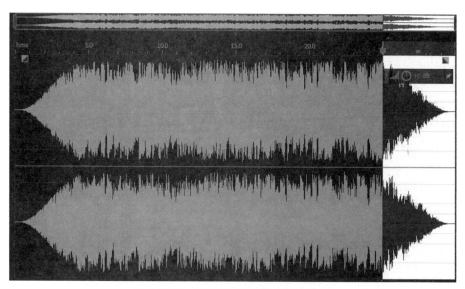

图 4-2-22　设置淡入淡出效果后的波形

　　④ 另存文件。试听处理后的音频效果，满意后执行"文件"→"另存为"菜单命令另存文件。

　　（3）将左右声道分开的卡拉 OK 带处理成纯伴奏带

　　有时候，我们需要将卡拉 OK 带处理成纯伴奏带。如果原始的卡拉 OK 带是左右声道分开的，我们可以很方便地通过相关处理而得到纯音乐的伴奏带。

　　案例 4-2-4：制作纯音乐伴奏带。

　　设计目标：利用从 VCD 卡拉 OK 光盘上获取的视频文件，制作出纯伴奏带。

　　设计思路：在大部分的卡拉 OK 带中，音乐伴奏和演唱的人声在左右声道中是分开的。我们可以从视频中提取音频，并制作成纯音乐的伴奏带。

设计步骤：

① 从视频文件中提取音频。素材"4_2_3_种太阳.mpg"是一个卡拉OK演唱视频文件，我们可以将其中的音频提取出来。执行"文件"菜单→"打开"命令，在打开的对话框中选择该素材文件并打开，软件将自动提取其中的音频部分并在Audition中打开。

② 分析左右声道的声音。在提取的波形文件中我们可以看到，该文件左右声道的波形是不同的。分别选取左右声道的波形并试听，可以发现该音频文件左声道录制的是纯的伴奏音乐，右声道是伴奏加人声，这是典型的卡拉OK带的做法。对于这种原始的左右声道分开的卡拉OK音乐，我们可以很方便地制作出纯伴奏带。

③ 制作纯伴奏带。执行"效果"菜单→"波形振幅"→"声道混合器"命令，在弹出的对话框中选择"用左侧填充右侧"预置项，并单击"应用"命令。这时，我们发现左右两个声道的波形都成了原始的左声道的波形，声音成了纯的伴奏音乐。

④ 执行"文件"菜单→"另存为"命令，将得到的伴奏文件另存。

（4）降噪处理

我们在用话筒录音时，不可避免地会将周围环境中的噪音一起录制进来。这种噪音是贯穿于声音录制的整个过程的，我们称其为环境噪音。我们可以利用降噪器来消除这种环境噪音。

要想取得好的降噪效果，在原始音频中要有一段相对较长的并比较稳定的噪音区域，这样我们才能利用这段有代表性的环境噪音进行采样降噪。所以我们在录音时，在录音的开头或结尾部分，通常要录制一段有一定长度的噪音（即录音结束后不要立刻停止，而是让软件再继续录音几十秒钟）。

案例4-2-5：对于录制的文件进行降噪处理。

设计目标：利用降噪器消除人声文件中的环境噪音。

设计思路：在录制的文件的无人声部分，选取一段环境噪音，让软件记录这个噪音特性，然后自动消除所有的环境噪声。

设计步骤：

① 在单轨模式下打开素材文件"4_2_4_话筒录音.mp3"。

② 在无声处选择一段有代表性的环境噪音波形，如图4-2-23所示。

图4-2-23　选取噪音样本

④ 对噪音进行采样。执行"效果"菜单→"降噪/恢复"→"捕捉噪声样本"命令，在弹出的对话框单击"确定"按钮，这时软件将捕捉当前音频选区作为噪音样本。

⑤ 取消所选择的波形。注意，由于此时选中的是无声处的波形，而我们需要对整个波形文件进行降噪处理，所以需要取消对波形的选择，这样软件就会对整个波形应用效果了。

当然我们也可以选中整个波形，再进行降噪处理。

⑥　执行"效果"菜单→"降噪/恢复"→"降噪"命令，打开如图4-2-24所示的对话框。

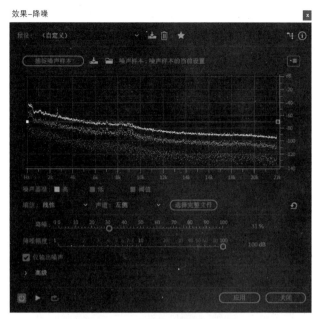

图4-2-24　"效果-降噪"对话框

⑦　选择合适的降噪参数。在对话框中显示了刚才所采样的噪音样本轮廓图。在轮廓图中，水平方向表示频率，垂直方向表示降噪的量。噪声基准里的"高"（黄色）表示在不同频率下检测到的噪音最大幅度，"低"（红色）表示最低幅度，"阈值"（绿色）表示低于该幅度的噪音将被消除。

"降噪"：控制输出信号的降噪百分比。降噪级别的设置与声音的具体情况相关。如果原始噪音比较小，则可以选择比较小的参数；如果原始噪音比较大，要选择比较大的参数。但是，降噪程度越高，对原音造成的破坏也越大。所以我们需要在预览声音的同时精细地调整该参数，以保证在不对原音造成过大破坏的情况下最大限度地降低噪音。一般情况下，该参数最好不要超过50%。

如果噪音比较厉害，为了达到更好的降噪效果，我们可以分几次（一般可以分两次或三次）进行降噪处理，控制每次的降噪级别，这样得到的效果会比一次大规模的调整效果要好一点。比如第一次噪声采样后进行50%的降噪；然后再重新采样并降噪50%（注意每次降噪之前都必须重新采样以保证每次取样的都是前一次降噪后的本底噪声）。这样噪音也就会一次比一次小了，同时对原声音的损伤也比较小。

"降噪幅度"：控制降噪的幅度。一般来说，这个值可以设置在6～30dB之间，过大的值同样容易引起声音的失真。

"仅输出噪音"：可以输出所要去除的噪音情况，用以观察所设置的参数会否过多去除有用的信号。

⑦　单击"应用"按钮。在降噪完成后可以试听一下处理后的声音效果，如果发现声音发生了较大的失真，则可以撤销本次操作，调整参数后再重新进行降噪处理。

你也可以尝试利用"效果"菜单→"降噪/恢复"→"自适应降噪"命令，让软件自适应地选取参数进行降噪。

⑧ 保存文件。

（5）变调与变速

利用"音高换挡器"命令可以调整语调，利用"伸缩与变调"命令可以调整语速或语调。

① 用"音高换挡器"命令改变语调。执行"效果"菜单→"时间与变调"→"音高换挡器"命令，打开如图4-2-25所示的对话框，调整"半音阶"参数，可以改变声音的音调。

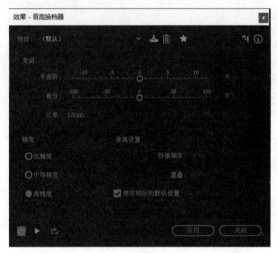

图4-2-25 "效果−音高换挡器"对话框

② 利用"伸缩与变调"命令改变声音的语速或语调。执行"效果"→"时间与变调"→"伸缩与变调"命令，打开如图4-2-26（a）所示的对话框，利用"伸缩"参数可以调整语速，利用"变调"参数可以调整语调。

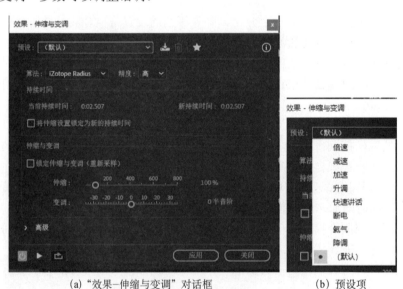

(a)"效果−伸缩与变调"对话框　　　(b) 预设项

图4-2-26 变速与变调

选择"升调"/"降调"预设项，预览声音，可以发现音调发生了改变。

选择"倍速"/"减速"预设项，预览声音，这时我们会发现，在改变语速的同时，音调也发生了改变。如果不希望音调发生改变，可以手动把变调参数设置为 0。

上面介绍的两种方法都可以对声音进行变调处理。其中"伸缩与变调"效果只能在波形编辑器下从"效果"菜单中进行调用。如果需要在多轨编辑器下改变某个音轨的音频剪辑的音调，则只能在"效果组"面板中使用"音高换挡器"。下面以一个实例说明如何在多轨编辑器下改变伴奏的音调。

案例 4-2-6： 给伴奏降调或升调。

设计目标： 通过在多轨编辑器下添加效果器改变伴奏的音调。

设计思路： 男声想翻唱女声的歌，或者女声要翻唱男声的歌，不改变伴奏的调是很不好唱的，不是高了就是低了，原因是男声比女声的音调要低，所以唱异性的歌一般要在原伴奏上进行升调或降调。

设计步骤：

① 在多轨模式下导入素材。打开 Audition 软件，新建一个多轨会话，导入事先准备好的伴奏文件。这里我们以 "4_2_7_天路_伴奏.wma" 音频文件为例进行操作。

切换到多轨编辑器，把伴奏拖进轨道 1，单击"播放"按钮试听伴奏，发现这首乐曲音调比较高，需要降低音调。

② 设置伴奏文件的效果。单击"效果组"面板上一个空的槽（比如第一个槽）右侧的三角形按钮，从如图 4-2-27 所示的对话框中选择"音高换挡器"效果，打开如图 4-2-25 所示的对话框。

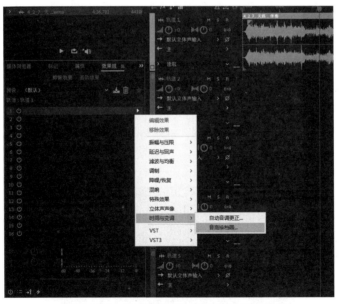

图4-2-27　在"效果组"面板中添加效果

在打开的对话框中，调整"半音阶"参数中选择你需要的音调，比如 "–4dB"，表示将音调降低 2 度。关闭对话框，可以看到在"效果组"面板中添加了一个效果器。

在多轨模式下再来听一下这个伴奏，发现音乐的音调已被降低了，而文件的速度并没有被改变。

如果在伴奏波形上双击切换到波形编辑器再播放声音，你会发现在波形编辑器中伴奏文件采用的还是原来的音调。可见，按照以上的方法来改变伴奏的音调，只在多轨模式下起作用，原文件不会改变。

如果对添加的效果不满意，你随时可以在多轨模式下选择该伴奏文件，单击"效果组"面板上相应的效果右侧的三角形按钮，在出现的菜单中选择"移除效果"命令来去除该效果，或选择"编辑效果"命令，则又会出现如图4-2-25所示的对话框，你可以进一步改变参数。

③ 在轨道2录制人声。单击轨道2左侧的R按钮，使该轨道处于准备录音状态。接下来就可以单击"录音"按钮一边听着降调后的伴奏一边开始演唱了。

（6）均衡（滤波）处理

均衡处理，也称滤波器，可以对声音的某一个或多个频段进行增益或者衰减处理。对声音进行均衡处理的主要功能有降噪和声音的润色。

① 降噪作用。使用滤波器可以过滤掉不需要的声音，保留需要的声音。比如用麦克风进行录音，由于受麦克风和声卡质量的限制，录制下来的声音文件可能会比较浑浊，这通常是由高音缺少造成的。这时，为了净化声音，可以利用滤波器提升声音中的高频部分，以减小声音的浑浊度。

② 对声音进行润色。利用滤波器，也可以对声音进行修饰，比如产生加重低音、突出高音等效果，以得到更好听的声音效果。

下面我们就以大家比较熟悉的图形均衡器为例说明一下滤波器的使用方法。具体步骤介绍如下。

案例4-2-7：对声音进行均衡处理。

设计目标：通过比较简单的图形均衡器的调整，了解滤波的概念及作用。

设计思路：利用一个纯人声的声音文件，分别对不同的频段进行提升或衰减，监听调整的效果，从而了解滤波的含义。

设计步骤：

① 在单轨模式下打开声音文件"4_2_5_滤波处理.mp3"。

② 执行"效果"菜单→"滤波与均衡"→"图形均衡器（10段）"命令，打开如图4-2-28所示的"效果-图形均衡器（10 段）"对话框。我们在很多音响设备上都可以找到这类图形均衡器的身影。

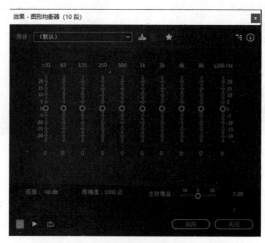

图4-2-28 "效果-图形均衡器"对话框

③ 调整并预览声音。在"预设"中选择"默认"选项将所有的滑块复位，单击"效果

组"面板上的"播放"按钮，对声音进行预览监听。在"均衡器"面板上，分别将最左边的滑块（低音部分）和最右边的滑块（高音部分）向上或向下调整，边调边听，体会不同的频率声音的听觉效果。

如果想对比滤波处理前后的声音效果，可以单击"效果组"面板左下角的电源形状的按钮，在原声和效果声之间来回切换来对比效果。在调整到满意的声音效果后，单击"应用"按钮应用效果。

④ 另存文件。需要注意的是，使用滤波器是没有真正的规律的，所有声音的调整都要依靠我们自己的耳朵和音乐感觉。一般说来，低频部分的人声听起来给人的感觉比较"结实"，比较"硬"；高频部分的人声听起来比较华丽，比较甜美。而提高中频部分的人声可以提升声音的清晰度。

这个调节过程是漫长而且烦琐的，要耐心细致、多听多试才行。另外要注意的是，是否需要对声音进行滤波调整要看实际需要，不要勉强。

（7）延迟、混响和和声效果

在 Audition 的常用效果器中，提供了多种声音效果，通过它们，可以很方便地制作出诸如回声、混响、合唱等各种专业效果。实际上，不管是延迟、混响还是回声，都通过对声音进行延时处理从而使声音加厚。

① 利用"延迟与回声"效果器添加效果。延时的目的是使声音加厚，模拟一个三维空间所产生的回声效果。

这里包含了三种效果。

"模拟延迟"效果：数字技术出现之前，人们用磁带或模拟延迟芯片技术实现延迟。这种方式产生的声音比数字延迟的声音更饱满。

"延迟效果"：简单地将音频延迟播放。

"回声"：通过在延迟反馈循环中插入滤波器来调整回声的响应频率。

② 利用"混响"效果器添加效果。

"混响"效果器可以将声学空间的传播特性赋予音频，从而模拟出室内、音乐厅、车库等不同的声场效果。常用的有以下几种混响效果。

"卷积混响"：加载一个脉冲，之后进行卷积运算，可以生成非常逼真的混响效果。

"室内混响"：一种简单、高效、实时运行的算法混响，可以实时改变参数并听到效果。

"混响"：是CPU密集型效果，不能实时调整混响特性。

"完全混响"：各种混响中最密集的，运行这一效果时CPU负担很重。

"环绕声混响"：模拟出声音环绕反馈的特点。

③ 利用"调制"效果器添加效果。

"调制"效果器可以给声音添加非常特殊的效果，常用的有以下几种。

"和声"：通过增加多个有少量回馈的短小延时模拟多种人声或乐器同时回放，让一个单独的声音听起来像合唱生成。

"和声/镶边"：结合了和声与镶边两种流行的基于延迟的效果器。

"镶边"：镶边是一种音频效果，通过混合不同的、大致与原始信号相等的比例产生短暂的延迟。

"移相器"：类似于镶边，用来移到音频信号的相位，并重新与原始信号结合，以显著地改变立体影像，创建迷幻的声音效果。

对于以上介绍的这三类效果器，我们不需要从细节上去追究产生效果的原理，只需要通过实际操作去尝试和使用即可。我们可以在相应的"效果"菜单下选择所需要的命令，然后选择一个预置项，一边预览声音一边微调参数，以得到自己满意的声音效果。

与滤波器的使用类似，对于延迟、和声和混响类的声音效果的处理，也需要依靠我们的耳朵和感觉，通过反复耐心地试听，才能找到所需要的效果。

4.3　音频制作综合应用

综合案例：制作配音朗诵或卡拉OK演唱。

设计目标：综合利用Audition的各项功能录制你自己的演唱歌曲。

设计思路：通过一个完整的实例，来展现在Audition下进行音频处理的基本思路和过程。

设计步骤：

（1）素材的准备。在网上进行搜索，下载所需要的音乐伴奏文件。新建一个文件夹"音频综合实例"，把准备好的素材文件放到该文件夹下。

（2）音频属性的设置。

打开Audition软件，进入波形编辑器模式，按4.2.2节所介绍的方法，设置当前的录音声源为麦克风，新建音频文件，试录音并调整话筒的录音音量。

（3）新建项目并导入素材。

切换到多轨编辑器模式，在文件组织窗口中的空白处右击，打开准备好的伴奏文件，并将项目文件保存到伴奏所在的文件夹。

将伴奏文件拖到轨道1。单击"播放"按钮进行试听。如果发现伴奏音乐和演唱声音的音调差别比较大，可以利用4.2.4所介绍的方法来给伴奏音乐进行升调或降调。

（4）在空白轨道上录制自己的声音

在轨道2处，把R点亮，单击下面的红色"录音"按钮开始录制朗诵或演唱。此时一定要用耳机监听伴奏，以保证话筒拾取的是纯的人声。

注意：在该音轨的开始或结尾处要录一段噪音样本（即录音时，不要出声，以录下一段空白的噪音信号），以便以后做噪音消除时可以作为噪音样本。

录音完毕后，可单击左下方的"播放"按钮进行试听，看有无严重的出错，是否要重新录制。

（5）双击轨道2进入波形编辑界面，将录制的原始人声文件保存为"人声_原始"。

在录制过程的开始和最后，都可能会有一些杂音区，可以直接在单轨模式下用选择、删除的方法去除。

（6）调整原始人声波形的电平（根据实际波形决定是否需要）。

尽管我们已经在第（2）步中对话筒录音的音量进行了调整，但有时候受声卡和话筒的影响，可能还是会出现录制的声音音量不合适的情况。这时候，我们可以用4.2.3节或4.2.4节所介绍的方法，对原始人声波形的电平进行调整。

（7）对录制的声音做降噪处理。

我们录制的声音首先要进行降噪。虽然录制环境要保持绝对的安静，但还是会有很多杂音，所以降噪是音频处理中很重要的一步，做得好有利于下面进一步美化你的声音，做得不好就会导致声音失真，彻底破坏原声。

关于降噪的方法，可以参考4.2.4节所介绍的内容。

（8）进行声音文件的滤波调整（均衡处理）。

由于每个人使用的麦克风和声卡的品质不同，通过麦克风录进去的声音可能会比较浑浊，这时需要通过滤波调整来减小声音的混浊度。

另外，因为每个人的声音不同，为了美化声音有可能需要把高音或者低音加强一些。所以我们可以利用 Audition 提供的滤波器来分别对演唱文件的各部分频率作细微的调整。

对声音的滤波调整可以采用4.2.4节所介绍的图形均衡器来进行调整。

需要注意的是人的声音频率主要部分，也就是演唱声音频率最集中的部分是在200Hz到8kHz之间，这个步骤要多做几次反复试听，如果觉得效果不满意就选择恢复操作，直到高音在保持不噪的前提下调整到清晰丰富，中音饱满，低频在保证不浑浊的前提下调整到清晰自然，声音圆润通透为止。

（9）为人声加入混响。

经过上面的操作，我们的声音已经比较清晰了，可是声音听起来还是会觉得有点干巴巴的。通过为人声加入混响，可以使声音显得不那么干涩，变得圆润和厚重一些。

我们可以用 Audition 中的"预置"项来加入混响。

混响调节是个很细致的工作，要注意混响声比例一定要适量。混响过大会感觉空间过于遥远，混响过小会感觉干巴巴的。总之，对于音效的设置，要多实践，多听才能得到最好的效果，使整个音乐显得饱满，听感好，这样才是一个成功的作品。

另外混响的比率还要根据歌曲风格来调整，要能与伴奏很好地吻合。比如一般来讲，快歌的混响可以小些。

提示： 在以上第（6）步到第（9）步的调整过程中，为了方便以后要从中途返工，最好随时保存。

（10）回到多轨模式，调整音乐和人声的音量比例。

至此，对人声的处理全部结束。可以单击"轨道切换"按钮返回到多轨模式下试听，并调整音乐和人声的音量比例。

在卡拉OK声音的录音中，遵循的基本原则是应该保持人的演唱声音和伴奏音乐的响度比例在 5：4 左右，也就是演唱声音要稍稍地大于伴奏音乐。

我们可以通过调整各轨道左侧的"音量"按钮来改变声音的音量，这种调整是对轨道音量的调整，并不会影响到原始声音文件的音量大小。

（11）如果需要，还可以为你的演唱加入掌声（单独放在另一个轨道）、淡入淡出效果等。

（12）混缩完成并保存文件和工程。

最后，就可以把这几个音轨混缩成一个音轨了。

提示： 在同一个文件夹下分别保存音频文件和项目文件。

4.4 思考与练习

一、选择题

1. 将模拟音频信号转化为数字音频信号称为音频的（　　　）。

A. 数字化 B. 量化 C. 编码 D. 采样

2.数字音频文件数据量最小的是（　　　）文件格式。

A. WAV　　　　　　　B. MP3　　　　　　　C. MID　　　　　　　D. WMV

3. 将声音转变为数字化信息，又将数字化信息变换为声音的设备是（　　　）。

A. 声卡　　　　　　　B. 音响　　　　　　　C. 音箱　　　　　　　D. PCI卡

4. 人的听觉器官能感知的声音频率范围约为（　　　）。

A. 20～2000Hz　　　　B. 200～20000Hz　　C. 20～20000Hz　　　D. 200～2000Hz

5. 一分钟双声道、16bit量化位数、22.05kHz采样频率的声音数据量是（　　　）。

A. 2.523MB　　　　　B. 5.047MB　　　　　C. 10.094MB　　　　　D. 40.375MB

6. 下列采集的波形中，（　　　）的质量最好。

A. 单声道、8bit量化位数和22.05kHz采样频率

B. 双声道、8bit量化位数和22.05kHz采样频率

C. 单声道、16bit量化位数和22.05kHz采样频率

D. 双声道、16bit量化位数和44.1kHz采样频率

二、简答题

1. 声音信号的数字化有哪三个重要步骤？

2. 数字音频文件的大小与哪些参数有关？

三、操作题

制作一个学校广播台新闻栏目的片头声音。

要求：

（1）片头由音乐淡入开始，当中加入人声播报，最后以音乐淡出结束。

（2）由话筒录制人声播报。

（3）最后将声音与人声做混音输出。

第 5 章　数字视频处理技术

内容提要

随着人们生活水平的不断提高，越来越多的人热衷于拍摄自己或家人的影像，并想借助一款计算机软件对其进行后期处理，获得个性十足的影视作品。Premiere、After Effects 是 Adobe 公司推出的专门用于影视后期处理的非线性编辑软件，在影视制作领域应用十分广泛。本章主要包括三个部分：第一部分注重介绍视频基础知识，包括视频的基本概念、视频文件格式、关键技术等；第二部分介绍 Premiere 视频编辑，配合多个操作性较强的案例，深入浅出地介绍了影视素材的添加、管理与剪辑的技巧，视音特效及转场特效的设置，抠像合成技术，字幕应用技术，影视作品的渲染与输出等；第三部分介绍 After Effects 影视后期处理技术，借助精选的最常用、最实用的影视动画案例进行技术剖析及操作详解。通过本章的学习，读者能轻松地了解视频相关理论知识，影视作品的制作流程，掌握视频编辑软件的使用方法、编辑技术和影视后期特效的专业制作技术。这些知识的掌握对以后的工作、学习、生活非常有益。

重点难点

1. Premiere Pro 2019 操作界面
2. Premiere Pro 2019 制作流程
3. 影视素材剪辑
4. 运动特效及抠像合成
5. After Effects CC 2019 影视后期特效制作

5.1　视频基础知识

5.1.1　视频基础

1. 基本概念

视频（Video）是由一系列静态图像组成的，一幅幅图像以足够快的速度连续播放，利用人眼睛的视觉暂留原理，在观众眼里产生连贯平滑的动态影像。

帧：帧是视频中的最小单位，一帧为一幅静态图像，连续的帧就能形成动态画面。通常我们看的电影、电视或动画等，其实都是由一系列连续的静态图像组成的。之所以人眼能看到这些画面连续，是因为人的眼睛视觉暂留现象，当人眼所看到的影像消失后，人眼仍能继续保留其影像一段短暂的时间。

帧率：即每秒扫描的帧数，它决定视频播放速度，单位是帧/秒（fps）。当图像以足够快的速度显示时，人们便不能分辨出单独的每幅图像，看到的是平滑连贯的动态画面。但图像显示速度过低时，画面会产生跳动不流畅的现象。

场：视频的一个扫描过程，分逐行扫描和隔行扫描。逐行扫描是从左上角的第一行开始逐行进行的，整个图像扫描一次完成。隔行扫描的每一帧图像是通过两场扫描完成的，两场扫描中，第一场（奇数场）只扫描奇数行，依次扫描1、3、5、…、行，而第二场（偶数场）只扫描偶数行，依次扫描2、4、6、…、行。在显示时首先显示第一个场的交错间隔内容，然后再显示第二场来填充第一个场留下的缝隙。

2. 彩色电视制式

电视制式是电视信号的标准。目前，各个国家或地区的电视制式不尽相同，制式的差异主要体现在帧频、分辨率、信号带宽、载频、色彩空间转换关系上。彩色电视制式一般分为PAL制、NTSC制、SECAM及HDTV等。

NTSC制是1952年美国国家电视标准委员制定的彩色广播标准。它采用正交平衡调幅技术，供电频率为60Hz，帧率为30fps，扫描线为525行，隔行扫描，场扫描的频率为60Hz。采用NTSC制式的国家和地区有中国台湾、美国、加拿大、墨西哥、日本和韩国等。

PAL制是德国在1962年制定的彩色电视广播标准，它采用逐行倒相正交平衡调幅技术，克服了NTSC制相位敏感造成色彩失真的缺点。供电频率为50Hz，帧率为25fps，扫描线为625行，隔行扫描。采用这种制式的国家和地区有德国、英国、新加坡、中国、澳大利亚、新西兰等。

SECAM制是1966年由法国制定的彩色电视制式，与PAL制式的帧率和扫描线数相同。采用SECAM制式的国家和地区有俄罗斯、法国及东欧等。

HDTV（High Definition Television），即高清晰度电视。传统电视系统传输的是模拟信号，而HDTV传输的是数字信号。从电视节目的采集、制作、传输，到用户终端的接收全部实现数字化，因此HDTV清晰度极高，分辨率最高可达1920像素×1080像素，帧率高达60fps。在声音系统上，拥有更高的音频效果，HDTV支持杜比5.1声道传送，带给人Hi-Fi级别的听觉享受。除此之外，HDTV的屏幕宽高比也由原先的4：3变成了16：9，若采用大屏幕显示则有亲临影院视听般的感觉。

显示分辨率格式分别是：720P（1280像素×720像素，逐行）、1080i（1920像素×1080像素，隔行）和1080P（1920像素×1080像素，逐行）。

5.1.2 视频的数字化

1. 视频的数字化过程

要采用数字传输视频信号和用计算机处理视频信号，首先要解决的问题是将视频信号数字化。数字化是将模拟视频信号进行模数转换和色彩空间变换，它涉及视频信号的扫描、采样、量化和编码，如图5-1-1所示。

图 5-1-1 视频信号的数字化过程

（1）采样

所谓采样，是指在每条水平扫描线上，等间隔地抽取视频图像的值，并对这些采样值进行处理。

模拟视频信号采样过程就是获取视频播放期间每一个时刻所对应图像帧所有像素点的颜色或亮度的过程。

（2）量化

经过采样后的视频图像，只是空间上的离散像素阵列，而每个像素的值仍是连续的，必须将它转化为有限个离散值，也就是用规定位数的二进制数来表示，这个过程称为量化。模拟值和量化值间的误差称为量化误差或量化失真。量化带来的误差一般不可避免，同时也是不可逆的，量化误差被称为量化噪声。

量化误差大小与量化精度有关，量化位数越多，量化值和原始数值更接近，但数据量会成倍增加；量化位数越少，量化值和原始数值偏差越大，但图像细节无法真实反映。

（3）编码

为方便计算机处理，采样量化后的信号还需要转换成符合计算机要求的数字信号，这个过程叫作编码。编码的过程也决定于采用什么格式来存储通过采样和量化过程中获取的信息，很多编码方式都可以达到数据压缩的目的。

一幅分辨率为 800 像素×600 像素的彩色图像（24 比特/像素），其数据量约为 1.44MB，如果以每秒 25 帧的速度播放，则视频信号的数码率高达 36Mbps。如果存放在 650MB 的光盘中，在不考虑音频信号的情况下，每张光盘也只能播放 18s。因此，视频压缩技术是视频处理的关键。

数据能被压缩，首先是数据本身存在大量数据冗余，比如空间冗余、视觉冗余、结构冗余、时间冗余等；其次一般情况下媒体允许有少量失真。

视频编码技术参照的标准主要包括 MPEG 系列和 H.26X 系列。目前，MPEG（运动图像专家组）系列标准有 MPEG-1、MPEG-2、MPEG-4、MPEG-7、MPEG-21；H.26X 系列有 H.261、H.262、H.263、H.264、H.265。

2. 视频数据的采集

视频数据采集，在这里是指从视频源中获取相应的内容存入到计算机中。

（1）从模拟设备中采集视频数据。

从模拟视频设备（如电视机、录像机、摄像机等）中采集视频数据，可以通过安装视频采集卡来完成从模拟信号到数字信号的转换。

（2）从数码设备中获取视频数据。

从数码设备（数码摄像机、摄像头）拍摄的视频信息本身就是数字信息，可以直接将视频内容传输到计算机。对于硬盘式数码设备中的内容可以直接复制到计算机中，而磁带式数码设备中的内容向计算机传输时，需要通过计算机上的 IEEE 1394 接口。

（3）从影视光盘中截取视频数据。

在制作视频节目时，有时可能需要从已有的视频中剪辑一些片段，比如从 VCD、DVD

光盘中采集视频数据，可以通过录屏工具来截取相应的片段作为视频素材。

（4）从网络中获取相应的视频文件

从网络上下载视频文件并存储到计算机中，可采用视频编辑工具（如 Premiere 等）剪辑所需要的片段。

5.1.3　视频文件格式

1. AVI 文件

AVI（Audio Video Interactive）是微软公司在 1992 年推出的技术，是一种视音频交叉记录的文件格式，它将伴音和动态影像数据以交织方式存储在一起。该格式图像质量好，但文件的存储容量较大。另外，AVI 文件并未限定压缩标准，可能会出现编码问题不一致而导致无法正常播放的问题。

2. WMV 文件

WMV（Windows Media Video）是微软公司推出的一种流媒体格式，由 ASF 格式升级得来，在同等视频质量下，WMV 格式的文件数据容量较小，且支持边下载边播放，因而非常适合在网上传输和播放。

3. MPEG 文件

MPEG（Moving Picture Experts Group）是动态图像和声音数据的编码、压缩标准的总称。它包括了 MPEG-1、MPEG-2 和 MPEG-4 等多种视音频压缩、编码、解码的标准。

MPEG-1：制定于 1992 年，它是针对 1.5Mbps 以下数据传输率的数字存储媒体运动图像及其伴音编码而设计的国际标准，也即我们通常所见到的 VCD 制作格式。这种视频格式的文件扩展名包括.mpg、.mlv、.mpe、.mpeg 及 VCD 光盘中的.dat 文件等。

MPEG-2：制定于 1994 年，设计目标为高级工业标准的图像质量及更高的传输率。这种格式主要应用在 DVD/SVCD 的制作（压缩）方面，同时在一些 HDTV（高清晰度电视）和一些高要求视频编辑、处理方面也有较广泛的应用。这种视频格式的文件扩展名包括.mpg、.mpe、.mpeg、.m2v 及 DVD 光盘上的.vob 文件等。

MPEG-4：制定于 1998 年，为播放流媒体的高质量视频而专门设计的，具有较高的压缩比，通过帧重建技术压缩和传输数据，以最少的数据获得最佳的图像质量。它广泛用于网络视频流和移动设备的视频播放，比如视频电话等。

4. MOV 文件

由美国 Apple（苹果）公司开发的一种视频格式，默认播放器 QuickTime Player，压缩比和视频清晰度较高。

5. RM 文件

Real Networks 公司所制定的音频视频压缩规范，称为 RealMedia。RealMedia 可以根据不同的网络传输速率制定出不同的压缩比率，从而实现在低速率的网络上进行影像数据实时传送和播放。

RM 格式可以说是视频流技术的始创者，边下载边播放。它可以在用 56K Modem 拨号上网的条件下实现不间断的视频播放。

6. ASF 文件

ASF（Advanced Streaming Format 高级流格式）是一个开放标准，是微软公司为 Windows 98 开发的串流多媒体文件格式，能依靠多种协议在多种网络环境下支持数据的传送。ASF 支持 MPEG-4 的压缩算法，压缩率非常高。ASF 是以一种可以在网上即时观看的视频流格式存在的，可以实现点播功能、直播功能及远程教育等。

7. RMVB 文件

RMVB 是由 RM 视频格式升级延伸出的新视频格式。RMVB 视频格式在保证平均压缩比的基础上合理利用比特率资源。在静止或动作场面少的画面场景采用较低的编码速率，从而可以留出更多的带宽空间利用到快速运动的画面场景中。

8. MP4 文件

MP4 是一种常见的多媒体容器格式，也是一种视频压缩格式，主要用于存放视频和音频数据。MP4 其实是一种封装格式，不是编码格式。简单地理解，MP4 仅是一个扩展名，里面的内容是可变的，MP4 文件可以嵌入多种编码方式的视音频，常见的有 AVC（H.264）或 MPEG-4 编码的视频及 AAC 编码的音频等。

5.1.4 视频的编辑方式

1. 线性编辑

传统的视频是保存在磁带或电影胶片上的，视频编辑人员在影视节目制作时，将包含节目的多个胶片按照预先设置好的顺序进行重组得到最终的节目带。

传统的编辑方式采用线性编辑，一种方法是利用人工对胶片进行裁剪、黏合，黏合会产生接头，而节目带表面要求平滑，所以这种方法不能满足影视节目编辑的需要。另一种方法是利用电子设备，将胶片上的内容以一种新的顺序进行重录，连接成新的连续画面。这种编辑方式相对先进一些，它通常需要一台放像机和一台录像机，在放像机上装入原始的母带，搜索需要的素材并播放，录像机在空白录像带中记录有关内容。这是一种模拟信号转换成模拟信号的过程，一旦记录完成，则不能删除、缩短或加长内容。若要在已完成的磁迹中插入或删除一个镜头，那么镜头后面的内容就必须重新录制一遍。然后通过特技机、调音台及字幕机完成相应的特技效果、配音合成及字幕叠加等，合成最终的影片。

素材的搜索和录制是按照时间先后顺序进行的，因而在视频编辑中需反复查找素材，不但浪费时间还容易导致母带的磨损。

2. 非线性编辑

非线性编辑的素材是以数字信号形式存入到计算机硬盘中的文件，利用非线性编辑软件进行视音频编辑、特效及字幕合成等，并输出最终的影视效果文件。它在影视编辑时非常灵活，不受节目顺序的影响，可按任意顺序编辑，反复修改，画面质量不受任何影响。

与传统的线性编辑相比，非线性编辑有很高的性价比，它的强大编辑功能是线性编辑无法比拟的，主要表现在以下几方面。

● 非线性编辑系统一般只需要一台多媒体计算机、一块视频卡和一套非线性编辑软件，因此设备投入低，维护方便。

- 非线性编辑系统可以兼容多种视频、音频设备。
- 可以非常方便地对素材进行预览、查找、定位、设置出入点等，素材可以重复利用。
- 非线性编辑软件具有录制、编辑、特技、字幕、动画等多种功能，极大限度地发挥编辑人员的创造力。可以任意编辑、反复修改，不会对原始数据造成任何影响。
- 在编辑的过程中可进行"预演"，随时可以看到编辑的结果，方便修改。
- 可利用网络功能、资源共享、协同合作等提高工作效率。

Premiere、After Effects 是两款功能非常强大的非线性视频编辑软件。接下来我们将介绍它们的操作和应用。

5.2 Premiere视频编辑

5.2.1 熟悉Premiere操作界面

1. Adobe Premiere Pro 2019 的启动

安装 Adobe Premiere Pro 2019 后，在 Windows 系统的"开始"菜单的"程序"子菜单中，单击 Adobe Premiere Pro 2019 即可启动，系统显示主页对话框，通过该对话框可以打开已有的项目，也可以新建项目。

单击"新建项目"按钮，会弹出"新建项目"对话框，在这里设置当前项目文件的名称及文件的保存路径等。随后进入 Premiere Pro 2019 工作界面，执行"文件"菜单→"新建"→"序列"命令，系统会弹出"新建序列"对话框，按要求设置序列参数，单击"确定"按钮，即可进入编辑面板。

2. Adobe Premiere Pro 2019 工作区介绍

在创建一个 Premiere 项目之后，在操作界面中包含了较多复杂的窗口，如图 5-2-1 所示。

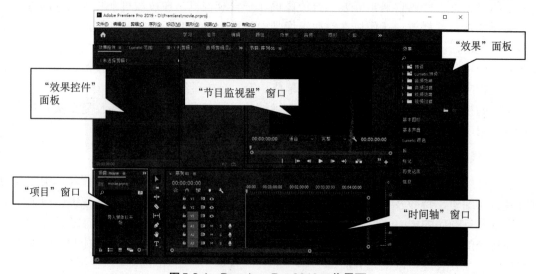

图 5-2-1　Premiere Pro 2019工作界面

1. "项目"窗口

"项目"窗口用于组织和管理本项目文件所使用的所有原始片段。该窗口主要包含预览、素材管理及命令按钮三个区域部分。

窗口中部分命令按钮说明如下。

"列表视图"按钮▦：表示素材以列表的形式显示。

"图标视图"按钮▣：表示素材以缩略图的形式显示。

"自动匹配到序列"按钮▦：表示将素材自动添加到"时间轴"窗口。

"查找"按钮🔍：可根据输入的信息查找素材。

"新建文件夹"按钮▧：创建素材箱，方便对素材进行分类管理。

"新建分类"按钮▥：单击该按钮，弹出一个下拉菜单，在菜单中可以选择相关操作。

"清除"按钮▦：删除选中的素材或素材箱。

提示：本窗口内显示的片段，并非是片段所指的物理内容，而是指向片段文件的引用指针。

2. "时间轴"窗口

在视频编辑过程中，素材的编排、整合、添加特效等操作都是在"时间轴"窗口中完成的。"时间轴"窗口包括时间显示区和轨道区，如图 5-2-2 所示。

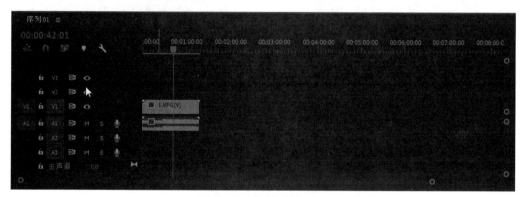

图 5-2-2　"时间轴"窗口

拖动垂直滑块可以垂直缩放"时间轴"窗口轨道显示效果，如图 5-2-3 所示。当然，我们也可以通过水平滑块调整轨道水平方向上缩放显示效果。

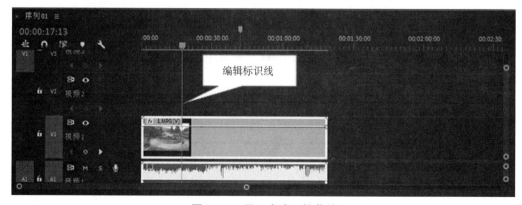

图 5-2-3　显示方式下拉菜单

"切换轨道锁定"按钮▒：锁定或解锁该轨道。

"关键帧定位"按钮▒ ▶：分别将编辑标识线定位到被选素材轨道的上一个关键帧和下一个关键帧。

"添加/删除关键帧"按钮▒：可在轨道素材上添加或删除关键帧。

下面介绍下"时间轴"窗口轨道设置。在视频编辑的实际操作中，往往需要增删轨道等相关操作。依次执行"序列"菜单→"添加轨道"命令，弹出"添加轨道"对话框，如图5-2-4所示。在"添加"项右侧可设置要增加的轨道数。单击"放置"右侧下拉按钮，弹出下拉列表，可根据需要设置轨道放置的位置，比如，"第一条轨道之前""视频3之后"等。

依次执行"序列"菜单→"删除轨道"命令，弹出"删除轨道"对话框，如图5-2-5所示，可选择"所有空轨道"，删除未占用的轨道；若要删除非空闲的轨道，只需选择所要删除的轨道，比如"视频2"，则视频2轨道被删除。

同样，右键单击"轨道控制"面板也可以对轨道进行添加、删除操作。

图5-2-4 "添加轨道"对话框

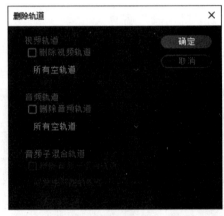

图5-2-5 "删除轨道"对话框

3．"监视器"窗口

Premiere包含多个监视器窗口，常用的"监视器"窗口为"源监视器"窗口和"节目监视器"窗口。

"源监视器"窗口主要显示源素材；而"节目监视器"窗口主要显示编辑处理后的视频效果文件。

在"源监视器"窗口中打开素材的方法介绍如下。

方法一：双击"项目"窗口中的素材。

方法二：右键单击"项目"窗口中的素材，在弹出的快捷菜单中选择"在源监视器打开"命令。

方法三：依次执行"窗口"菜单→"源监视器"命令，将"项目"窗口中的素材拖至"源监视器"窗口。

方法四：双击"时间轴"窗口轨道上的素材。

将素材放置到"时间轴"窗口轨道上，将会在打开的"节目监视器"窗口显示效果文件。

"源监视器"窗口与"节目监视器"窗口包含许多按钮，如图5-2-6所示，其功能和操作相似，以下对部分常用按钮进行介绍。

（a）"源监视器"窗口　　　　　　　　　　（b）"节目监视器"窗口

图 5-2-6　"监视器"窗口

"播放"按钮：从当前帧播放素材。

"停止"按钮：停止素材的播放。

"逐帧退"按钮：单击此按钮一次，素材后退一帧。

"逐帧进"按钮：单击此按钮一次，素材前进一帧。

"跳转到前一标记"按钮：后退到上一个标记。

"跳转到下一标记"按钮：前进到下一个标记。

"循环"按钮：循环播放素材。

"安全框"按钮：显示屏幕的安全区域。

"导出帧"按钮：导出当前帧的图像。

"设置入点"按钮：在当前编辑标识线所在位置处设置素材的起始时间。

"设置出点"按钮：在当前编辑标识线所在位置处设置素材的结束时间。

"设置无编号标记"按钮：设置无序号的标记点。

"跳转到入点"按钮：编辑标识线跳转到入点处。

"跳转到出点"按钮：编辑标识线跳转到出点处。

"播放入点到出点"按钮：只播放入点到出点间的素材片段部分。

"插入"按钮：将源素材入点到出点间的部分，插入到"时间轴"窗口所选轨道编辑标识线位置处。

"覆盖"按钮：将源素材入点到出点间的部分，从"时间轴"窗口所选轨道编辑标识线位置处开始覆盖等长部分。

"提升"按钮：将轨道上的素材入点到出点间的部分剪空。

"提取"按钮：将轨道上的素材入点到出点间的部分剪短。

"适配"按钮：从下拉选项中选择源监视器显示比例。

4."旧版标题"窗口

一部影视节目往往需要添加字幕表达一些特殊的含义，而 Premiere 中字幕的设置主要是通过"字幕"窗口完成的，在该窗口中能够完成字幕的创建、修饰、动态字幕的制作及图形字幕的制作等功能。

"字幕"窗口可通过执行"文件"菜单→"新建"→"旧版标题"命令来打开，"字幕"窗口如图 5-2-7 所示，"字幕工具"面板如图 5-2-8 所示。

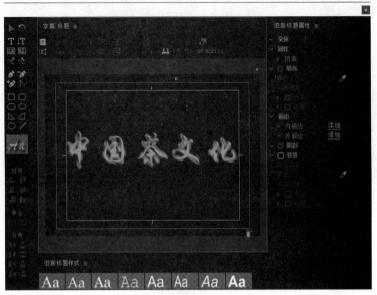

图5-2-7 "字幕"窗口

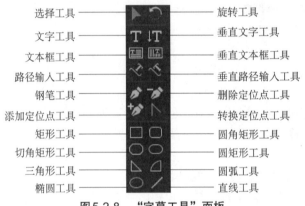

图5-2-8 "字幕工具"面板

　　"字幕工具"面板是对字幕中的文字、图形进行相关参数设置的区域，通过它可以设置字体、大小、样式、位置、颜色、描边、填充、阴影等属性。

　　字幕"样式"面板可以对字幕中的文字、图形套用系统中提供的样式效果。

　　5．"工具"面板

　　"工具"面板包含视频编辑中的常用工具，如图5-2-9所示。

图5-2-9 "工具"面板

　　选择工具▶：用于选择、移动、调节素材片段。

　　轨道选择工具➡：向前选择所有轨道上的素材或某一时间后轨道上的所有素材。

　　波纹编辑工具◆▶：拖动素材的入点或出点改变素材的持续时间，相邻素材长度不变总长度改变。

　　滚动编辑工具➡➡：同时改变相邻素材持续时间，保持两个素材的总长度不变。

比率拉伸工具■：改变素材持续时间，调整素材播放速度。

剃刀工具■：用来分割素材，按住Shift键的话可以对多个轨道素材在同一时间进行分割。

外滑工具■：改变素材的入点和出点，素材长度不变。

内滑工具■：当有3段或3段以上的素材时，用这一工具改变前一素材的出点和后一素材的入点，保持选定素材的长度不变，整个作品的持续时间保持不变。

钢笔工具■：拖动垂直缩放滑块，在垂直方向上放大轨道显示效果。可利用该工具添加关键或调节关键帧。

手形工具■：在编辑较长的影视作品时，可使用该工具拖动轨道，显示轨道中原来看不到的素材。

文字工具■：使用该工具可以直接在"节目监视器"窗口中输入文字。

6."音轨混合器"面板

Premiere Pro 2019具有强大的音频处理能力。通过"音轨混合器"面板可以同时控制多条轨道的音频文件，"音轨混合器"面板如5-2-10所示。

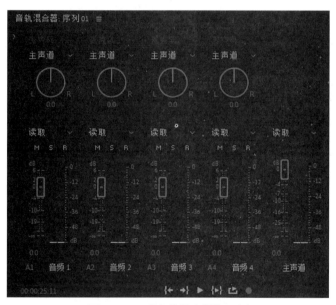

图5-2-10　"音轨混合器"面板

7."效果"面板

"效果"面板可以为素材添加各类特效，包含"预设""音频效果""视频效果""视频过渡""音频过渡"等几大类，如图5-2-11所示。

8."效果控件"面板

与"效果"面板相关联，当用户在"效果"面板中为素材设置某种特效后，则可以在"效果控件"面板中进行特效参数设置，以便达到最佳的效果。"效果控件"面板如图5-2-12所示。

9."历史"与"信息"面板

"历史"面板记录了从建立项目以来进行的所有操作，如果在执行了错误操作后，单击"历史"面板中相应的命令，则返回到错误操作之前的某一个状态。

图5-2-11　"效果"面板

图5-2-12　"效果控件"面板

"信息"面板显示选定素材的各项信息，如素材的类型、持续时间等。

10. 菜单栏

菜单栏包括文件、编辑、剪辑、序列、标记、图形、视图、窗口及帮助等9个菜单选项。

5.2.2　Premiere基本操作

1. Premiere视频制作流程

一般而言，Premiere进行视频编辑的制作流程可分为以下几个步骤。

（1）创意规划及素材准备

在创作影视节目前，首先要确定自己表达的主题、作品的风格。再根据作品的主题收集各类素材，如静态图像、视频、动画、声音文件等，也可通过相关软件处理或制作素材。然后设计各素材片段连接的顺序、持续时间、视频特效、视频转场特效等。一般情况下，我们会先设计一个分镜头稿本，为以后的创作提供指导性和决策性的作用。

（2）项目创建

前期工作完成以后，接下来就要着手制作影片了。首先要创建新项目，并根据需要设置相关参数、编辑模式，如PAL制、NTSC制等，设置帧频和画面大小，指定采样频率，创建一个新项目。

（3）素材的管理与导入

项目创建完后，根据需要在"项目"窗口中创建不同的文件夹，对素材进行分类管理，在各文件夹中导入不同的素材，如静态素材、动态视频、序列素材、音频素材、字幕，这样方便素材的查找和导入。

（4）素材的添加与编辑

素材的添加是指将"项目"窗口的素材添加到"时间轴"窗口中，素材可进行编辑，如设置入点和出点、移动、切割、分离、编组等编辑操作。

（5）特效添加

为了使影片更加精彩且素材之间过渡更加和谐，需要给素材添加特效并进行相应的编辑，如视频特效、运动特效、透明特效、音频特效、视频切换特效等。

（6）字幕添加

在影视编辑中，字幕是一个不可缺少的重要元素，它在节目中起到标注、点缀、强调及解释等作用。

（7）音效处理

在影视节目制作中，需要添加多种声音，不同类型的声音具有不同的作用，如：背景音乐，用于增强节目的感染力，营造一种氛围；解说，用于帮助观众理解节目内容。

（8）预演与输出

对于编辑好的节目，先将其保存为源文件，默认格式为.prproj，这种格式将 Premiere 当前所有的窗口位置、大小及参数等状态一并保存，方便以后进行修改。

节目预演是查看影片的实际效果，检查影片各种效果是否达到设计要求，以免输出的节目出现错误。预演仅仅用于查看效果，并不生成最终的文件，若要得到一个可以播放的最终作品，还需要将影片输出。Premiere 可以输出多种格式的文件，如静态图像格式 BMP、GIF、TIF 等，也可以输出 AVI、MPG、WMV、MP4 等视频格式文件。

2. 创建项目

（1）创建新项目

使用 Premiere 编辑影视作品时，首先需要创建一个新工作项目并进行相关设置，以确保影视作品符合播放标准要求。

启动 Premiere，会弹出一个 Premiere Pro 2019 主页界面，如图5-2-13所示。在"最近使用项"列表中显出了最近打开的项目文件，可根据需要选择自己要编辑的项目并打开。可通过"打开项目"按钮，在弹出的"打开项目"对话框中选择磁盘中的项目文件并打开。

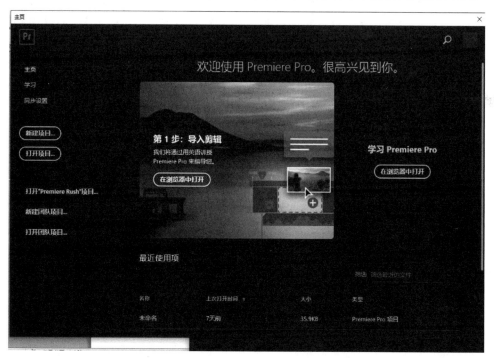

图5-2-13　Premiere Pro 2019主页界面

若要新建项目，可通过单击"新建项目"按钮，打开"新建项目"对话框，如图5-2-14所示，在该对话框中设置保存的位置、文件名等，单击"确定"按钮。

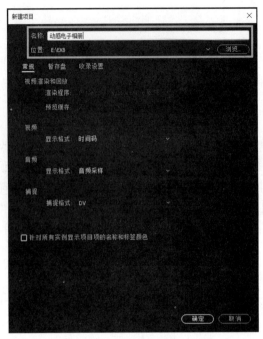

图5-2-14 "新建项目"对话框

（2）工作项目参数设置

创建好项目之后，可以将导入的素材直接拖放到空的"时间轴"窗口，系统会自动创建一个序列，若当前序列设置不符合要求，可以依次执行"序列"菜单→"序列设置"命令重新设置序列参数。一般来说，我们会先设置一个序列，再依次执行"文件"菜单→"新建"→"新建序列"命令，在"序列预设"选项卡中，提供了DV-24P、DV-NTSC、DV-PAL、HDV等可用预设模式，用户可在"可用预设"列表中选择一种设置模式，在"描述"栏中可以看到所选模式的相关参数。若这些预置模式不能符合用户的需求，可切换到"设置"和"轨道"等选项卡中自定义自己需要的参数。

① 设置。该选项卡主要是对项目的"编辑模式""时基""视频""音频"等基本参数进行设置，如图5-2-15所示。

- 编辑模式：用来设置编辑素材的方式，如PAL、NTSC、HDV等制式。
- 时基：设置每秒视频被分配的帧数。根据选择的编辑模式不同，其时间基准也不同。如编辑模式设置DV-PAL制式，时间基准为25.00帧/秒；编辑模式设置为DV-NTSC制式，则时间基准为30（29.97）帧/秒。
- 帧大小：即视频播放画面大小。PAL制式的标准默认尺寸是720像素×576像素，NTSC制式为720像素×480像素。
- 像素长宽比：即视频画面的宽高像素比例，可从其下拉列表中直接选择。
- 场：视频扫描过程。
- 视频显示格式：设置视频显示格式，可以更加精确地调节帧速率。
- 采样率：指音频采样频率，采样频率越高音频质量越好。
- 显示格式：设置音频的显示格式。
- 预览文件格式：与编辑模式对应，用于选择文件的格式。
- 调解码器：设置节目预演时素材的压缩方式。

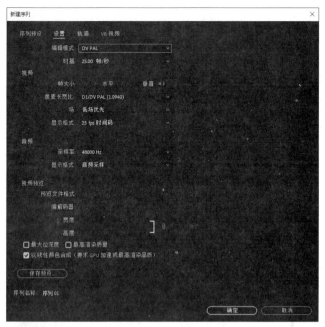

图 5-2-15　"设置"选项卡

② 轨道。对默认序列视频和音频的参数进行设置，如图 5-2-16 所示。
● 视频：设置序列中默认的视频轨道数目。
● 主音轨：设置主音轨的声道。

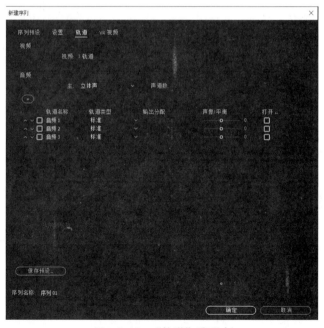

图 5-2-16　"轨道"选项卡

3. 素材的管理与导入

（1）素材的管理

制作的影片中包含了大量的素材文件，如静态图像、视频、声音、字幕等，若将所有文件放置在一起，会给日后的操作带来不便，为了更好地查找和使用素材，我们经常利用不同的素材箱对素材文件进行分类管理。

① 创建素材箱，方法如下。

方法一：使用菜单。选中项目窗口，执行"文件"菜单→"新建"→"素材箱"命令。

方法二：使用鼠标右键。在"项目"窗口的空白处单击鼠标右键，在弹出的快捷菜单中选择"新建素材箱"命令。

方法三：使用工具按钮。单击"项目"窗口下方工具栏中的"新建素材箱"按钮 。

方法四：使用快捷键。按 Ctrl+/组合键，可快速创建素材箱。

② 对素材箱重命名。为方便用户查看和管理，我们还需将素材箱进行重新更名，先激活素材箱，再在当前素材箱的名称上单击，输入新的名称即可；当然我们也可以右键单击，在弹出的快捷菜单中选择"重命名"命令，再输入新的名称。

（2）导入素材文件

素材的导入主要是指将素材导入到"项目"窗口中，方法如下所述。

方法一：使用菜单。执行"文件"菜单→"导入"命令，在打开的"导入"对话框中，选择要导入的素材，单击"打开"按钮即可。

方法二：使用右键快捷菜单。在"项目"窗口的空白处单击鼠标右键，在弹出的快捷菜单中选择"导入"命令，在打开的"导入"对话框中，选择要导入的素材，单击"打开"按钮即可。

方法三：双击。在"项目"窗口的空白处双击鼠标左键，在打开的"导入"对话框中，选择要导入的素材，单击"打开"按钮即可。

方法四：使用快捷键。按 Ctrl+I 组合键，在打开的"导入"对话框中，选择要导入的素材，单击"打开"按钮即可。

提示 1：若要将素材导入到素材箱中，可以双击素材箱，在打开的"素材箱"面板中导入所需的素材；也可将导入的素材拖动到对应的素材箱中。

提示 2：若要一次性导入多个素材文件，则可在"导入"对话框中按住 Ctrl 键再选择多个要导入的素材文件。同样，若要导入文件夹及文件夹中包含的所有素材，可选择包含素材的文件夹，单击"导入文件夹"按钮。

以上方法是导入常见的静态单层素材或动态素材，Premiere 还支持分层素材及序列素材的导入。

以下通过实例分别介绍这两类素材的导入技巧。

① 分层素材的导入。

设计思路：在视辑编辑时通常需要借助其他软件处理素材，Photoshop 常被用来处理图像，保存为.psd 分层文件格式。Premiere 支持分层素材的导入，它可以导入单个或多个 Photoshop 层中的对象。这样，在视频编辑时可以轻松地制作透明背景效果，避免了 Premiere 复杂的抠像操作。

设计步骤：

步骤 1：启动 Premiere，打开项目文件 5-1.prproj。

步骤 2：右键单击项目窗口的空白处，在弹出的快捷菜单中选择"导入"命令，选择"5-1"文件夹中的"psd1.psd"文件，分层文件在 Photoshop 中图层分布如图 5-2-17 所示。单击"打开"按钮，则打开如图 5-2-18 所示的"导入分层文件"对话框，选择要导入的图层。可以导入单个图层，也可导入合并的图层、合并所有图层或序列，在这里选择"各个图层"。

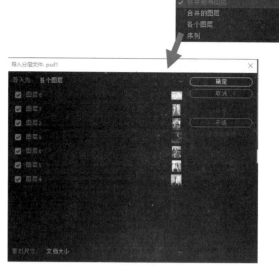

图 5-2-17　图层分布　　　　图 5-2-18　"导入分层文件"对话框

步骤 3：单击"确定"按钮，则分层文件导入到 Premiere 项目窗口中。

提示：当"导入为"选择"各个图层"时，可勾选一个或多个层，则选择的层以一个或多个文件形式导入；若选择"合并的图层"或"合并所有图层"，则选择的图层合并为一个图层，以一个文件形式导入；若选择"序列"，选中的图层分别以单独的文件导入，且自动创建一个序列。

② 序列素材的导入。

设计思路：当我们有若干张静态图片时，想通过某种方式将这些图片快速制作成动态效果，序列素材的导入可以轻松实现这一功能。

设计步骤：

步骤 1：启动 Premiere，新建项目文件，创建序列。

步骤 2：右键单击项目窗口的空白处，在快捷菜单中选择"导入"命令，在打开的"导入"对话框中双击"5-2"文件夹，选择"p1.jpg"文件，并勾选该对话框中的"图像序列"复选框，单击"打开"按钮。这时，可以看到项目窗口里出现了一个"p1.jpg"视频素材文件，我们可以双击该文件，在"源监视器"窗口中观看效果，如果播放速度过快，可以右键单击该文件，在弹出的快捷菜单中选择"速度/持续时间…"命令，将持续时间改长或播放速度改慢。

4. 素材的添加与编辑

（1）添加素材到"时间轴"窗口

导入后的素材会自动添加到"项目"窗口，但并没有制作成完整的视频，要编辑视频还需将"项目"窗口的素材添加到"时间轴"窗口，主要有以下几种方法。

方法一：拖动法。选择"项目"窗口要添加到"时间轴"窗口的素材，按住鼠标左键将其拖动到"时间轴"窗口轨道上即可。

方法二：右键单击法。选择素材要添加的轨道，定位编辑标识线，在"项目"窗口中右击素材文件，在弹出的快捷菜单中选择"插入"命令。

提示：在使用"插入"命令时，素材将插入到"时间轴"窗口选中的轨道及编辑标识线位置处，素材插入完成后，编辑标识线会自动移到素材结束时间处。如果插入素材不想影响到其他轨道，可将其他轨道锁定。

将素材添加到"时间轴"窗口轨道上之后，素材显示长度较小，不利于细致编辑，若要更改素材在轨道中的显示长度，可通过如下方法完成。

方法一：拖动"时间轴"窗口左下角██████████中的滑块◯。

方法二：单击工具箱中的缩放工具🔍。

方法三：按键盘上的"+"键放大，按"-"键缩小。

为方便操作，轨道的尺寸也可以调整，只需将鼠标移至轨道分隔线之间，当光标变成双向箭头时拖动鼠标即可，或者通过"时间轴"窗口右侧的滑块◯进行调整。

（2）素材持续时间的修改

① 修改静态素材持续时间。添加到"时间轴"窗口的素材，系统会默认设置一个持续时间，但这个持续时间不一定适合，这时就需要修改它的持续时间，修改方法如下。

方法一：拖动法。将鼠标指针放置到轨道上素材的右侧，当指针变成█时，按住鼠标左键拖动，这样就可以修改素材的持续时间。

方法二：右键法。右键单击轨道上的素材，在弹出的快捷菜单中选择"速度/持续时间"命令，在打开的"剪辑速度/持续时间"对话框中修改持续时间值。

另外，也可通过参数设置，依次执行"编辑"菜单→"首选项"→"常规"命令，在"时间轴"选项中修改静止图像默认持续时间的参数值。这种方法对已导入的静态素材无效，只能改变修改参数后导入的静态素材的持续时间。

② 修改动态素材播放速度和持续时间。修改动态素材的播放速度，可以改变它的持续时间；同样，修改动态素材的持续时间，也可以改变它的播放速度。修改方法如下所述。

方法一：工具法。单击"工具"面板中比率拉伸工具█，将鼠标移到轨道上动态素材结束位置，当指针变成█时，按住鼠标左键左右拖动即可。动态素材的长度越长，持续时间越长，播放速度越慢；反之，持续时间越短，播放速度越快。

方法二：右键法。操作方法同静态素材方法二。

（3）素材位置的调整

一般来说，素材的添加是按照预先设定的顺序放置到"时间轴"窗口的轨道上。但视频后期制作中，难免要对素材的位置做一些调整。有时，还需要在不同的轨道间精确地移动素材。

方法一：直接拖动法。该方法是最直接、最方便的，操作也非常简单。

方法二：利用编辑标识线定位拖动法。直接拖动法虽然方便，但起点位置不好控制；我们可以利用"时间轴"窗口中的编辑标识线先定位，打开对齐（吸附）功能█，再将素材拖放到该位置，如图5-2-19所示。

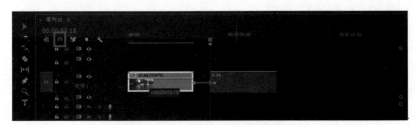

图5-2-19　利用标识线定位拖动素材

方法三："剪切"命令法。利用"剪切"命令和"粘贴"命令实现素材位置的改变。

提示：以上操作方法可用在同一轨道间，也可用在不同轨道间调整素材的位置。

（1）剪辑素材

在素材的应用过程中，有时只需要素材的某一部分，这时就应该对素材进行修剪。

① 切割素材。切割素材一般采用"工具"面板中的"剃刀工具"📎操作。

例如：保留"相伴一生片头.avi"视频 1 秒 15 帧之前的画面。只需将时间码设置到"00:00:01:15"时间位置处，利用"剃刀工具"在该位置素材上单击，这段素材被分离成两部分，右键单击后半部分素材，在弹出的快捷菜单中选择"清除"命令。

② 插入和覆盖。"插入"按钮🔲和"覆盖"按钮🔲都是属于"源监视器"窗口中的操作命令。"插入"按钮可以将源素材入点到出点间的部分，插入到"时间轴"窗口所选轨道编辑标识线位置处，而插入点右边的素材会向后推移。若插入点在某个完整的素材上，则插入的素材会将原有的素材分离成两个部分，如图 5-2-20 所示。

图 5-2-20　插入素材操作效果

操作步骤介绍如下。

步骤 1：在"项目"窗口双击要剪辑的素材，则素材将显示在"源监视器"窗口中。

步骤 2：将编辑标识线移至素材剪辑起始处，单击窗口下方的🔳按钮，设置入点。

步骤 3：再将编辑标识线移至素材剪辑结束处，单击窗口下方的🔳按钮，设置出点。

步骤 4：在"源监视器"窗口中将编辑好的素材拖至"时间轴"窗口对应的轨道上，或直接单击"源监视器"窗口中的"插入"按钮🔲。

提示：在使用"插入"按钮操作时，所有轨道插入点右边的素材都会向右推移，若要某些轨道上的素材不移动，只需在插入前将这些轨道锁定即可。

单击"覆盖"按钮可将源素材入点到出点间的部分，覆盖到"时间轴"窗口所选轨道编辑标识线位置处，插入点右边的素材会被部分或全部覆盖，或插入位置在某个完整素材上，则插入的新素材会覆盖插入点右边等长度的原有素材。

③ 提升和提取。"提升"按钮🔲和"提取"按钮🔲属于"节目监视器"窗口的操作按钮。单击"提升"按钮可将视频轨道上入点到出点之间的素材删除，轨道上留下一段空白位置，如图 5-2-21 所示。单击"提取"按钮可将视频轨道上入点到出点之间的素材删除，并且后面的素材会左移与前段素材连接，如图 5-2-22 所示。

提示：无论是提升还是提取操作，一定要在"节目监视器"窗口中设置入点和出点。

（5）序列嵌套

制作一个较大的影视节目时，需要使用大量素材，若将这些素材都添加到一个序列中，会给后期处理带来不便，界面看起来也比较庞大。这样，我们可以创建新的序列，并实现这些序列的嵌套。创建序列方法介绍如下。

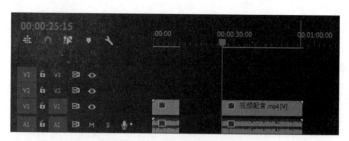

图5-2-21 提升素材操作效果

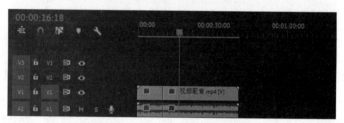

图5-2-22 提取素材操作效果

方法一：可通过执行"文件"菜单→"新建"→"序列"命令完成。为了方便查找和管理，会对序列进行重新更名，序列的嵌套和添加素材到"时间轴"窗口没多大区别。

方法二：在当前系列"时间轴"窗口中选中要创建嵌套的素材，右键单击，在弹出的快捷菜单中选择"嵌套"命令，输入嵌套系列名称。

5.2.3 视频特效与视频切换特效

特效制作是对视频、音频添加特殊处理，使其产生丰富多彩的视听效果，以便制作出好的视频作品。Premiere提供了大量的视频特效、音频特效、视频切换特效及音频切换特效，可以通过这些特效轻松制作精彩的视频。

1. 运动特效

Premiere虽然不是动画制作软件，但它有很强的运动产生功能。动画效果的设置一般都要用到关键帧，动画产生在两个关键帧之间。

（1）创建关键帧

操作步骤：

① 在"时间轴"窗口中选择创建关键帧的素材。

② 在"时间码"上修改时间，确定要添加关键帧的位置。

③ 在"效果控件"面板中，单击某特效或属性左侧的"切换动画"按钮，这样，当前位置就创建了一个关键帧，如图5-2-23所示。

激活"切换动画"按钮可用来创建第一个关键帧，若要再次创建关键帧，不能再单击该按钮，因为再次单击此按钮时会删除该属性上所有的关键帧。

再次添加关键帧的方法介绍如下。

方法一：将时间调整到其他位置，改变原特效或属性的属性值，则在当前位置创建了另一个关键帧。

方法二：将时间调整到其他位置，在原特效或属性右侧单击"添加/删除关键帧"按钮，可在当前位置创建一个关键帧。

图 5-2-23　创建关键帧

方法三：将时间调整到其他位置，在"节目监视器"窗口中，改变素材的属性，比如位置、大小、旋转角度等，在当前位置也会创建一个关键帧，如图 5-2-24 所示。

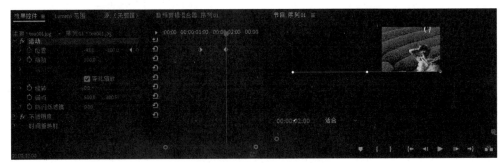

图 5-2-24　拖动素材创建关键帧

（2）编辑关键帧

① 选择关键帧，单个单击、拖框选择或按住 Shift 键单击。

② 移动关键帧，直接进行拖动或剪切/粘贴操作。

③ 删除关键帧，若操作失误，添加了不需要的关键帧，可以选中多余的关键帧，按键盘上的 Delete 键或者单击"添加/删除关键帧"按钮，将其删除。

案例 5-2-1：上升的热气球。

设计效果：视频文件"上升的热气球效果.mp4"，项目文件"上升的热气球效果.prproj"。

设计思路：利用关键帧和"运动"特效中位置的变化可以制作出位移动画，但上升热气球一般是沿着弯曲线运动的，这就需要对运动路径进行编辑。

设计目标：学习关键帧的添加和修改方法，掌握位移动画效果的制作。

设计步骤：

① 打开"上升的热气球.prproj"文件

② 将编辑标识线移到"00:00:00:00"处，选中"时间轴"窗口中的"热气球 2.jpg"素材，单击"效果控件"面板位置左侧的 按钮，则在此处添加了一个关键帧，在"节目监视器"窗口，移动热气球到屏幕底端，将编辑标识线移到素材结束位置处，移动热气球到屏幕顶端（或直接修改"位置"参数值）。

③ 前面步骤完成后，热气球是以直线方式运动的。接下来需要修改路径，在"节目监视器"窗口中观察到路径上有两个菱形调节点，拖动调节点可调节路径，如图 5-2-25 所示。

④ 预览效果，文件保存。

图 5-2-25　路径调节效果

案例 5-2-2：魔法卡片。

设计效果：视频文件"魔法卡片.mp4"，项目文件"魔法卡片效果.prproj"。

设计思路：魔法卡片可以通过运动特效中的位置和旋转进行操作，绕固定点转动可通过调整锚点的坐标位置实现。

设计目标：通过设置旋转参数，了解旋转和锚点的关系，掌握如何调整旋转对象的中心点。

设计步骤：

① 打开"魔法卡片.prproj"文件。

② 导入分层素材。"项目"窗口的空白处右击，在弹出的快捷菜单中选择"导入"命令，在打开的"导入"对话框中选择"魔法卡片"文件夹中的"卡片.psd"文件。在打开的"导入分层文件：风车"对话框中选择"各个图层"导入项，勾选除背景以外的三个图层，单击"确定"按钮。

③ 添加素材。将"底图"、"光环"和"卡片"素材分别添加到视频轨道"V2"、"V3"和"V4"的"00:00:00:00"处。

④ 位移动画。在"00:00:00:00"和"00:00:01:00"处分别添加关键帧，并调整三个对象的位置，如图 5-2-26 所示。

图 5-2-26　两个关键帧对象位置调整

⑤ 旋转中心点调整。将编辑标识线移动"00:00:00:00"处，修改"锚点"坐标参数值，使定位点调整到光芒的中心位置，如图 5-2-27 所示。

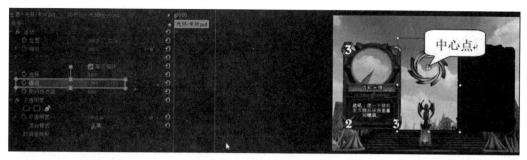

图5-2-27　修改定位点参数

⑥ 旋转动画。选中"V3"中的光芒素材，将编辑标识线移动到1秒位置处，单击"旋转"左侧的"动画切换"按钮，再将编辑标识线移动到素材结束位置，改变旋转角度为"1x0.0"，使风车绕中心点转动1圈，如图5-2-28所示。

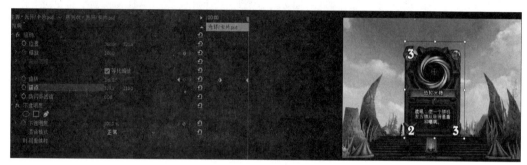

图5-2-28　旋转参数设置

案例 5-2-3：缩放的文字。

设计效果：视频文件"缩放的文字.mp4"，项目文件"缩放的文字效果.prproj"。

设计思路：缩放的文字效果常用在字幕标题中，文字缩放通过运动特效中的缩放比例进行操作，在缩放过程中显示出的淡入淡出效果可通过修改透明度来完成。

设计目标：掌握多个特效的应用：透明特效和运动特效，以及特效参数设置的方法和技巧。

设计步骤：

① 打开项目文件"缩放的文字.prproj"文件。

② 将编辑标识线移到"00:00:00:00"处，单击"V2"视频轨道中的"品"素材，展开"效果控件"面板。单击"缩放"和"不透明度"右侧的"添加/删除关键帧"按钮，在此处各添加一个关键帧，修改"不透明度"的值为100%。

③ 将编辑标识线移到"00:00:02:00"位置处，再在此处给"缩放比例"和"透明度"各添加一个关键帧，修改"缩放比例"值为200%，"不透明度"的值为0%。

④ 将编辑标识线移到"00:00:04:00"位置处，在此处给"缩放比例"和"透明度"各添加一个关键帧，修改"缩放比例"值为100%，"不透明度"的值为100%。

⑤ 选中"V2"视频轨道中的"品"素材，在"效果控件"面板中选中所有的关键帧，按 Ctrl+C 组合键进行复制操作，再选择"V3"视频轨道中的"茶"素材，并将编辑标识线移到该素材起始位置，在"效果控件"面板的右侧单击鼠标右键，在弹出的快捷菜单中选择"粘贴"命令即可。缩放文字动画画面如图5-2-29所示。

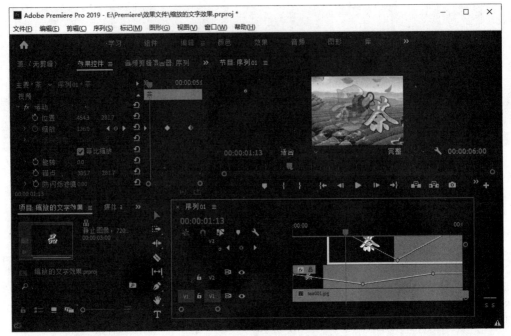

图5-2-29　缩放文字动画画面

2. 抠像合成技术

抠像是视频特效中键控技术的应用，在视频制作中应用相当广泛，所以在这里将该技术单独列出讲解。抠像不仅可以编辑素材，还可以将视频轨道上几个重叠的素材键控合成，利用遮罩的原理，制作出透明效果。

（1）Alpha调整

对包含Alpha通道的导入图像创建透明效果，把Alpha通道中的黑色图像分离出来变成透明，白色部分不透明，灰色部分则为半透明。在"效果控件"面板里，可以设置"忽略Alpha通道""反转Alpha通道""蒙版"或者修改不透明度。

（2）亮度值

根据图像的明暗度制作透明效果，亮度越低的像素点越透明，图像对比度越明显效果越佳。可以通过调节"阈值"和"屏蔽度"两个参数实现。

● 阈值：较高的值用于设置较大的透明度范围。

● 屏蔽度：配合"阈值"，较高值用于设置较大的透明度。

（3）图像遮罩键

用指定的某个遮罩图像设置透明效果。在指定的遮罩图像中，黑色部分变成透明，白色部分则不变，灰色部分会出现不同程度的透明效果。当然，也可反向显示。参数设置如图5-2-30所示。

图5-2-30　"图像遮罩键"参数设置

以相框制作为例,"图像遮罩键"效果如图5-2-31所示。主要操作步骤介绍如下。

① 导入"xk4.jpg"图像,并添加到视频轨道上。

② 将"视频特效"中的"图像遮罩键"拖放到该素材上方。

③ 单击"效果控件"面板中"图像遮罩键"右侧按钮,在打开的对话框中选择遮罩的图像。

④ 在"合成使用"下拉列表中选择所需选项,其中"Alpha 遮罩"表示遮罩通道;"Luma(亮度)遮罩"表示遮罩亮度。这里选择"Luma(亮度)遮罩"项。

⑤ "反向"复选框,勾选该项表示遮罩效果反向显示。

原图

遮罩图

部分透明效果图

图5-2-31 "图像遮罩键"效果

提示: 在图像遮罩键操作中,遮罩图像的文件名和路径中不能出现中文。

(4)差值遮罩

将指定的视频素材与图像进行比较,将两者中相同的像素变为透明,而留下差异的像素。此特效可应用在抠除背景方面,比如,拍摄某演员在一背景前表演,若要将背景去除,只需拍摄一张静态背景图像,利用该特效可轻松达到抠除背景效果。

(5)移除遮罩

将应用遮罩的图像产生的白色区域或黑色区域移除。

(6)超级键

电影中很多镜头通常在绿幕前拍摄,目的是方便选择背景颜色并将其变为透明。超级键可以将图像中的任何颜色的像素变为透明,并提供了一系列参数选项来强化处理效果。图5-2-32所示的是抠除蓝色背景的原图和效果图;图5-2-33所示的是抠除绿色背景的原图和效果图。

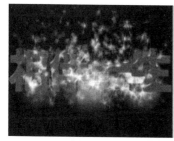
(a)背景

(b)蓝屏动画

(a)抠像合成效果

图5-2-32 "超级键"抠除蓝色背景的原图和效果图

（a）原图

（b）更换背景效果图

图5-2-33 "超级键"抠除绿色背景的原图和效果图

（7）轨道遮罩键

该特效产生的效果及原理与前面讲到的"图像遮罩键"相同，都是将一素材作为遮罩去控制另一素材部分内容的显示或隐藏。但它们的操作方式上有所不同，"图像遮罩键"抠像只需一条轨道，直接将遮罩素材附在原素材（被遮罩素材）上；"轨道遮罩键"抠像需要两条轨道，将遮罩素材添加到"时间轴"窗口的另一轨道上，且必须在原素材（被遮罩素材）所在轨道的上方。

案例5-2-4：利用"轨道遮罩键"特效抠像，实现透过透明区观看图片依次渐变显示的效果。

设计效果：视频文件"轨道遮罩键效果.mp4"，"轨道遮罩键效果.prproj"，设计效果如图5-2-34所示。

设计思路：素材及相关特效如表5-2-1所示。

表5-2-1 素材及相关特效

轨道名称	放置素材	主要特效设置
V1	5张照片（boy1.jpg～boy5.jpg）	每幅图添加两个关键帧，分别修改不透明度值
V2	木相框 xk4.jpg	轨道遮罩键，设置遮罩轨道、合成方式等
V3	遮罩素材 xk4-1.jpg	无

设计目标：学会使用"轨道遮罩键"抠像，掌握多种特效的综合应用。

设计步骤：

① 新建项目文件和序列。执行"编辑"菜单→"首选项"→"常规"命令，在列表项中选择"时间轴"，修改"静态图像默认持续时间"为"3"秒。

② 导入素材。导入"xk4.jpg"和"xk4-1.jpg"图像；导入"儿童照片"文件夹。

③ 添加素材。将"项目窗口""xk4.jpg""xk4-1.jpg"分别拖到"V2""V3"轨道起始位置；将"儿童照片"素材箱中所有文件拖放到"V1"轨道起始位置。这样，素材就全部添加完毕。

④ 特效抠像。将"效果"面板的"轨道遮罩键"特效拖到"时间轴"窗口"xk4.jpg"素材上，选中该素材，在"效果控件"面板中进行如图5-2-35所示的设置。适当调整两幅图的大小，并将"xk4.jpg""xk4-1.jpg"素材持续时间设置为15秒。

⑤ 渐变效果制作。移动编辑标识线到"00:00:00:00"处，选中"时间轴"面板中的"boy1.jpg"素材，在"效果控件"面板不透明度选项中添加一个关键帧，修改"不透明度"参数值为50%，移动编辑标识线到"00:00:02:24"处，添加关键帧，修改"不透明度"参数

值为 100%，适当调整图片的大小；同理设置其他几张图片的透明度和大小。

⑥ 预览和存储项目。

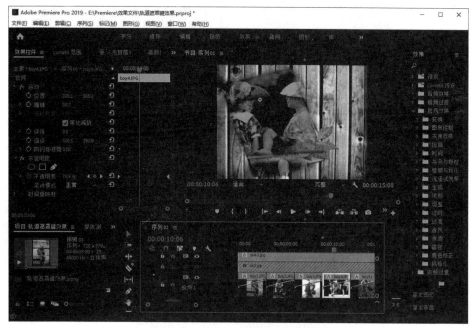

图 5-2-34 "轨道遮罩键"抠图效果

图 5-2-35 "轨道遮罩键"参数设置

（8）非红色键

"非红色键"特效不仅可以去除素材中的蓝色还可以去除绿色。应用该特效前后效果对比，如图 5-2-36 所示。

图 5-2-36 应用"非红色键"特效前后对比

（9）颜色键

"颜色键"特效不仅可以选择某种颜色，还可以对边缘进行设置，制作出描边及羽化效果。应用该特效前后效果对比，如图 5-2-37 所示。

图5-2-37　应用"颜色键"特效前后对比

3．视频特效的应用

视频特效就是为素材文件添加特殊处理，类似Photoshop中的滤镜，通过特效的应用，使视频效果更加绚丽多彩。Premiere提供了18类上百种视频特效，如图5-2-38所示。这些特效可单独设置，也可多种特效同时使用。

（1）添加视频特效

添加视频特效的方法很简单，前面在抠像部分已阐述过，这里就不再重复。

提示： 一个素材可以同时添加多个相同或不同的特效。

（2）复制与粘贴视频特效

对于不同素材之间需要添加相同的特效时，可以采用复制、粘贴操作快速实现。

（3）清除视频特效

图5-2-38　视频特效分类

设置完视频特效后，若发现所加特效不符合要求，只需在"效果控件"面板中删除不需要的特效即可。

利用视频特效创建动画效果离不开关键帧的应用，Premiere可以对不同关键帧上特效的参数或者属性值进行设置，产生动态效果。

以下通过几个实例来讲解视频特效的应用。

案例5-2-5： 镜头光晕动画效果。

设计效果： 视频文件"镜头光晕动画效果.mp4"，项目文件"镜头光晕动画效果.prproj"。

设计思路： 利用"镜头光晕"视频特效可生成电影镜头的效果，再利用关键帧和旋转角度制作出转动的光晕动画效果。

设计目标： 掌握视频特效的添加、参数的设置技巧，利用关键帧制作特效动画效果。

设计步骤：

① 导入"静态素材"文件夹中的"葡萄美酒.jpg"到"项目"窗口，并添加到"时间轴"窗口。

② 将"效果"面板中的"镜头光晕"视频特效拖到"时间轴"窗口的该素材上。

③ 将编辑标识线移到素材起始位置，选中"时间轴"窗口中的素材，在"效果控件"面板中修改特效参数。单击"光晕中心"左侧▣按钮，在当前位置添加了一个关键帧，修改"光晕中心"参数值，使光晕位置如图5-2-39（a）所示；移动编辑标识线到素材结束位置，修改"光晕中心"参数值，则在当前位置又添加了一个关键帧，修改后的光晕位置如图5-2-39（b）所示。

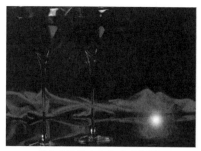

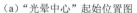

（a）"光晕中心"起始位置图　　　　（b）"光晕中心"结束位置

图 5-2-39　"镜头光晕"特效参数设置效果

④ 按空格键或拖动编辑标识线观看动画效果。

案例 5-2-6：局部马赛克效果。

设计效果：视频文件"马赛克效果.mp4"，项目文件"马赛克效果.prproj"。

设计思路：平时在浏览静态图片或观看影视节目时，有些对象会局部添加一些遮蔽效果，这就是常见的马赛克效果。马赛克特效原理是将画面分成若干个网格，每个网格都用该网格中所有颜色的平均色填充，画面则产生块状的马赛克效果。马赛克效果添加到素材上，它会对整幅素材产生效果，若要局部设置马赛克特效，需要将素材添加到上下两条轨道上，并利用"裁剪"及"马赛克"特效来实现，如图 5-2-40 所示。若要对动态视频添加局部马赛克，还需要通过关键帧设置运动效果来跟踪活动的图像。

设计目标：掌握多个特效同时在一个素材上的应用技巧。

设计步骤：

静态图像局部马赛克效果比较简单，在此简要阐述。

① 新建项目文件，导入要制作马赛克效果的素材。

② 将设置马赛克效果的素材添加到"V1"和"V2"轨道上。

③ 对"V2"轨道上的素材添加"裁剪"特效，并将素材裁剪到需要的大小。

④ 再将"马赛克"特效添加到"V2"轨道上的素材，在"效果控件"面板中调整参数。

动态视频局部马赛克效果设置介绍如下。

①② 步骤同上，动态素材为动态素材文件夹中的"片段 1.avi"。

③ 创建图形字幕，利用矩形工具绘制一个比人脸部稍大些的矩形，并拖放到"V3"轨道上，设置素材长度与"片段 1.avi"相同。

④ 在"V2"轨道素材上添加"马赛克"特效、"轨道遮罩键"特效，参数设置如图 5-2-41所示。

图 5-2-40　马赛克效果　　　　　　　　**图 5-2-41　步骤④特效参数设置**

⑤ 利用关键帧和运动特效制作"V3"轨道上素材跟踪效果。在这里，需要根据动态画面的移动情况，设置多个关键帧，并改变矩形的位置和大小。

⑥ 文件存储、影片输出。

4. 视频切换特效的应用

视频切换特效是指从一段视频素材到另一段视频素材切换时添加的过渡效果。若直接从一个素材过渡到另一个素材，不添加任何效果，这样会显得太突兀，因而，为了使素材之间切换更加自然，更加丰富多彩，需要在素材之间添加合适的视频切换效果。

视频切换效果可以应用在单个素材开始和结束位置，也可以应用在两个相邻素材之间。在"效果"面板中，直接选取视频切换效果，拖曳到"时间轴"窗口视频轨道中需要添加切换效果的相邻素材之间，或单个素材的前后。

Premiere提供了8类，近50种视频过渡效果，每一种特效都可以产生不同的视频转场效果，用户在视频制作中要合理地选择过渡效果，这样制作出来的作品才会更加自然、流畅，富有艺术感。

以下通过一个实例来阐述视频切换效果的添加过程。

设计思路： 设计一个小视频，将素材批量添加到"时间轴"窗口，添加视频切换效果，修改切换参数。

主要操作步骤介绍如下。

① 运行Premiere，创建项目和序列。

② 以文件夹形式将"静态素材"下的"欧洲之旅"文件夹导入到"项目"窗口。

③ 在"项目"窗口中，选中"欧洲之旅"文件夹中的所有素材，将其拖至"时间轴"窗口"V1"轨道上，这样，文件夹中的所有素材都依次添加到该轨道上。

④ 添加视频过渡效果，选择"效果"面板中的"翻页"过渡效果，拖到"时间轴"窗口"p1.jpg"和"p2.jpg"之间，当指针成时释放鼠标。

⑤ 在"时间轴"窗口选中切换效果，在"效果控件"面板中可以修改"持续时间""对齐"等相关参数，这里将切换持续时间设置为1秒。

⑥重复④⑤步骤完成其他素材间视频切换效果的添加。最终效果如图5-2-42所示。

图5-2-42 添加视频切换效果

5.2.4 字幕应用技术

在影视后期制作中，字幕的设置是非常重要的一个步骤。字幕包括文字和图形两种类型，可以制作成静止和动态的字幕。

1. 旧版标题

旧版标题是字幕设置中的一种方式，相关操作基本都在"字幕"窗口中完成，"字幕"窗口如图5-2-43所示。"字幕"窗口主要由"字幕设计"窗口、"字幕工具"面板、"字幕动

202

作"面板、"字幕属性"面板及"字幕样式"面板几部分组成。

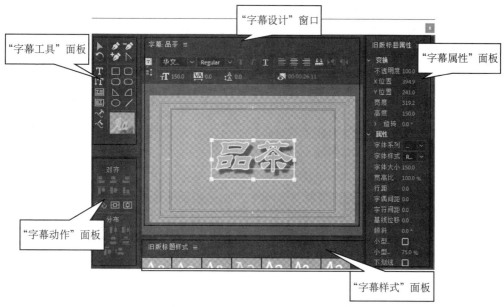

图 5-2-43　"字幕"窗口

（1）创建字幕

创建字幕，一般都要进行以下几个操作。

① 执行"文件"菜单→"新建"→"旧版标题"命令。

② 选择"字幕工具"面板中的工具，在 5.1 节中已经对"字幕工具"面板进行了介绍，这里就不再重复。在设计区内输入文本或绘制图形。

③ 修改字幕属性，也可应用字幕样式。

提示：输入汉字时，文字显示可能不正常，因此要注意将其修改成中文字体。

（2）字幕样式的应用

字幕样式库中包含多种样式模板，方便文字和图形特殊效果设置。字幕样式可以直接应用。只需选中"字幕设计"窗口中的文本或图形对象，然后在"字幕样式"面板中单击一种样式即可；或通过右键单击样式库中的样式，在弹出的快捷菜单中选择"应用样式"命令。

在"字幕样式"面板中虽然提供了多种样式，但有时也不能满足操作的需要，我们可以创建新样式并保存起来，以便日后使用。

创建新样式的操作步骤介绍如下。

① 在"字幕设计"窗口中输入字幕，设置字幕属性。

② 选中字幕，单击"字幕样式"面板右侧的█按钮，或在空白处右击，在弹出的快捷菜单中选择"新建样式"命令。

③ 在"名称"栏中输入新样式名称，单击"确定"按钮，这时就能看到样式库中添加了刚创建的新样式。

（3）动态字幕

在"字幕"窗口，输入文字和编辑文字，再利用滚动或游动字幕命令制作出动态的字幕效果。

案例 5-2-7：创建向上滚动的字幕效果。

设计效果：视频文件"滚动字幕效果.mp4"。

设计思路：平时在观看影视节目片尾时，屏幕上会显示一些滚动的字幕信息，这就是动态字幕。Premiere可以通过对"滚动/游动选项"参数设置制作动态字幕效果。

设计目标：掌握文字输入、编辑及属性设置，学会"滚动/游动选项"参数设置。

设计步骤：

① 创建文件，命名为"滚动字幕"，导入"静态素材\婚礼\hl6.jpg"素材文件，并添加到"V1"轨道的起始位置。

② 执行"文件"菜单→"新建"→"旧版标题"命令，将字幕文件名命名为"滚动字幕"。利用文字工具输入如图5-2-44所示的文字，并设置相关属性，字体为"隶书"，大小为"48"，填充颜色为"黄色"，行距为"20"，居中对齐；添加外描边效果，大小为"60"，类型为"深度"，颜色为"黑色"；添加黑色阴影效果。

③ 设置字幕动画，在"字幕"窗口中单击"滚动/游动选项"按钮，在打开的"滚动/游动选项"对话框中进行如图5-2-45所示的设置。

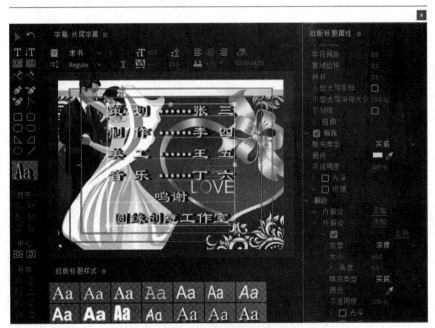

图 5-2-44　制作字幕

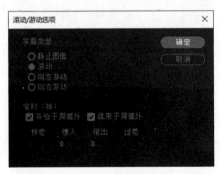

图 5-2-45　"滚动/游动选项"对话框

④ 关闭"字幕"窗口，将"项目"窗口中的"滚动字幕"素材添加到"V2"轨道起始位置。

⑤ 设置两条轨道上的素材持续时间都为 10 秒。

⑥ 按空格键预览效果。

案例 5-2-8：制作逐字打字机效果的字幕。

设计效果：视频文件"逐字打字机效果.mp4"，项目文件"逐字打字机效果.prproj"。

设计思路：滚动或游动字幕命令一般只能制作出滚动或左右游动的动态效果，前面讲解了视频特效及运动特效，这些特效也能应用到字幕中，产生形式多样的动态字幕效果。若要对静态字幕制作逐行或逐列的打字机效果，可以使用裁剪特效；若要制作逐字显示的效果，则应将每行或每列文字存放在不同的素材文件中，分别利用关键帧和"裁剪"特效或"线性擦除"等特效进行设置。考虑到每句诗句的动态效果一致，则它们的关键帧和动画设置也应相同，我们可以利用复制和粘贴关键帧的操作方法快速实现。

设计目标：学会利用关键帧及视频特效制作动态字幕的方法和技巧。

设计步骤：

① 创建文件，并命名为"逐字输出的字幕"，导入"静态素材\牧童.jpg"素材文件，并添加到"V1"轨道的起始位置。

② 执行"文件"菜单→"新建"→"旧版标题"命令，将字幕文件名命名为"诗句1"。利用文字工具 T 输入如图 5-2-46 所示文字，并设置相关属性，字体为"隶书"，大小为"48"，颜色为"黑色"，行间距为"40"，字符间距为"30"，并添加灰色距离为 6 的阴影效果。

图 5-2-46　字幕设置

③ 关闭"字幕"窗口，在"项目"窗口中复制"诗句1"素材并粘贴三次，分别将新复制出来的三个素材命名为"诗句2"、"诗句3"和"诗句4"。对这 4 个字幕素材进行编辑，"诗句1"保留第一句，其他删除，"诗句2"保留第二句，"诗句3"保留第三句，"诗句4"

保留第四句，注意每一句诗句所在位置不变。

④ 添加两条轨道，将"项目"窗口"诗句1"、"诗句2"、"诗句3"和"诗句4"分别放置到视频轨道"V2"轨道的"00:00:00:00"处，"V3"轨道的"00:00:05:00"处，"V4"轨道的"00:00:10:00"处及"V5"轨道的"00:00:15:00"处。

⑤ 将"效果"面板中"变换"文件夹下的"裁剪"特效分别添加到"时间轴"窗口中的各字幕素材上。

⑥ 制作"诗句1"的动画效果。选中"时间轴"窗口的"诗句1"，在"效果控件"面板中展开"裁剪"特效，单击"底部"参数左侧的◯按钮，修改参数值为"100%"，将编辑标识线移到3秒处，添加关键帧，修改"底部"参数值为"0%"，"诗句1"全部显示出来，选中这两个关键帧，复制操作。

⑦ 制作"诗句2"特效。将编辑标识线移到"00:00:05:00"处，选中"时间轴"窗口中的"诗句2"，在"特效控制台"中进行粘贴操作。

⑧ 用同样的方法制作出"诗句3"和"诗句4"的动画效果。

⑨ 在"时间轴"窗口中，将所有素材设置相同的结束时间，如图5-2-47所示。

⑩ 保存文件，按空格键预览效果。

图5-2-47　时间轴编辑

2. 工具面板"文字工具"添加字幕

该工具添加字幕比较简单，一般使用较少，选择"工具"面板中的"文字工具"按钮T，在"节目监视器"窗口中单击输入需要的文字，在"基本图形"面板中设置文字相关属性。

3. 开放式字幕

在Premiere Pro 2019提供的开放式字幕中，不仅可以手动输入字幕内容，还可以导入SRT字幕文件，支持多选或全选字幕的同时调整文字的字体、字号、位置、描边等属性。另外，设置好的开放式字幕还能输出为.srt的字幕文件，这就进一步增强了开放式字幕工具的实用性。

下面我们先来了解"开放式字幕"窗口，如图5-2-48所示。

（1）手动输入创建开放式字幕

① 依次执行"文件"菜单→"新建"→"字幕"命令，在"新建字幕"窗口中选择标准为"开放式字幕"，时基选择25fps。

② 打开"字幕"窗口，设置需要添加字幕的入点和出点，直接输入字幕内容，单击"添加字幕"按钮，继续添加字幕，直到所有字幕添加完毕，如图5-2-49所示。

③ 将创建好的字幕拖放到视频轨道"V2"上，我们会发现，"节目监视器"窗口中显示的字幕带有黑色背景，且文字较小。接下来，我们需要修改字幕格式。按住Shift键，单击出入点左侧的字幕预览框（或在此处右键单击，选择"全选"命令），选中所有字幕，更改字

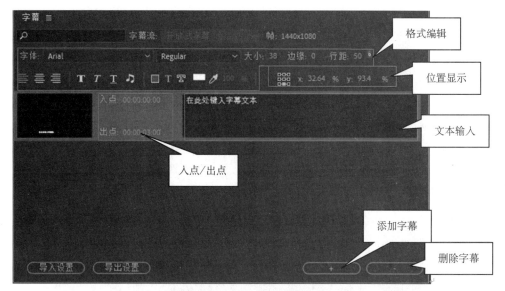

图 5-2-48　"开放式字幕"窗口

图 5-2-49　字幕创建

体为"黑体"，不透明度为"0%"，若要更改字幕位置，可调整 x、y 的值。

去除字幕背景的方法还可以通过"效果控件"面板实现。操作方法为：选择"时间轴"窗口中的开放式字幕，在"效果控件"面板中展开"不透明度"效果，将混合模式设置为"滤色"。

④ 当然，我们还可以在"时间轴"窗口中利用鼠标拖动来调整字幕的起始位置和结束位置。

⑤ 字幕输出。Premiere 提供了开放式字幕的单独输出，在"项目"窗口中选择要导出的字幕素材，执行"文件"菜单→"导出"→"字幕"命令，选择一种字幕文件格式，单击"确定"按钮，选择路径进行保存即可。

⑥ 内嵌字幕到视频。选中要输出的序列，执行"文件"菜单→"导出"→"媒体"命令，在"导出设置"面板的字幕类型中设置"导出选项"为"将字幕录制到视频"，单击"导出"按钮即可，如图 5-2-50 所示。

图 5-2-50　开放字幕内嵌视频设置

提示： 导出视频时，字幕"导出选项"中一定要选择"将字幕录制到视频"，否则导出的视频不显示字幕。

（2）批量添加字幕

手动输入开放式字幕虽然较一般字幕更具优势，但我们发现，当字幕较多时，如果都要通过手动输入完成，势必给字幕制作带来不便。我们可以采用如下两种方式批量添加字幕。

① 借助 Photoshop 定义变量批量制作透明字幕，再导入到 Premiere 中。

② 借助第三方插件，比如 arctime 字幕插件、讯飞听见等工具可以将语音智能识别转换成同步的文字，并导出为.srt 文件格式，而 Premiere Pro 2019 支持.srt 文件的直接导入。

导入后的字幕，格式编辑同开放式字幕。

提示： 若修改的格式不能正常显示，可通过更改字幕分辨率来实现。操作方法为：在"项目"窗口中右键单击.srt 格式文件，在弹出的快捷菜单中选择"修改"→"字幕"命令，在打开的"修改剪辑"对话框中调整视频设置的宽度和高度，比如 1280 像素×720 像素等。若屏幕上字幕消失，可适当调整字幕位置。

5.2.5　音频处理技术

声音是影视节目中不可缺少的部分，如背景音乐可以营造一种氛围，增强节目的感染力；解说可以帮助观众理解节目内容，声音对白能更好地刻画角色特征，更好地表达主题等。Premiere 不仅具有强大的视频处理功能，在音频处理方面也非常强大，如音频编辑、音频效果及音频切换效果等。

1. 音频剪辑

音频剪辑与视频剪辑方法大同小异，前面介绍了视频剪辑的多种方法，以及具体的操作步骤。音频剪辑具体操作步骤这里就不再做详细描述。

剪辑音频的方法介绍如下。

方法一：在"时间轴"窗口中，利用剃刀工具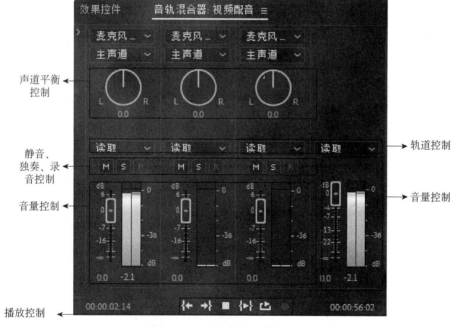剪辑音频。

方法二：在"源监视器"窗口中，设置素材的入点和出点，使用"插入"或"覆盖"按钮剪辑音频。

方法三：在"节目监视器"窗口中，设置素材的入点和出点，使用"提升"或"提取"按钮剪辑音频。

音频素材和视频素材一样，也可以修改其速度或持续时间，操作方法同视频素材。

2. 音轨混合器的使用

"音轨混合器"面板中的数值与"时间轴"窗口中的音频轨道相对应，用户可以直接通过鼠标拖动面板各调节装置，对多个轨道的音频素材进行调整，可以做到边听边调整，Premiere 会自动记录调整的全过程，并在再次播放素材时将调整后的效果应用到素材上。

"音轨混合器"面板如图 5-2-51 所示，下面对面板中的一些参数及按钮进行简单介绍。

图 5-2-51　"音轨混合器"面板

（1）轨道控制

轨道控制用于调节与其相对应轨道上的音频素材，其数目由"时间轴"窗口中的音频轨道数目决定。

● 关：关闭选项，在重新播放素材时忽略音量和平衡的相关设置。

● 只读：自动读取选项，自动读取存储的音量和平衡的相关数据，并在重新播放时使用这些数据进行控制。

● 锁定：自动读取存储的音量和平衡的相关数据。

● 触动：自动读取存储的音量和平衡的相关数据，并能对音量和平衡的变化进行纠正。

● 写入：自动写选项，自动读取存储的音量和平衡的相关数据，并能记录音频素材在音频混合器中的所有操作步骤。

（2）声道平衡控制器

调节音频文件的播放声道，可通过直接拖动平衡按钮，或在按钮下方的文本框中输入数值后按回车键完成设置。

（3）静音、独奏、录音控制

"静音轨道"按钮 **M**：单击此按钮，播放时该轨道上的音频素材为静音状态。

"独奏轨道"按钮 **S**：单击此按钮，只播放该轨道上的音频，其他音频轨道上的素材为静音状态。

"激活录音轨道"按钮 **R**：单击此按钮，可通过录制设备将音频录制在该轨道上，该方法可方便对影视作品进行后期配音。

（4）音量控制

拖动滑块可调节当前轨道音量输出的大小，向上拖动滑块音量增大，反之减小。

（5）播放控制

在"音轨混合器"面板底部有一排控制播放的按钮 ，最后一个为"录制"按钮，单击该按钮，可以利用麦克风录音。其余按钮用法与监视器窗口中对应的按钮相同，在此就不再重复说明。

3. 音频特效

Premiere Pro 2019在声音处理功能上大大增强，"基本声音"将常用的音频混合工具整合在此面板中，提高音频处理效率。在"时间轴"窗口中选中一段音频素材，在"基本声音"面板中可指定此段音频的类型，从而进一步做详细设置。

"基本声音"面板如图5-2-52所示。

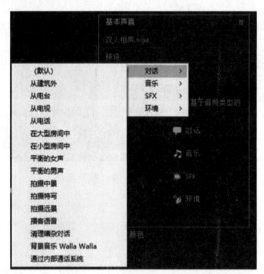

图5-2-52 "基本声音"面板

预设：包含了对话、音乐、SFX、环境 4 种已经调节好参数的效果，使用预设可快速完成选中音频素材的混音处理。

对话：包含了响度、修复、透明度、创意4大类型的参数设置。如果选中的音频素材为"人声"，通常可以实现降噪、提高对话清晰度等操作。

音乐：包含了响度、持续时间、回避3大类型的参数设置。如果选中的音频素材为"音乐"，通常指定为此类型实现回避效果。比如设置"对话"为回避对象，生成关键帧后，对话类型中有音频波动时，音乐会自动变小，即背景音乐自动回避人声。

SFX 和环境：包含了响度、创意、平移或立体声宽度等几种类型。通过这两种类型的指定可以让选中的音频素材实现某些幻觉效果，如音源来自工作室场地、大型剧场等。

当"基本声音"面板的效果不能满足音频处理需求时，可通过"效果"面板来完成更多音频特效处理工作。添加了音频效果的音频素材，可在"效果控件"面板中做详细的参数设置或修改等操作。

5.2.6　视频渲染与输出

一个节目制作完成后，要进行渲染输出，生成最终的作品。渲染与输出需要一定的时间，时间的长短与影片本身的大小、长短及画面复杂度等相关。渲染输出需要对相关参数进行调整，针对不同的需求，需要进行不同的设置，才能输出最终的结果。

1．渲染工作区设置

制作完一个影片后，有时并不需要将整个影片进行渲染，而仅仅渲染其中一部分，这就需要对渲染工作区进行设置。

在"时间轴"窗口中，通过右键单击标记入点和出点，"序列"菜单中可设置渲染区域为"渲染入点到出点"，如图 5-2-53 所示，开始和结束两点间的区域为渲染区。

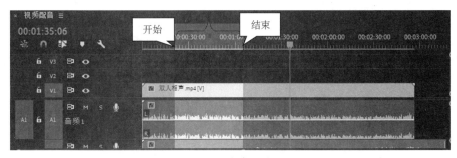

图 5-2-53　渲染区域设置

2．节目输出设置

视频编辑完成后，执行"文件"菜单→"导出"→"媒体"命令，在打开的"导出设置"对话框中对输出的节目进行相关设置。

（1）格式：Premiere Pro 2019 提供了多种输出格式，如图 5-2-54 所示。

常用格式介绍如下。

- Microsoft AVI：将影片输出为 AVI 格式。
- 动画 GIF 格式：导出 GIF 动画文件，不需要插件支持，但不支持声音。
- TIFF：输出一系列 TIFF 静态图像，或单独输出某一帧画面。
- 无压缩 Microsoft AVI：输出未经压缩的 AVI 格式。
- H.264：输出 .mp4 文件格式。
- MPEG-DVD：将影片输出为 MPEG 编码的 DVD 文件格式。
- Windows Media：输出 .wmv 文件格式，该文件存储容量较小。

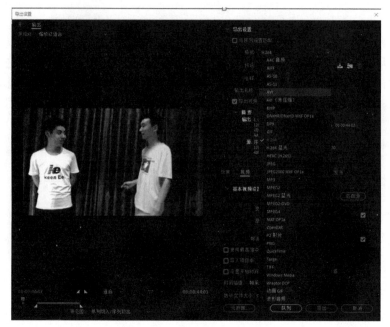

图5-2-54　"格式"下拉列表

（2）预设：设置视频制式及画面比例

（3）输出名称：单击"输出名称"右侧的文件路径，将打开"另存为"对话框，用来设置文件输出的路径及文件名。

（4）"视频"选项设置。

● 编码设置：选择一种视频压缩处理方式。

● 基本视频设置：设置输出视频的品质、屏幕像素尺寸、帧速率等。

（5）"音频"选项设置

● 音频编码：选择一种音频压缩处理方式。

● 基本音频设置：设置音频采样率、声道数及采样类型。

（6）输出范围设置：在"导出设置"对话框的左下方，可以拖动▇按钮和▇按钮，或在"源范围"中选择序列区域，从而设置视频输出的范围。

（7）单击"导出"按钮。

提示：由于计算机配置或视频文件大小等因素，导出视频可能需要等待一定的时间。

5.2.7　Premiere综合应用

综合案例 5-2-1：宣传片头制作。

设计效果：视频文件"宣传片头.mp4"，设计界面如图5-2-55所示，效果文件"宣传片头效果.prproj"。

设计思路：影视制作在产品宣传方便应用非常广泛，该案例是设计一个有关"中华茶文化"的宣传片头。片长近30秒，片中素材涉及静态图像、动画、动态视频、字幕等。影片中涉及关键知识点有：批量素材导入、素材的编辑、运动特效、视频特效、视频切换特效。利用"轨道遮罩键"特效设置遮罩动画；利用关键帧和"发光"视频特效制作流动光束标题文字效果等。

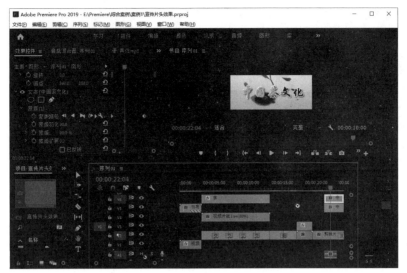

图 5-2-55　宣传片头设计界面

设计目标：掌握多类素材的导入、添加及编辑，视频特效及运动特效的综合应用。

设计步骤：

（1）制作与收集素材，并将素材进行分类。

（2）创建新项目，序列参数设置为"DV-PAL""标准 48kHz"。

（3）导入"综合案例\案例 1"目录下的"静态素材"和"动态素材"文件夹。

（4）将"项目"窗口中的"视频片段 1.avi"添加到"时间轴"窗口"V1"轨道起始位置，在"效果控件"面板中调整宽度。

（5）将"项目"窗口中的"书写文字.gif"添加到"时间轴"窗口"V2"轨道起始位置，在"节目监视器"窗口中调整位置和大小。

（6）将编辑标识线移动到"00:00:03:06"处，拖动"项目"窗口中的"静态素材"文件夹到"V2"轨道编辑标识线处。分别调整素材的位置和大小，设置素材持续时间为 2 秒。

（7）给静态素材添加边缘羽化效果。选中"效果"面板→"变换"文件夹中的"羽化边缘"视频特效，分别添加到"V2"轨道前 5 幅静态素材上，并在"效果控件"面板中设置此 5 幅素材特效参数，设置透明度为"60%"，羽化数量值为"50"。

（8）添加"交叉溶解"视频切换特效到 5 幅静态素材之间，切换持续时间设为 1 秒。

（9）设置"tea013.jpg"素材的运动特效，移动编辑标识线到"00:00:13:06"处，选中"时间轴"窗口中的"tea013.jpg"素材，单击"效果控件"面板"位置"左侧的 ⏱ 按钮，移动编辑标识线到"00:00:14:10"处，将"位置""缩放高度""缩放宽度"在当前位置各添加一个关键帧，在"节目监视器"窗口中调整素材到屏幕中心位置。移动编辑标识线到"00:00:15:05"处，在"效果控件"面板中调整"缩放高度""缩放宽度"的参数值，效果如图 5-2-56 所示。

（10）在"时间轴"窗口中的"tea013.jpg"和"tea014.jpg"素材之间添加"翻页"视频切换特效，切换持续时间为 1 秒。

（11）添加"视频片段 2.avi"素材到"V2"轨道"00:00:17:06"处。

（12）创建名称为"矩形"的字幕文件，在"字幕"窗口中绘制一个与屏幕大小一致的白色矩形，将"矩形"字幕文件添加到"V3"轨道"00:00:17:06"处。

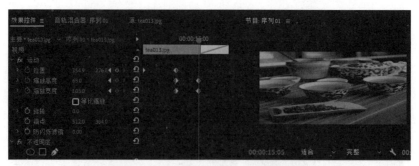

图5-2-56 "00:00:15:05"时间处效果

（13）画面逐渐展开特效制作。添加"轨道遮罩键"视频特效到"tea013.jpg"素材上，在"效果控件"面板中设置遮罩为"视频3"；将时间调整到"00:00:17:06"处，选中"时间轴"窗口中的"矩形"素材，在"效果控件"面板中单击"缩放高度"左侧的 按钮，高度值设置为"0"，调整时间到"00:00:19:00"处，调整缩放高度为"50"。

（14）素材剪辑。拖动"视频片段3.avi"素材到"V4"轨道的"00:00:03:06"时间处，利用剃刀工具在"00:00:06:10"处切割，将此素材分成两段，并将右边的片段移动到"视频片段2.avi"素材的右侧，重命名为"剪辑片段"。

（15）制作文字遮罩效果。在"项目"窗口中创建名称为"茶"的字幕，输入文字"茶"，设置字体为隶书，大小为 100，色彩为白色。添加"茶"字幕到"V5"轨道的"00:00:03:06"处，素材持续时间延长到"00:00:13:05"。利用关键帧和缩放比例制作文字由小变大的动画效果。添加"轨道遮罩键"视频特效到"V4"轨道的"视频片段3.avi"素材上，在"效果控件"面板中设置遮罩为"视频5"。

（16）利用选择工具 调整"视频片段3.avi"素材的长度，再利用比率拉伸工具调整持续时间到"00:00:13:05"，

（17）在"剪辑片段"素材的右侧添加"油漆飞溅"的视频切换特效。

（18）"中国茶文化"文字扫光特效设置。

① 选中"V5"轨道，将编辑标识线移到"00:00:21:06"处，单击"工具"面板中的文字工具 ，在"节目监视器"窗口中输入文字"中国茶文化"，设置字体为"STXingkai"，大小为"120"，外观为深灰色填充，白色描边，浅灰色阴影。

② 按住 Alt 键，拖动该文字到"V6"轨道，复制一个相同的对象，并将两个素材对齐。修改"V6"轨道上文本的属性，填充色为黄色，去掉描边设置。

③ 单击"V6"轨道上的文本素材，在"效果控件"面板中给文本添加椭圆形蒙版，如图5-2-57所示。设置蒙版羽化值为"30"，蒙版不透明度为"80%"。

图5-2-57 为文本添加椭圆形蒙版

④ 利用关键帧制作蒙版动画，将编辑标识线移到"00:00:21:06"处，单击蒙版路径左侧的⬤按钮，移动编辑标识线到"00:00:23:12"处，修改蒙版路径，如图5-2-58所示。

图5-2-58　编辑蒙版路径

（19）保存项目，导出视频。

综合案例 5-2-2： 动感电子相册设计。

设计效果： 视频文件"动感电子相册.mp4"，设计界面如图5-2-59所示，效果文件"动感电子相册.prproj"。

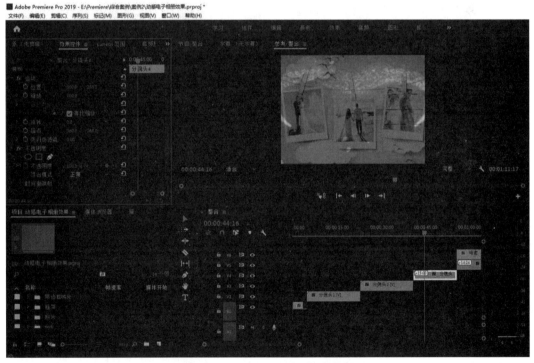

图5-2-59　"动感电子相册"设计界面

设计思路： 在设计一个较大的影视作品时，往往需要用到大量素材，轨道数目会非常多，在这种情况下，若仍在一个"时间轴"窗口中进行设计会显得比较杂乱，容易出错也不方便后期修改。这时，我们就可以创建多个序列（时间轴），在每个序列中设计一个分镜头，最后再对这些分镜头进行整合。本案例作品中共用到9个序列，做动态画面的仅用到4个序列，另有5个序列用来辅助处理静态素材。第一个序列用来整合，里面设计了片头、片尾，整合了"分镜头1"序列和"分镜头2"序列、"分镜头3"序列。"分镜头1"序列创建了渐变显示的动画效果，关键技术为"轨道遮罩键"视频特效、路径字幕、透明度特效等。"分镜头2"序列创建运动动画效果，关键技术为运动特效、边框照片制作等。"分镜头3"序列创建运动动画效果，关键技术为运动特效、边框照片制作等。

设计目标：掌握视频特效及视频切换特效的应用、抠像合成技术应用、多时间轴的设计及合成应用。

设计步骤：

（1）制作与收集素材，并将素材进行分类。

（2）创建新项目，序列参数设置为"DV-PAL""标准48kHz"。

（3）在"项目"窗口中创建素材箱用来管理素材。

（4）分别导入需要的素材到相应的素材箱中。

（5）设计分镜头1，"时间轴"窗口如图5-2-60所示。

图5-2-60 "分镜头1"的"时间轴"窗口

① 在"项目"窗口中创建一个新序列，并命名为"分镜头1"。

② 将"照片"文件夹中"hl1.jpg"～"hl6.jpg"6张静态图像添加到"V1"轨道起始位置，各素材的持续时间设置为3秒。

③ 添加两个"hd.gif"素材到"V2"轨道上，将17秒24帧之后的部分剪切。

④ 抠像应用。将"xk4.jpg"素材和"xk4-1.jpg"素材分别添加到"V3"轨道和"V4"轨道上，适当调整两幅图像画面的大小，设置持续时间为18秒。在"时间轴"窗口"xk4.jpg"素材上添加"轨道遮罩键"视频特效，并在"特效控件"面板中设置相应的参数，如图5-2-61所示。

⑤ 制作路径文字。创建旧版标题，并命名为"路径文字"，利用"字幕"窗口中的路径文字工具![工具图标]绘制路径，操作方法类似Photoshop路径文字制作，这里就不再赘述，路径文字效果如图5-2-62所示。

图5-2-61 "轨道遮罩键"参数设置

图5-2-62 路径文字效果

⑥ 将"路径文字"素材添加到"V5"轨道起始位置，设置素材持续时间为18秒。

⑦ 设置"V1"轨道照片渐变显示效果。将编辑标识线移到"00:00:00:00"处，选中该

轨道上的"hl1.jpg"素材，在"特效控件"面板中单击"不透明度"左侧的█按钮，设置不透明度为"30%"，在"00:00:02:00"位置插入另一个关键帧，改变不透明度为100%，拖框选中这两个关键帧并复制；将编辑标识线移到"00:00:03:00"处，选中该轨道上的"hl2.jpg"素材，在"效果控件"面板中进行粘贴操作。同理，通过此操作设置其他 4 个素材的特效动画，注意移动标识线到相应位置。

（6）设计分镜头2，"时间轴"窗口如图5-2-63所示。

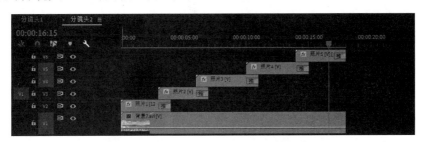

图5-2-63　"分镜头 2"的"时间轴"窗口

① 在"项目"窗口中创建一个新序列，并命名为"分镜头2"。

② 将"背景7.avi"动态素材添加到"V1"轨道起始位置，剪切17秒24帧后的部分。

③ 制作白色边框照片。此类效果可以利用Photoshop中描边操作完成。在这里，我们利用特效来制作。先导入分层素材"框.psd"，对话框设置如图5-2-64所示。

步骤1：创建"带边框照片"素材箱，在该素材箱中创建新序列，并命名为"照片1"。

步骤2：将"项目"窗口的"girl1.jpg""图层 1/框.psd""图层 2/框.psd"素材分别添加到"V1"轨道、"V2"轨道、"V3"轨道上。

步骤3：将"轨道遮罩键"视频特效添加到"时间轴"窗口的"图层 1/框.psd"素材上，特效参数设置如图5-2-65所示。

图5-2-64　"导入分层文件：框"对话框设置

图5-2-65　"轨道遮罩键"参数设置

步骤4：利用"运动"特效中的"缩放"改变"girl1.jpg"素材的大小，以适应外边框的大小。

步骤5：同理，制作"照片2""照片3""照片4""照片5"序列。这样，5 张带边框的照片设计好了。

④ 制作照片1序列运动特效。添加照片1序列到分镜头 2"V2"轨道起始位置，设置素材持续时间为4秒。将编辑标识线移到"00:00:00:00"处，在"位置"属性中添加关键帧，调整素材位置到屏幕右侧的外面；在"00:00:02:00"处，再插入一个关键帧，调整素材到屏

幕中心位置，并在该素材的右侧添加"推"视频切换特效，设置切换持续时间为1秒。

⑤ 同理，按照图5-2-63所示的效果，添加其他照片序列，并利用复制帧、粘贴帧操作设置各素材的动画效果。

（7）设计分镜头3，"时间轴"窗口如图5-2-66所示。

图5-2-66 "分镜头3"的"时间轴"窗口

① 在 Photoshop 中处理图像。将 xk6.png、xk7.jpg、xk8.jpg 图片中相框的像素抠成透明；在 xk6.png 的每个相框中分别放置两幅照片，先显示单人照，后显示合影照片，文件名存储为 psd1.psd；在 xk7.jpg 的相框中放置两幅照片，文件名存储为 psd2.psd；在 xk8.jpg 的两个相框中各放置一幅照片，文件名存储为 psd3.psd。

② Premiere 中以序列形势导入 .psd 文件。在"项目"窗口中导入"photo"文件夹中的"psd1.psd"，弹出"导入分层文件"对话框，设置"导入为"为"序列"，勾选所有图层，如图5-2-67所示。psd2.psd、psd3.psd 与此相同，文件导入后，"项目"窗口会自动创建 psd1、psd2、psd3 序列。

图5-2-67 以序列形势导入分层文件

③ 编辑 psd1、psd2、psd3 系列，调整素材位置，设置视频切换特效，"时间轴"窗口设置如图5-2-68所示。

④ 新建序列，并命名"分镜头3"，参数设置同上。"分镜头3"的"时间轴"窗口设计如图5-2-66所示。psd1 剪辑制作由小到大缩放动画，psd2 剪辑制作由上往下移动动画，psd3 剪辑制作由大到小缩放动画，且各素材剪辑之间添加交叉缩放视频切换特效，设置特效持续时间为1秒，对齐方式为中心切入。

⑤ 在"V2"轨道上添加"粉红爱心光效.mp4"，设置不透明度为"46%"，剪切多余的部分。

（a）psd1 系列

（b）psd2 系列

（c）psd3 系列

图 5-2-68 psd1、psd2、psd3 系列的"时间轴"窗口

（8）设计整合序列，"时间轴"窗口如图 5-2-69 所示。

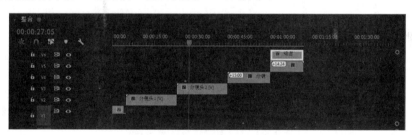

图 5-2-69 整合"时间轴"窗口

① 在"项目"窗口中新建系列，并命名为"整合"，设置同上。

② 制作移动标题字幕。创建旧版标题字幕，并命名为"标题"，在"字幕"窗口的屏幕中央输入文字"电子相册"，字幕属性设置自定；单击"滚动/游动选项"按钮，选项设置如图 5-2-70 所示。

③ 将"标题"字幕添加到"V1"轨道起始位置，设置字幕持续时间为 5 秒。添加 Alpha 发光视频特效，修改起始颜色为黄色。

④ 将分镜头 1、分镜头 2 和分镜头 3 序列分别添加到"V2"轨道 5 秒处、"V3"轨道 23 秒处、"V4"轨道 41

图 5-2-70 "滚动/游动选项"对话框设置

219

秒处。

⑤ 制作片尾字幕。创建一个旧版标题，并命名为"鸣谢"，输入如图 5-2-71 所示的文字，文字属性设置自定。

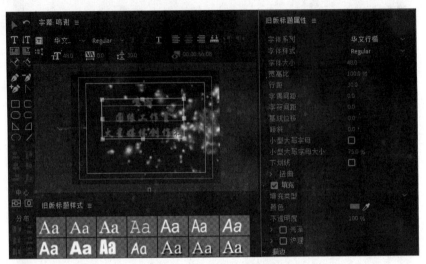

图 5-2-71 "鸣谢"字幕效果

⑥ 制作逐行显示的动画效果。添加"背景 5.avi""鸣谢"字幕素材到"V5""V6"轨道分镜头 3 剪辑结尾处；在字幕素材上添加"裁剪"视频特效，通过关键帧和"底部"裁剪制作出文字逐行显示效果，"效果控件"参数设置如图 5-2-72 所示。

图 5-2-72 "效果控件"参数设置

另外，我们可以在片头、片尾、各分镜头之间添加视频切换特效，也可以在音频轨道上添加合适的背景音乐等。

（9）保存项目文件，导出完整的视频。

5.3 After Effects 影视后期处理

After Effects（简称 AE），是 Adobe 公司推出的一款视频后期处理软件，对于从事多媒体创作、视频特技、动画制作、影视后期处理等行业的人对此不会陌生。AE 借鉴了许多多媒体制作软件的优势，并能与 Adobe 公司其他软件无缝对接，将视频特效合成提升到新的层面。图层的应用，使 AE 可以对多层的合成图像进行控制，制作出天衣无缝的合成效果；关键帧、路径的引入，使其在动画制作方面游刃有余；高效的视频处理系统，确保了高质量视频的输出；应用时间轴制作特效、三维合成、抠像、粒子特效、跟踪等，特别是特效插件，通过设置不同的参数，可以打造出一些非常绚烂的光效及震撼人心的视觉效果，实现用户诸多创意。

5.3.1　After Effects 的基本操作

After Effects 与 Premiere 基本操作流程类似，也是先将各类影音素材导入到"项目"窗口，并拖曳到"时间轴"窗口转换成图层，再对图层进行动画、特效及合成等处理，制作出炫彩的视频动画效果。

1. After Effects 工作界面

依次执行"开始"菜单→"程序"→"Adobe After Effects CC 2019"命令，等待一段时间后软件被打开，After Effects 工作界面如图 5-3-1 所示。

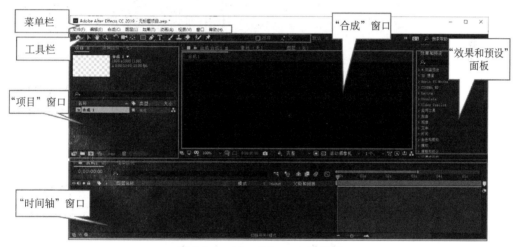

图 5-3-1　After Effects 工作界面

（1）菜单栏

菜单栏包括"文件""编辑""合成""图层""效果""动画""视图""窗口"等菜单，单击这些菜单可以弹出下拉菜单命令进行设置和操作。

（2）工具栏

工具栏在菜单栏的下方，包括选取工具、手型工具、缩放工具、旋转工具、统一摄像机工具等。

（3）"项目"窗口

"项目"窗口用来管理和存放所有素材，在这里我们可以看到新建的合成和导入的文件及其所对应的缩略图和信息。

（4）"合成"窗口

任何编辑都要建立一个合成，建立合成时可以根据具体要求进行相应设置。"合成"窗口中，可以看到合成的项目的预览情况，同时也可以点选素材和图层具体查看。

（5）"时间轴"窗口

素材从"项目"窗口拖曳到"时间轴"窗口中，作为可编辑的层。在"时间轴"窗口中，可以对层的基本属性进行设置，也可以创建关键帧生成动画。

2. After Effects 基本操作

（1）创建项目及合成文件

执行"文件"菜单→"新建项目"命令，创建一个新项目文件。创建好的项目还不能进行视频编辑操作，还需要创建一个合成文件。新建项目文件之后，我们能看到工作界面中出现"新建合成"和"从素材新建合成"两个选项，或者在"项目"窗口中单击鼠标右键，在弹出的快捷菜单中选择"新建合成"命令，则打开"合成设置"对话框，如图5-3-2所示。

图5-3-2 "合成设置"对话框

在"合成设置"对话框中输入合成名称、尺寸、帧速率、持续时间等内容之后，单击"确定"按钮，即可看到"项目"窗口出现此合成文件。

如果选择"从素材新建合成"命令，则弹出"导入文件"对话框，选中需要的素材，单击"导入"按钮，这种新建合成的方式，直接默认使用素材的尺寸及相应参数。

简单项目可能只包含一个合成；复杂项目可以包含多个合成以组织大量素材或多个效果。After Effects 中的合成类似于 Premiere 中的序列。

（2）保存项目文件

对于新建的项目文件，执行"文件"菜单→"保存"命令，设置相关参数，After Effects 项目文件的扩展名为.aep。

（3）素材导入

素材是 After Effects 制作影视作品最基本的元素。图片、图像序列、动态影像、音频、After Effects 项目文件，甚至 Premiere 的项目文件都可以作为 After Effects 的素材。当素材导入到"项目"窗口中，After Effects 并没有将这些素材复制进来，而是在"项目"窗口中与这些外部文件建立了参考连接关系。

① 图片、图像序列、动态影像、音频的导入方式与 Premiere 类似，这里就不再赘述。

② PSD 分层素材的导入。

步骤1：执行"文件"菜单→"导入"→"文件"命令，在打开的"导入文件"对话框中选择一个.psd分层图片文件，单击"导入"按钮。

步骤2：打开一个以该文件名命名的对话框，在该对话框中选择要导入的图层，可以是单个的图层，也可以是全部的图层。在"导入种类"下拉框中有3种选择，如图5-3-3所示。

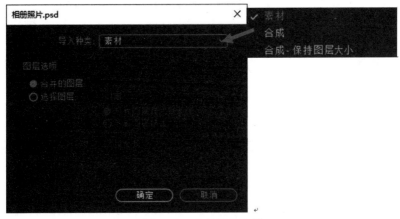

图5-3-3　文件导入类型

● 素材：当选择"素材"导入种类时，"图层选项"的两个单选按钮可用，选中"合并的图层"选项，导入的图像将是所有图层合并后的效果；选中"选择图层"选项，可以从右侧下拉列表中选择PSD分层文件的某个图层的素材导入。

● 合成：可以将PSD文件导成一个合成文件素材，PSD文件中的各个图层也会变成After Effects合成窗口对应的图层，超出合成文件显示窗口的部分会被剪切；选中"图层选项"中"可编辑的图层样式"，表示导入的PSD文件的图层样式在After Effects中可以编辑。而"合并图层样式到素材"是指导入的PSD文件的图层样式直接合并到图层上，不可在After Effects中编辑。

● 合成-保持图层大小：可以将PSD文件导成一个合成文件素材，PSD文件中的各个图层也会变成After Effects合成窗口对应的图层，当PSD文件图层尺寸超出After Effects的合成尺寸时，保持PSD每一图层的大小，不进行裁剪。

③ 导入Premiere的项目文件。After Effects支持直接打开Premiere的项目文件，也可以在"项目"窗口中导入Premiere的项目文件，并为导入的项目文件建立一个合成文件，以图层的方式包含Premiere中的内容。

（4）素材的删除

方法1：选中要删除的素材或文件夹，按键盘上的Delete键。

方法2：选中要删除的素材或文件夹，单击"项目"窗口下方的"删除所选项目"按钮▣。

方法3：依次执行"文件"菜单→"整理工程（文件）"→"删除未使用的素材"命令，可以将"项目"窗口中未使用的素材全部删除。

（5）替换素材

方法1：在"项目"窗口中选中要替换的素材，单击鼠标右键，在弹出的快捷菜单中选择"替换素材"下的"文件"命令，选择更换的文件。

方法2：在"项目"窗口中选中要替换的素材，依次执行"文件"菜单→"替换素材"→"文件"命令，选择更换的文件。

（6）预合成与嵌套

After Effects 中的预合成类似于 Photoshop 中的智能对象。对于复杂的效果制作，该操作非常有效。如果要对合成中已有的某些图层进行分组，可以通过预合成来实现。预合成图层会将这些图层放置在一个新合成中，并替换原始合成中的图层。新合成将显示在"项目"窗口中，可用于渲染或者在其他任何合成中嵌套使用。

具体创建方法：在"时间轴"窗口中选择单个或者多个需要进行嵌套的图层，单击鼠标右键，在弹出的快捷菜单中选择"预合成"命令，在弹出的"预合成"对话框中设置预合成的名称、属性等。

（7）渲染与输出

在 After Effects 操作中，编辑好一个影视作品之后还需将其渲染并输出。一般情况下，新建的渲染队列基本设置会和创建合成的基本设置相符，但部分内容，如输出视频的格式、存储位置等信息用户可以单独进行设置。

① 添加到渲染队列。渲染队列是渲染的基础，对于需要进行渲染的合成，在"项目"窗口中选中需要渲染的合成，依次执行"文件"菜单→"导出"→"添加到渲染列表"命令，或者执行"合成"菜单→"添加到渲染队列"命令，均可以新建一个采用默认设置的渲染队列。

② 对渲染队列进行设置。一般来说，新建渲染队列之后，用户可以在"渲染队列"面板中对"渲染设置""输出模块""输出到"等选项进行设置。

③ 单击"渲染"按钮。

5.3.2　After Effects 的效果控制

1. 层与层动画

在 After Effect 中引入了 Photoshop 中图层的概念，区别在于前者的图层可以是静态的图像或是动态的视频、音频等，而后者只能是静态的图像。在 After Effect 的使用中，可以在合成中创建图层，将素材以图层的形式出现，重复叠加以得到最佳效果。合成文件的组成可以包含若干个图层，如素材层、文本层、纯色层、灯光层、摄像机层、形状图层、调整图层、空对象层甚至是其他的合成文件。

（1）素材图层

方法 1：在"项目"窗口中导入素材后，将其直接拖入"时间轴"窗口会自动生成合成文件，同时会产生素材图层，包括图像、视频、音频等素材均可以成为素材图层。

方法 2：在"项目"窗口中，将素材直接拖放到"项目"窗口下方的"新建合成"按钮上。

（2）文本图层

文本图层是用于创建文字效果的图层，在"时间轴"窗口的空白处单击鼠标右键，在弹出的快捷菜单中选择"新建"→"文本"命令（以下图层的创建方法相似）。光标将自动切换到工具栏中的横排文字工具，同时光标默认定位在"合成"窗口的中央位置，在此处输入文字即可。

（3）纯色图层

纯色图层一般在视频制作中用作背景或者蒙版形状等。

（4）灯光图层

灯光图层用于在 After Effects 中补充或者模拟光源。创建灯光图层时会弹出"灯光设置"对话框，如图 5-3-4 所示，可以对灯光类型、灯光颜色等属性进行设置。

（5）摄像机图层

摄像机图层用于在 After Effects 中建立以模拟摄像机的游离动作，只对三维图层有效。创建摄像机图层时会弹出"摄像机设置"对话框，如图 5-3-5 所示，在这里可以对需要模拟的摄像机进行设置。

图 5-3-4　"灯光设置"对话框

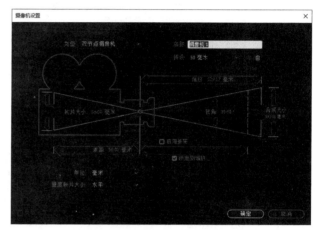

图 5-3-5　"摄像机设置"对话框

（6）空对象图层

空对象图层用于辅助其他图层创建特效或者做父子图层关系。

（7）形状图层

形状图层用来建立矢量图形，可以使用遮罩或者钢笔工具绘制，比如在工具栏中选择矩形矢量工具，在"合成"窗口中拖曳即可绘制出一个矢量矩形。

（8）调整图层

调整图层在制作中主要起色彩和效果调节的作用，对图层本身并不影响，但是在调节的过程中会对其下方的所有图层产生影响。

2．图层的管理

（1）图层的顺序

编辑合成文件时，图层的位置决定图层在合成文件中显示的优先级。基本操作与 Photoshop 相似。

（2）图层持续时间的修改

图层持续时间即图层在合成中的持续时间。依次执行"图层"菜单→"时间"→"时间伸缩"命令，在弹出的"时间伸缩"对话框中更改图层的持续时间。

（3）图层属性的设置

图层具有 5 项基本属性，分别为"锚点""位置""缩放""旋转""不透明度"，这些属性展开后都拥有各自的属性参数，我们可以调整属性参数以达到预期效果。

① 锚点属性。"锚点"属性决定了图层的缩放和旋转中心，一般默认在"合成"窗口的中央位置，可以根据具体需要对中心位置进行调整。

② 位置属性。"位置"属性决定了图层的位置。即上一图层在下一图层上的位置，对于二维图层仅能做 X、Y 两个方向的更改，对于三维图层则可以做 X、Y、Z 方向的更改。

③ 缩放属性。"缩放"属性使得图层可以更改大小。

④ 旋转属性。"旋转"属性使得图层可以以任意方向旋转。

⑤ 不透明度属性。"不透明度"属性的参数值默认为100%，0%表示完全透明。

图5-3-6所示为修改图层缩放、位置属性设置的效果。

图5-3-6　修改图层缩放、位置属性设置的效果

（4）图层混合模式

After Effects提供了强大的图像混合方式，以满足不同的需求。其工作原理利用色彩之间的各种算法，如叠加、柔光、加色、减色等，使图像产生神奇的视觉效果。

（5）关键帧

许多After Effects动画作品是由图层属性和关键帧共同打造实现的。关键帧是一个动作到下一动作的起始帧和结束帧，创建动画时只需处理前后两个关键帧，中间的动画After Effects系统会自动产生。

3. 蒙版

图层的透明信息一般都通过Alpha不透明度来设置，当Alpha不透明度不能满足我们的需求时，可以通过蒙版来显示或隐藏图层的任意部分，因此蒙版也是抠像的一种简单操作方式。

在创建蒙版时，除了可以创建一个空白蒙版，也可以通过矢量工具进行创建，或者使用钢笔工具绘制自定义蒙版。

（1）创建空白蒙版

在"时间轴"窗口中选择需要创建蒙版的图层，依次执行"图层"菜单→"蒙版"→"新建蒙版"命令，操作完成之后，在"时间轴"窗口中选中的图层上出现了"蒙版"属性组，如图5-3-7所示，单击"形状"按钮，可以修改蒙版形状相关属性，比如矩形、椭圆等形状。

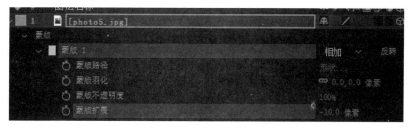

图 5-3-7　空白蒙版属性设置

（2）创建矢量蒙版

在"时间轴"窗口中选择需要创建蒙版的图层，再在工具栏中选择合适的工具，然后在"合成"窗口中选中一个中心点并拖动鼠标便可以创建一个矢量蒙版。

（3）使用钢笔工具创建自定义蒙版

在"时间轴"窗口中选择需要创建蒙版的图层，再在工具栏中选择钢笔工具，然后在"合成"窗口中绘制一个封闭路径便可以创建一个自定义蒙版，如图 5-3-8 所示。

图 5-3-8　自定义蒙版创建

（4）蒙版属性

蒙版可以修改其相关属性，包括蒙版路径、蒙版羽化、蒙版扩展及蒙版不透明度等。蒙版的混合模式如图 5-3-9 所示。

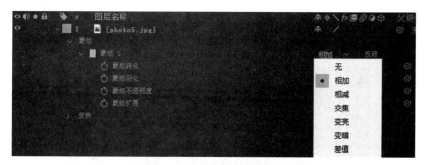

图 5-3-9　蒙版的混合模式

- 无：蒙版不起作用，仅作为路径存在。
- 相加：蒙版的默认模式，在合成中显示所有蒙版，将多个蒙版的不透明度的部分进行相加。
- 相减：与"相加"模式相反，蒙版区域透明，其他则不透明。
- 交集：只显示两个或者多个蒙版交叉的部分。
- 变亮：对于显示区域来讲，与"相加"模式相同。若两个蒙版的明暗度不同，将以明度较高的值作为交叉区域显示强度。
- 变暗：对于显示区域来讲，与"交集"模式相同。若两个蒙版的明暗度不同，将以明度较低的值作为交叉区域显示强度。

● 差值：对于两个不透明度值相同的蒙版，选择该模式两个蒙版交叉的区域透明。

4. 关键帧动画控制

在 After Effects 中，帧是动画的最小单位，每一个帧对应着单幅影像画面，关键帧则是在指定时间点运动变化或属性变化的关键节点，当时间变化时，对应属性参数会随之变化从而产生了动画效果。关键帧之间的帧称为中间帧或过渡帧，通过差值运算使得帧之间的过渡及属性变化更加自然流畅。

关键帧动画产生的三要素为

● 是否针对同一属性；

● 是否有两个或两个以上时间点（时间间隔）；

● 两个关键帧之间是否有数值差（不同参数值）。

下面我们通过案例来讲解关键帧动画的制作。

案例 5-3-1： 位移动画。

设计效果： 效果文件"位移动画.aep"。

设计思路： 利用矩形蒙版裁切图像；两个关键帧分别设置图像的起始和结束位置。

设计目标： 学会位置参数设置；矩形工具的使用及蒙版的创建。

设计步骤：

（1）启动 After Effects，新建项目、合成，合成参数设置如图 5-3-10 所示，单击"确定"按钮。

（2）在"项目"窗口中导入"AE\静态素材\阿凡达.jpg"文件。

（3）将"项目"窗口中的"阿凡达.jpg"素材拖曳到"时间轴"窗口中，生成图层，将图层更名为"图1"，在"合成"窗口中修改画面大小。

（4）选中该图层，执行"编辑"菜单→"复制"（"粘贴"）命令，更名为"图2"，同理添加"图3"图层。

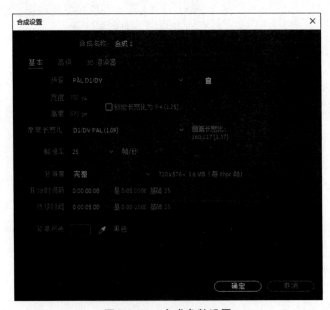

图 5-3-10　合成参数设置

（5）在"时间轴"窗口中选中"图1"图层，在工具栏中选择"矩形工具"，在"合成"窗口中绘制一个矩形蒙版。同理，在"图2"图层、"图3"图层也分别创建一个矩形蒙版。由此，该图像被分成三个矩形块，如图5-3-11所示。

图5-3-11　设置三个图层的蒙版

（6）动画制作。选中三个图层，按键盘上的"P"键，展开"位置"属性，时间调整到0秒处，单击"位置"左侧的"计时器"按钮，在当前位置添加关键帧；时间调整到1秒处，单击"添加关键帧"按钮，此时1秒位置处也添加了一个关键帧。接下来，我们需要对关键帧上的位置进行调整，单击"转到上一个关键帧"按钮，修改X坐标值，如图5-3-12所示。按键盘上空格键观看效果，发现三个图层上的动画同步播放，并没有时间上的延迟。

图5-3-12　设置0秒处关键帧的位置属性

（7）延迟时间设置。

方法1：选中"图2"图层"位置"属性上两个关键帧，拖动鼠标将关键帧移动到1秒处；再将"图3"图层"位置"属性上的两个关键帧移动到2秒处。

方法2：依次选中"图1""图2""图3"层，执行"动画"菜单→"关键帧辅助"→"序列图层"命令，在弹出的"序列图层"对话框中，勾选"重叠"选项，更改持续时间为"0:00:04:00"。

案例5-3-2： 旋转动画。

设计效果： 效果文件"齿轮旋转.aep"。

设计思路： 导入PSD文件；添加关键帧，修改旋转属性参数值。

设计目标： 掌握PSD文件导入；旋转参数设置

设计步骤：

（1）打开"齿轮旋转源.aep"，在"项目"窗口中导入"AE\静态素材\齿轮.psd"文件，在打开的对话框中将"导入类型"设为"合成"，其他默认，单击"确定"按钮。

（2）在"项目"窗口中双击"齿轮"合成文件，打开合成"时间轴"窗口。

（3）选中除背景以外的所有图层，按键盘上的"R"键，展开"旋转"属性。将时间调整到0:00:00:00处，单击"旋转"左侧的"计时器"按钮，在当前位置插入关键帧。将时间调整到4秒24帧处，单击旋转的参数值，输入"1"（顺时针方向旋转）；再将"齿轮1""齿轮4"图层旋转参数值设为"−1"（逆时针方向旋转）。

（4）按空格键预览效果，发现旋转的齿轮中心点存在问题，参照Premiere修改中心点的方法，分别将锚点坐标调整到每个齿轮中心位置，如图5-3-13所示。

图5-3-13　齿轮锚点位置调整

5. 文本图层

文字作为信息传达的基本形式，在影视后期制作中起到非常重要的作用。After Effects拥有强大的文本图层动画功能，能制作出丰富多彩的文字动画效果。

（1）创建文本图层

方法1：在工具栏中选择文字工具█，可以选择创建横排或者竖排文字（默认为横排文本），在"合成"窗口中单击并输入文字，"时间轴"窗口中会自动创建一个文本图层。

方法2：在"时间轴"窗口中任意空白处，单击鼠标右键，在弹出的快捷菜单中执行"新建"→"文本"命令，或依次执行"图层"菜单→"新建"→"文本"命令可以建立文本图层。建立文本图层之后，在"合成"窗口中可直接输入文字。

（2）文字属性

文字输入后，一般都要设定文字属性，包括字体、大小、样式、字符间距等字符属性，以及段落缩进、对齐方式、定位点等段落属性。

（3）文字动画

文本图层与其他图层一样拥有许多属性，比如"锚点""位置""缩放""旋转""不透明度"，也可以利用关键帧制作特效动画。此外，文本图层还具有更多的选项设置。

① 动画选项。在"时间轴"窗口中文本属性的第一栏包含了动画选项设置，单击动画右侧的按钮，会弹出快捷菜单，在快捷菜单中提供了多种选项命令。

② 源文本属性。在"时间轴"窗口中"源文本"属性左侧单击"计时器"按钮开启此属性，可以在不另外新建文本图层的情况下，在时间轴不同的位置创建关键帧，并在不同的关键帧处输入不同的文本内容，而不会更改文本的动画特效和基础属性。

③ 路径。当文本应用路径排列之后可以进行路径设置，可以对路径进行"反转路径""垂直于路径""强制对齐""首字/末字边距"处理。另外，在"效果和预设"面板中还有预设文字动画的效果选项。

以下通过实例介绍路径文字动画的创建，效果文件"路径文字（首字边距）动画.aep"。

（1）新建项目文件和合成，设定合成持续时间为3秒。

（2）选择工具栏中的文字工具，在"合成"窗口中输入文字"Adobe After Effects"，使用工具箱中的钢笔工具在文字图层绘制一条路径，默认路径名称为"蒙版1"，将路径调整平滑。

（3）将文字指定给路径。在"时间轴"窗口中单击文本左侧的■按钮，找到"路径选项"，打开并指定路径为"蒙版1"。文字会自动沿着路径形状排列。

（4）在"字符"面板中适当调整字符间距。

（5）路径动画。制作完路径后，路径下面会出现"首字边距"选项，将时间调整到0秒0帧处，单击"首字边距"左侧的"计时器"按钮，在当前位置添加关键帧，设置"首字边距"参数为"–1000"；将时间调整到1秒24帧处，设置"首字边距"参数为"0"。

（6）按空格键测试效果，如图5-3-14所示。

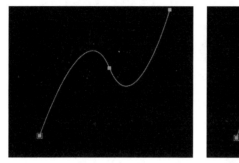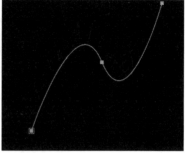

图5-3-14　1秒和1秒24帧路径文字效果

接下来，我们利用预设动画制作路径文字动画效果，效果文件"路径文字（3D在路径上回摆）动画.aep"。

（1）～（4）步骤同上。

（5）将时间调整0秒0帧处，在"效果和预设"面板中依次打开"动画预设"→"Text"→"3D Text"，双击"3D在路径上回摆"特效。

（6）预设动画会自动添加到路径文字上，预览效果，我们也可以自行调整动画参数以达到满意效果。

6. 颜色校正和抠像技术

在影视剧后期制作中，拍摄的素材其颜色不一定能达到预期效果，从而需要进行调整。在素材合成过程中，抠像技术也被广泛运用。

（1）颜色校正

After Effects中提供了大量的颜色校正特效，如图5-3-15所示。从图中可以看出，许多颜色校正命令与Photoshop相似，用法上也大体相同。Photoshop颜色调整的对象是静态图像，而After Effects可以是动态影像，当然借助关键帧还可以设置动画效果。

（2）抠像技术

抠像在影视后期制作中运用非常广泛，我们通常看的国际大片，一般的电影、电视剧、广告等都离不开抠像技术。"抠像"即"键控技术"，通俗地说就是利用软件将素材中的主体保留，背景更换成其他画面的实现技术。比如，拍摄时演员在绿色或蓝色的背景前表演，但最终放映时影片中看不到这些背景，这就是运用了键控技术，用其他背景画面替换了原本的蓝色或绿色。蓝屏或者绿屏是影视拍摄中常用的背景颜色，我们在Premiere中也学习过，抠像并不仅限于蓝色或绿色，但颜色越相近键控技术越容易实现。

图5-3-15　颜色校正特效

接下来，我们来学习After Effects的抠像技术。

① 钢笔工具抠像。钢笔工具适用于抠取一些简单的图像，而且作为遮罩，它的属性参数设置相对有限。操作方法类似Photoshop图像处理中的钢笔工具抠图。

② Keylight 特效抠像。Keylight特效可以轻松地抠除带有阴影、半透明区域甚至细小的毛发等素材，并且还有溢出抑制的功能，可以清除抠像蒙版边缘的溢出颜色，使得前景和合成背景融合得更加自然。

案例 5-3-3：太空漫步。

设计效果：效果文件"天空漫步.aep"。

设计思路：为素材添加 Keylight 特效，先设置 Screen Colour（键出颜色），再查看合成和蒙版效果。如果在蒙版的边缘有键控颜色溢出，此时就需要调节 Despill Bias（溢出偏移）参数；如果前景颜色被键出或者是背景颜色没有被完全键出，这时候就需要适当调节 Screen Matte（屏幕蒙版）参数组下面的 Clip Black（裁切黑色）和 Clip White（裁切白色）参数即可。

设计目标：掌握 Keylight特效的抠像方法、参数设置等。

设计步骤：

步骤 1：启动 After Effect，在"项目"窗口中双击鼠标左键，在弹出的"导入文件"对话框中选择需要导入的素材"外太空背景.jpg""宇航员.jpeg"文件，单击"打开"按钮将素材导入"项目"窗口中。

步骤 2：新建合成，将"预设"设置为"D1/DV PAL（1.09）"，持续时间为3秒。

步骤 3：在"项目"窗口中，选择"外太空背景.jpg"，并拖曳到"时间轴"窗口中，适当调整大小。

步骤 4：在"项目"窗口中选择"宇航员.jpeg"，拖入"时间轴"窗口中，置于背景层的上方。

步骤 5：选择"宇航员.jpeg"层，依次执行"效果"菜单→"Keying（键）"→"Keylight"命令，给"宇航员.jpeg"层添加 Keylight 特效。

步骤 6：在"效果控件"面板中，展开Keylight 特效，使用 Screen Colour（屏幕颜色）右边的拾色器按钮█在"合成"窗口中单击绿色背景颜色。

提示：在使用 Screen Colour（屏幕颜色）的拾色器选择颜色时，如果重复进行颜色取样，那么之后取样的颜色会覆盖之前取样的颜色，而不能通过不断颜色采样来扩大色彩范围。

步骤 7：选择工具栏中的钢笔工具 ，为"宇航员.jpeg"层制作蒙版，其效果如图 5-3-16 所示。

图 5-3-16　添加蒙版效果

步骤 8：展开 Keylight 特效的 Screen Matte（屏幕蒙版）属性栏，设置 Clip Black（裁切黑色）参数为 50。

步骤 9：选择"宇航员.jpeg"层，按快捷键"S"键展开缩放属性，设置参数为（61.0，61.0%）。

③ 差值遮罩。差值遮罩主要是通过对差异和特效层进行颜色对比的，将相同颜色的像素区域抠除，制作出透明的效果。选择有内容需要抠取的图层，执行"效果"菜单→"抠像"→"差值遮罩"命令，在"效果控件"面板中设置参数。

④ 内部/外部键。"内部/外部键"特效可以通过一个指定的蒙版来定义其外部边缘和内部边缘，同时根据内外遮罩进行像素的明暗度差异比较，并得到一个透明的效果。

⑤ 颜色范围。在 RGB、Lab 或 YUV 任意色彩模式下指定一种颜色范围来产生透明度。

⑥ 提取。指定图像上的一个亮度区域来建立透明度。

⑦ 线性颜色。指定色彩上的 RGB、色调或饱和度信息来建立透明度。

⑧ 颜色差值键。可用于蓝屏或绿屏等为背景拍摄的素材，甚至含透明或半透明区域的图像，如烟、雾、阴影或玻璃等，都能实现优质抠像。

键控滴管 ：用于从素材中选取键控色。

黑滴管 ：用于在遮罩视图中选择透明区域。

白滴管 ：用于在遮罩视图中选择不透明区域。

⑨ 颜色键。指定某种颜色来进行抠像操作。执行"效果"菜单→"过时"→"颜色键"命令，在"效果控件"面板中设置参数。

⑩ CC 简单的 wire removal，即简单的去除钢丝工具，实际上是一种线状的模糊和替换效果。

⑪ 溢出抑制。主要是对抠像之后的素材进一步细化处理，常用于清除图像边缘的残留。执行"效果"菜单→"过时"→"溢出抑制"命令，在"效果控件"面板中设置参数。

案例 5-3-4：烟雾抠像及颜色校正。

设计效果：效果文件"烟雾抠像及颜色校正.aep"。

设计思路： 此素材用Keylight特效抠像非常方便，这里我们使用"颜色差值键"特效来实现其操作效果。先设置键出的主色，更换视图为"已校正遮罩"，再查看合成效果。利用黑滴管在灰色区（半透明区）进行颜色取样，以此来扩大黑色区（透明区）。最后运用"色调"进行颜色校正，设置"将黑色映射到"一种新的颜色。

设计目标： 掌握"颜色差值键"特效的抠像方法；掌握"色调"特效校正颜色。

设计步骤：

步骤1：启动 After Effect，导入素材"抠像烟雾素材.mov""茶背景.jpg"文件到"项目"窗口中。

步骤2：在"项目"窗口中，选择"茶背景.jpg"，按住鼠标左键将其拖动到"时间轴"窗口中，将素材导入时间轴，并自动生成合成文件。

步骤3：在"项目"窗口中选择"抠像烟雾素材.mov"，并拖入"时间轴"窗口中，置于背景层的上方。将素材移到屏幕右侧效果图位置处，将旋转角度设为"–90"，如图5-3-17所示。

图5-3-17　烟雾素材放置位置

步骤4：选择"抠像烟雾素材.mov"层，依次执行"效果"菜单→"键控"→"颜色差值键"命令，添加"颜色差值键"特效。

步骤5：在"效果控件"面板中，展开"颜色差值键"特效，使用主色右边的"拾色器"按钮■在"合成"窗口中单击蓝色背景颜色。

步骤6：将视图设置为"已校正遮罩"，利用黑滴管工具■在"合成"窗口中的灰色区进行多次颜色取样，直到背景颜色变成黑色。

步骤7：将视图设置为"最终输出"，则键出的颜色变成透明。

步骤8：选择"抠像烟雾素材.mov"层，依次执行"效果"菜单→"颜色校正"→"色调"命令，添加"色调"特效。

步骤9：在"效果控件"面板中，展开"色调"特效，设置"将黑色映射到"某种新的颜色，效果图中设置的是淡粉色。

步骤10：预览效果。

5.3.3　After Effects的三维合成

1. 内置特效

特效是After Effects视频制作的核心部分，这也是最吸引眼球的部分。After Effects特效可以使普通的影像变得特别，比如光线和粒子特效，可以打造出令人惊叹的视觉冲击效果。

（1）炫彩的光线特效

After Effects 为用户提供了大量的光线特效，利用这些特效可以制作出炫彩的光线效果，增强了动画的灵动感。常见的光效有镜头光晕、发光、CC Light Rays（CC 射线光）、CC Light Bust（CC 光线爆破）、CC Light Sweep（CC 光线扫描）、Stroke（描边）、Vegas（勾画）等特效。

案例 5-3-5：科技之光。

设计效果：效果文件"科技之光.aep"。

设计思路：在背景层上添加 CC Light Sweep 特效，利用关键帧制作由左上角向右下角转动的动画，且在旋转的过程中颜色由黄色到白色变换。新建黑色纯色图层，更名为"光线 1"，绘制一个椭圆矢量蒙版，添加"勾画"特效，设置参数；利用关键帧制作旋转的动画。选中"光线 1"图层，按 Ctrl+D 键复制"光线 2"图层和"光线 3"图层，分别设置 X 旋转、Y 旋转、Z 旋转的值。

设计目标：掌握"CC Light Sweep"特效、勾画特效的用法。

设计步骤：

① 启动 After Effect，导入素材"科技之光背景.jpg"到"项目"窗口中。

② 在"项目"窗口中，选择"科技之光背景.jpg"，将其拖动到"时间轴"窗口中，将素材导入时间轴，并自动生成合成文件。

③ 选择"科技之光背景.jpg"层，依次执行"效果"菜单→"生成"→"CC Light Sweep（CC 光线扫描）"命令，添加 CC 光线扫描特效。

④ 在"效果控件"面板中，展开"CC Light Sweep"特效，将时间调整到 0 秒，单击"Direction"和"Light Color"左侧的"计时器"按钮，参数设置如图 5-3-18（a）所示；将时间调整到时间轴结束位置，修改参数如图 5-3-18（b）所示。

⑤ 在"时间轴"窗口的空白处右击，在弹出的快捷菜单中执行"新建"→"纯色"命令，在打开的"纯色设置"对话框中设置名称为"光线 1"，颜色为黑色，单击"确定"按钮。再为这个纯色图层创建椭圆形矢量蒙版。

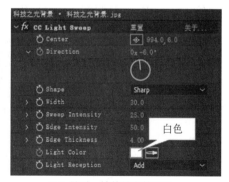

（a）起始帧特效参数设置　　　　　（b）最后一帧特效参数设置

图 5-3-18　起始帧和最后一帧 CC Light Sweep 特效参数设置

⑥ 选择纯色图层，依次执行"效果"菜单→"生成"→"勾画"命令，添加"勾画"特效。

⑦ 在"效果控件"面板中，展开"勾画"特效，将时间调整到 0 秒，单击"旋转"左

侧的"计时器"按钮，参数设置如图5-3-19（a）所示，再将时间调整到时间轴结束位置，参数设置如图5-3-19（b）所示。

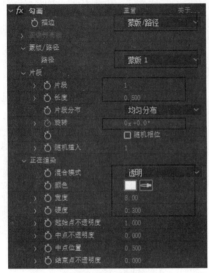

（a）起始帧特效参数设置　　　　　（b）最后一帧帧特效参数设置

图5-3-19　起始帧和最后一帧勾画特效参数设置

⑧ 选中"光线1"图层，单击图层右侧的3D按钮开关 将其切换为3D图层，按Ctrl+D键复制出"光线2"图层，按"R"键打开旋转属性，设置Y轴旋转的值为120，Z轴旋转的值为180。

⑨ 选中"光线2"图层并将其切换为3D图层，按Ctrl+D键复制出"光线3"图层，按"R"键打开旋转属性，设置X轴旋转的值为200，设置Y轴旋转的值为120。

⑩ 选中"光线3"图层，按"R"键打开旋转属性，设置X轴旋转的值为-50，设置Y轴旋转的值为320，Z轴旋转的值为220。

⑪ 按空格键预览效果，如果不满意再次修改相关参数。

案例5-3-6：电光线效果。

设计效果：效果文件"电光线效果.aep"。

设计思路：在背景层上方添加音频层，新建黑色纯色图层，并更名为"光线"，添加"音频波形"特效，设置参数。

设计目标：掌握Audio Waveform（音频波形）特效的用法。

设计步骤：

① 启动After Effect，导入素材"电光线背景.jpg""music.mp3"文件到"项目"窗口中。

② 新建合成，将"预设"设置为"D1/DV PAL（1.09）"，持续时间设置为10秒。

③ 在"项目"窗口中，依次选择"music.mp3""电光线背景.jpg"，将其拖动到"时间轴"窗口中，将素材导入时间轴。

④ 在"时间轴"窗口的空白处右击，在弹出的快捷菜单中执行"新建"→"纯色"命令，在打开的"纯色设置"对话框中设置名称为"光线"，颜色为黑色，单击"确定"按钮。

⑤ 选择纯色图层，依次执行"效果"菜单→"生成"→"音频波形"命令，添加"音频波形"特效。

⑥ 在"效果控件"面板中，展开"音频波形"特效，音频层选择"music.mp3"，设置起始点的值为（114，288），结束点的值为（610，310），显示的范例为80，最大高度为300，音频持续时间为600，厚度为6，内部颜色为白色，外部颜色为蓝色，如图5-3-20所示。

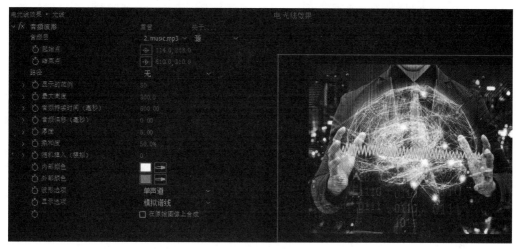

图 5-3-20　"音频波形"特效参数设置

⑦ 按空格键预览效果，保存项目文件。

（2）粒子特效

影视中常常需要用到一些自然景观效果，拍摄又较难实现，因此需要在后期制作中用软件打造出逼真的自然效果。After Effects 粒子特效因其强大的模拟功能应用非常广泛。比如，CC Rainfall（CC下雨）特效制作下雨效果，CC Snowfall（CC下雪）特效制作下雪效果，CC Particle World（CC 粒子世界）特效制作出火花、气泡和星光灯等效果，CC Mr. Mercury（CC水银滴落）特效制作出水珠滴落效果，CC Star Burst（CC 星爆）特效制作星空效果。

下面通过案例来介绍其中几个特效的用法。

① CC Rainfall（CC下雨）特效，用来制作模拟下雨效果，参数设置相对简单，如图5-3-21所示。

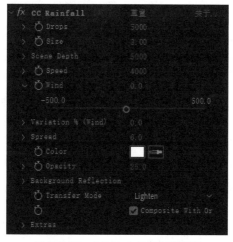

图5-3-21　CC Rainfall参数设置

基本参数说明如下。

● Drops（雨滴）：设置雨滴数量。

● Size（尺寸）：设置雨滴尺寸大小。

● Scene Depth（景深）：设置雨滴近大远小的深度效果。值越小雨滴越大，反之雨滴越小。

● Speed（速度）：设置雨滴下落的速度。

● Wind（风向）：设置雨滴飘落时的风向。

● Color（颜色）：设置雨滴颜色。

● Opacity（不透明度）：设置雨滴的不透明度。

案例5-3-7：下雨效果。

设计效果：效果文件"下雨效果.aep"。

设计思路：为素材添加CC Rainfall特效，设置参数。

设计目标：掌握CC Rainfall（CC下雨）特效的应用，以及相关参数设置等。

设计步骤：

步骤1：启动 After Effect，导入素材"下雨背景.jpg"文件到"项目"窗口中。

步骤2：在"项目"窗口中，选择"下雨背景.jpg"，将其拖动到"时间轴"窗口中，将素材导入时间轴，并自动生成合成文件。

步骤3：选择"下雨背景.jpg"层，右键单击，在快捷菜单依次选择"效果"→"模拟"→"CC Rainfall"命令，添加CC下雨特效。

步骤4：在"效果控件"面板中，展开"CC Rainfall"特效，设置Wind（风）的值为800，Opacity（不透明度）的值为80%。

步骤5：按空格键预览效果，保存项目文件。

② 粒子运动场效果。粒子运动场效果可以通过参数设置，对一些常见的存在物理特性的自然事物进行模拟，可以生成大量粒子以模拟下雨、下雪、喷泉、烟雾等特效。

案例5-3-8：茶杯上的烟雾。

设计效果：效果文件"茶杯上的烟雾.aep"。

设计思路：添加纯色图层，为纯色图层添加矢量蒙版，再添加粒子运动场特效，设置粒子的"发射"和"重力"参数；最后添加"高斯模糊"特效，修改"模糊度"参数。

设计目标：掌握粒子运动场、高斯模糊特效的应用，以及相关参数设置等。

设计步骤：

步骤1：启动 After Effect，导入素材"茶背景1.jpg"文件到"项目"窗口中。

步骤2：在"项目"窗口中，选择"茶背景1.jpg"，将其拖动到"时间轴"窗口中，将素材导入时间轴，并自动生成合成文件。

步骤3：在"时间轴"窗口的空白处右击，在弹出的快捷菜单中执行"新建"→"纯色"命令，其他设置默认，单击"确定"按钮。再为这个纯色图层创建矩形矢量蒙版，位置如图5-3-22所示。

步骤4：选择纯色图层，依次执行"效果"菜单→"模拟"→"粒子运动场"命令，添加"粒子运动场"特效。

步骤5：在"效果控件"面板中，展开"粒子运动场"特效，调整发射位置，设置圆筒半径为50，随机扩散方向为30，颜色为白色，粒子半径为3；重力为0。

步骤6：再在纯色图层上添加高斯模糊特效，设置模糊度为30。

图5-3-22　纯色层的矩形蒙版

步骤 7：按空格键预览效果，如果不满意再次修改相关参数。

2. 常用插件特效

After Effects CC 2019中除了内置的特效外，还支持许多第三方特效插件，通过这些插件特效的应用，可以使 After Effects 在影视后期特效制作方面更加方便、功能更加强大。如 Particular（粒子）特效、3D Stroke（3D笔触）特效等。

案例 5-3-9：花瓣飘落动画。

设计效果：效果文件"花瓣飘落动画.aep"。

设计思路：添加素材到"时间轴"窗口，新建纯色图层，为纯色图层添加粒子特效，在"特效控件"窗口中分别设置"Emitter（发射器）"、"Particular（粒子）"和"Gravity（重力）"、"Air（空气）"参数。添加纯色图层，为纯色图层添加矢量蒙版（调节成心形形状），再添加"3D Stroke（3D笔触）"特效，设置相关参数；新建纯色图层，添加粒子特效，设置参数，使得彩色粒子跟随笔触绘制出爱心的动画效果。

设计目标：掌握Particular（粒子）、3D Stroke（3D笔触）特效的应用，以及相关参数设置等。

设计步骤：

① 启动 After Effect，导入素材"分镜头 1.mp4""花瓣.tga"文件到"项目"窗口中。

② 在"项目"窗口中，选择"分镜头 1.mp4"，将其拖动到"时间轴"窗口中，将素材导入时间轴，并自动生成合成文件。

③ 在"项目"窗口中选择"花瓣.tga"，并拖入"时间轴"窗口中，置于"分镜头 1.mp4"图层的上方。

④ 在"时间轴"窗口的空白处右击，在弹出的快捷菜单中执行"新建"→"纯色"命令，设置名称为"粒子"，颜色为黑色，单击"确定"按钮。

⑤ 选择"粒子"图层，依次执行"效果"菜单→"Trapcode"选项组→"Particular（粒子）"命令，添加粒子特效。

⑥ 在"效果控件"面板中，展开"Particular"特效，设置 Emitter（发射器）、Particular（粒子）参数如图 5-3-23所示；展开 Physics（物理学）选项组，设置 Gravity（重力）的值为15；展开 Air（空气）选项组，设置 Wind X（X轴风力）和 Wind Y（Y轴风力）的值分别为 -50，60。

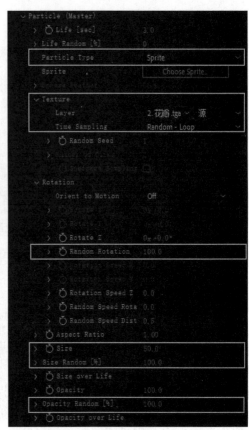

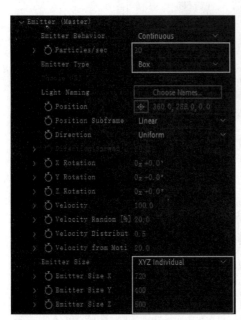

图5-3-23　粒子Emitter（发射器）、Particular（粒子）参数设置

部分参数说明如下。

● Emitter Type（发射器类型）——它决定了发射粒子的区域和位置，其有以下选项。

Point（点）：从一点发射出粒子。

Box（盒子）：粒子从立体盒子中发射出来（Emitter Size 中 XYZ 是指发射器大小）

Sphere（球体）：和 Box 很像，只不过发射区域是球形的。

Grid（网格）：（在图层中虚拟网格）从网格的交叉点发射粒子。

Light（灯光）：（要先新建一个灯光图层）几个 Light Layer 可以共用一个 Particular。

Layer（图层）：使用合成中的3D图层生成粒子。

Layer Grid（图层网格）：同上，发射器从图层网格发射粒子，像 Grid（网格）一样。

● Particle Type（粒子类型），其有以下几个选项。

Sphere（球体）：使用 2D 的球形图片作为粒子。

Glow Sphere（发光球体）：同上，粒子加强型。

Star（星光）：四角星形形状。

Cloudlet（云朵）：如同一堆羽毛当作一个粒子。

Streaklet（烟雾）：由几个粒子组成统一的一组形状。

Sprite（幽灵）：可以使用任何图层作为粒子，甚至在一个发射器中应用多种粒子类型。

Sprite Colorize（幽灵变色）：仅将图层的形状和材质与粒子交换，颜色并没有交换，但可以调节。

Sprite Fill（幽灵填充）：仅仅将图层的形状与粒子交换，颜色依旧是粒子的颜色。

Textured Polygon 材质式多角形。

Textured Polygon Colorize 材质式多角形变色。

Textured Polygon Fill 材质式多角形填充。

Square：方形。

Circle：圆形。

⑦ 创建黑色纯色图层，并命名为"描边"。再为这个纯色图层创建圆形矢量蒙版，利用转换点工具将路径调整成一个心形，如图5-3-24所示。

图5-3-24　心形路径效果

⑧ 选择"描边"图层，依次执行"效果"菜单→"Trapcode"→"3D Stroke（3D 笔触）"命令，添加"3D Stroke"特效。

⑨ 在"效果控件"面板中，展开"3D Stroke"特效，设置Color（颜色）为粉色；Thickness（厚度）的值为3；将时间调整到0:00:00:00处，单击"End（结束）"左侧的"计时器"按钮，设置End的值为0，将时间调整到0:00:05:24处，设置End的值为100。

⑩ 重复上面的④、⑤步骤，创建粒子2图层，设置"Particular"特效参数如图5-3-25所示。

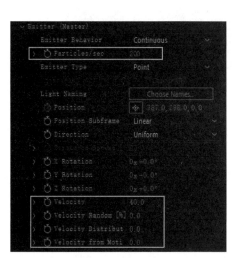

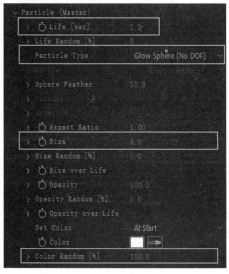

图5-3-25　粒子2 Emitter（发射器）、Particular（粒子）参数设置

⑪ 选中"描边"图层，按"M"键打开蒙版选项，选择"蒙版路径"并复制，选中"粒子 2"图层，展开"效果"→"Particular"（粒子）→"Emitter"（发射器），选中"Position"（位置）并粘贴，再选中最后一个关键帧拖动到 5 秒 24 帧处，如图 5-3-26 所示。

图 5-3-26　粒子路径运动效果

⑫ 按空格键预览效果，保持项目文件。

3. 三维合成

（1）三维图层

若指定图层为 3D 图层，After Effects 可以对图层的深度进行控制，将图层的深度、摄像机结合起来，可以创建出利用自然运动、灯光和阴影、透视及聚焦效果的三维动画，如图 5-3-27 所示。

图 5-3-27　三维图层

（2）三维效果应用

案例 5-3-10：翻页相册效果。

设计效果：效果文件"翻页相册.aep"。

设计思路：打开项目文件，将图层切换为 3D 图层，通过更改锚点的 X 坐标来调整旋转的对称轴，制作"Y 轴旋转"的动画。通过添加灯光图层来增强翻页的立体效果。

设计目标：掌握 3D 图层翻页动画参数设置，灯光图层的应用等。

设计步骤：

① 启动 After Effect，打开"翻页相册"文件夹\"翻页相册源文件.aep"文件。

② 选中 1#～5#图层，单击 3D 图层开关，切换到 3D 图层。按键盘上的"A"键，打开"锚点"选项，将锚点的"X值"设置为 0，即锚点调整到相册的左侧边缘。

③ 将相册页对齐并移动到屏幕的右侧。

④ 选中 1#～5#图层，按键盘上的"R"键，将时间调整到 1 秒处，单击"Y轴旋转"左侧计时器按钮，在当前位置插入一个关键帧，将时间调整到 2 秒 24 帧处，设置"Y轴旋转"的值为 180。

⑤ 单击 2#图层，再选中"Y轴旋转"中的 2 个关键帧，将其移动到 2 秒处；其他图层操作相似，使得每一页翻页时间相隔为 1 秒钟。

⑥ 观看效果发现，页面翻转到左侧就消失了，这跟每一层素材的持续时间有关。当前图层结束的时间，应该与下一个图层"Y轴旋转"属性第二个关键帧的时间对齐，即相册下一页翻到左侧时，当前图层画面消失，如图 5-3-28 所示。

图 5-3-28　关键帧和图层持续时间设置

⑦ 再次预览效果发现，3D 效果不太强烈，我们接下来给图层添加光线投影效果。在"时间轴"窗口的空白处单击鼠标右键，在弹出的快捷菜单中选择"新建"→"灯光"命令，在打开的"灯光设置"对话框中，设置名称为"灯光"，灯光类型为"聚光"，颜色为白色，阴影扩散为"60"像素，单击"确定"按钮。在图层的最上方就创建好了一个灯光图层。

⑧ 调整灯光源位置和照射范围，生成有光区域和无光区域，如图 5-3-29 所示。

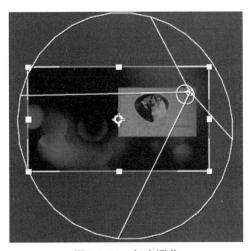

图 5-3-29　灯光调节

⑨ 选中相册所有页面，打开"材质选项"，将投影设置为"开"。

⑩ 按空格键预览效果，保存项目文件。

灯光类型说明如下。

● 平行：模拟太阳光，光照范围不限，可照亮场景中的任何地方，可产生阴影且有方向性。

● 聚光：圆锥形发射光线，根据圆锥的角度确定照射范围，这种光可以产生有光区域和无光区域，有阴影和方向性。

● 点：从一个点向四周发射光线，光源距离会影响照射的强弱，也会产生阴影。

● 环境：没有发射点和方向性，可照亮整个画面，不会产生阴影。

5.3.4　After Effects 的综合应用

综合案例： 城市中穿梭的光线。

设计效果： 效果文件"城市中穿梭的光线.aep"。

设计思路： 城市中穿梭的光线设计思路如表 5-3-1 所示。

表 5-3-1　城市中穿梭的光线设计思路

效果	图层	主要操作
一束光	"粒子"纯色图层	（1）利用钢笔工具绘制一条穿梭楼层的路径 （2）添加 Particular（粒子）特效 发射器类型为灯光 粒子类型为 Streaklet（烟雾），调节颜色和参数 （3）添加发光特效，修改参数 （4）通过 Size over life（生命结束尺寸）调整粒子光线形状
	白色点光图层	灯光跟随路径移动
遮挡的大楼	"大楼"图层	复制背景层，更名为"大楼"，并移至顶层，利用钢笔工具抠出大楼，制作遮挡效果
跟随的粒子	"跟随粒子"图层	复制"粒子"图层，并命名为"跟随粒子" （1）物理→空气→运动路径选择 1HQ （2）修改粒子参数 （3）开启运动模糊
	Motion Path 1 图层	复制的点光图层，并命名为"Motion Path 1"
光晕跟随光源运动	黑色纯色图层	添加"Optical Flares"镜头光晕特效 将镜头光晕位置关联到 Motion Path 1 层的位置

设计目标： 掌握 Particular（粒子）、Optical Flares（镜头光晕）特效的应用，以及粒子如何跟随灯光运动等。

设计步骤：

（1）打开"城市中穿梭的光线源文件.aep"文件。

（2）创建纯色图层，名称为"粒子"，用钢笔工具绘制路径，如图 5-3-30 所示，生成蒙版 1。

（3）创建灯光图层，选择灯光类型为"点"，颜色为白色，其他设置默认。

（4）选中"粒子"图层，按"M"键，打开"蒙版 1"选项，选择"蒙版路径"并复制。选择"点光 1"图层，按"P"键，选择"位置"属性并粘贴。选中"位置"属性最后一个关键帧并拖动到 3 秒 24 帧处。

图5-3-30 "粒子"图层路径

（5）选择"粒子"图层，依次执行"效果"菜单→"Trapcode"选项组→"Particular（粒子）"命令，添加粒子特效。

（6）在"效果控件"面板中，展开"Particular"特效，在"Emitter Type"（发射器类型）中选择Lights（灯光）；单击"Light naming"右侧的"Choose Names"按钮，复制灯光发射器名称，并将该名称作为"点光1"图层的名称。

（7）Emitter（发射器）和Particular（粒子）参数设置如图5-3-31所示。

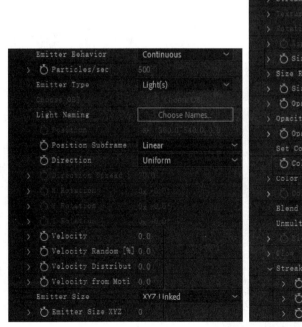

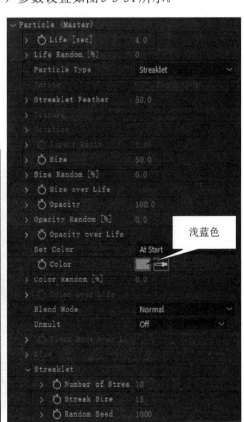

图5-3-31 Emitter（发射器）和Particular（粒子）参数设置

（8）选择"粒子"图层，依次执行"效果"菜单→"风格化"→"发光"命令，添加发光特效。

（9）在"效果控件"面板中，展开"发光"特效，设置发光基于"Alpha通道"，发光强度为5，发光半径为60，颜色A和颜色B为一浅一深的蓝色。

（10）制作光束在大楼之间穿梭的效果。选中城市夜景图层，按Ctrl+D键复制一个图层，更名为"大楼"，将图层移动到顶层。

（11）在"大楼"图层利用钢笔工具抠出两幢大楼，如图5-3-32所示。

图5-3-32　钢笔工具创建蒙版抠图

（12）制作跟随的粒子。选中"粒子"图层和Emitter层，按Ctrl+D键复制出一对新的图层，将新复制的粒子层更名为"跟随粒子"并移到Emitter层的上方，新复制的Emitter层更名为"Motion Path 1"（后面设置路径要求）。

（13）修改"跟随粒子"特效参数，如图5-3-33所示。

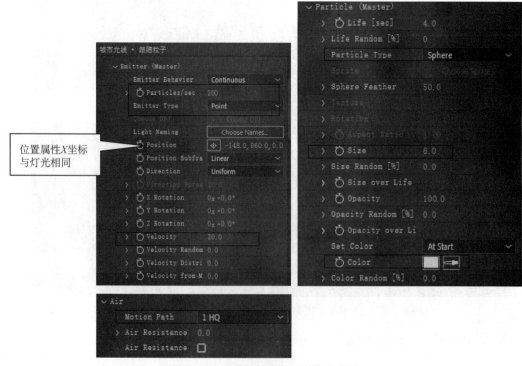

图5-3-33　"跟随粒子"特效参数设置

（14）"跟随粒子"图层设置运动模糊。先单击图层右侧的"运动模糊"开关，再单击图层上方的"运动模糊"开关为所用图层启用运动模糊，分别为图5-3-34所示的1和2处。

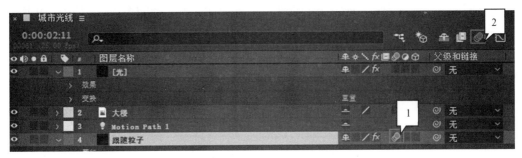

图 5-3-34　开启"运动"模糊设置

（15）在"大楼"图层的下方创建一个黑色纯色图层，添加"Optical Flares"镜头光晕效果。按住Alt键，拖动"位置XY"右侧的"属性关联"按钮，这时会拖出一条关联线，直到指向"Motion Path 1"层的位置处松开。

（16）修改粒子光线形状，选中"粒子"图层，在"效果控件"面板中展开"Size over life（生命结束尺寸）"，其参数设置如图5-3-35所示。调整后的效果如图5-3-36所示。

（17）预览效果，发现4秒钟之后光线消失，这是因为粒子生命周期过小，我们再将"粒子"图层的Particular中的life数值更改为5。

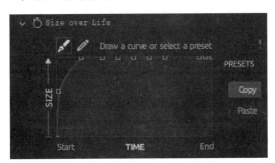

图 5-3-35　Size over life 参数设置

图 5-3-36　光线最终效果图

（18）渲染与输出。在"项目"窗口中选中"城市之光"合成文件，执行"合成"菜单→"添加到渲染队列"命令，在"渲染队列"面板中单击"输出到"选项右侧的视频文件（默认为.avi文件格式），会弹出"将影片输出到："对话框，可以修改路径和文件名，单击"保存"按钮，再单击"渲染"按钮。

5.4　思考与练习

一、选择题

1. 我国普遍采用的视频制式为（　　　）。

A. PAL　　　　　　　B. NTSC　　　　　　C. SECAM　　　　　D. 其他制式

2.（　　　）是构成视频信息的基本单元。

A. 帧　　　　　　　　B. 画面　　　　　　C. 幅　　　　　　　D. 像素

3. ".mpeg"是（　　　）格式文件后缀名。

A. 文本　　　　　　　B. 图片　　　　　　C. 声音　　　　　　D. 视频

4. 我们常用的 VCD、DVD 采用的视频压缩编码国际标准是（　　　）。

A. MPEG　　　　　　B. PAL　　　　　　　C. NTSC　　　　　D. JPEG

5. 在数字视频信息获取与处理过程中，下面（　　　）是正确的顺序。

A. 采样、A/D 变换、压缩、存储、解压缩、D/A 变换

B. 采样、压缩、A/D 变换、存储、解压缩、D/A 变换

C. A/D 变换、采样、压缩、存储、解压缩、D/A 变换

D. 采样、D/A 变换、压缩、存储、解压缩、A/D 变换

二、简答题

1. 比较线性编辑与非线性编辑有何不同？

2. 简述视频制作的一般步骤。

3. 素材剪辑的方法有哪些？

4. 视频特效动画如何设置？

5. 录制或拍摄一段视频，制作一个快镜头效果。

三、操作题

制作一个班级或家乡的宣传片，时间1分钟左右。

要求：

（1）素材包括音频、图像、动画、视频及字幕等。

（2）特效的巧妙应用。

（3）输出视频。

实验教学篇

实验一 图像编辑基本操作

实验目的：

    1. 熟悉 Photoshop 工作环境

    2. 掌握 Photoshop 常用工具的使用

    3. 熟练掌握图像的选取操作

    4. 掌握选区的存储、羽化和变换

实验内容：

项目 1

1. 利用 Photoshop 工具箱中相应的工具，完成如图 1-1 所示的操作。

图 1-1　效果图 1

2. 2 寸和 1 寸照片是证件上经常使用的两种规格，有时急需填写电子表格，而时间不允许我们到照相馆去拍摄这两种规格的照片。现要求设置一张符合要求的 1 寸证件照，再利用该照片（8 张）编排成 10.8cm×7.4cm 大小的照片，效果如图 1-2 所示。

（1）1 寸照片大小：2.5cm×3.5cm。

（2）分辨率为 300 像素/英寸。

（3）背景为淡蓝色，并添加0.2cm的白色边框。

（4）可使用曾经拍摄或现拍的照片进行处理。

图1-2　效果图2

项目2

1. 利用选区工具，完成如图1-3所示的操作。

图1-3　效果图3

2. 利用快速蒙版、通道、选区存储等，完成如图1-4所示的效果图设计。

图1-4　效果图4

实验步骤：

1. 利用 Photoshop 工具箱中相应的工具，完成如图1-1所示的操作。

（1）启动 Photoshop。

（2）新建文档。设置宽度为800像素，高度为600像素，分辨率为72像素/英寸，颜色模式为RGB，背景为白色。

（3）利用渐变工具绘制蓝天和绿地，渐变方向为由上至下。

（4）利用笔刷工具绘制花草树叶及蝴蝶等。

（5）绘制太阳。利用画笔绘制红色的太阳，笔触大小为100像素。

（6）打开动物图片，利用橡皮工具去除背景，裁切图片到适当大小，将其放置到花草的上方，适当调整其角度及大小。

（7）绘制七色彩虹。新建图层，利用径向渐变工具绘制七色彩虹，渐变色彩编辑如图1-5所示。在绘制好的彩虹两侧用硬度为0%的橡皮涂抹，并将彩虹所在图层设置不透明度为10%。

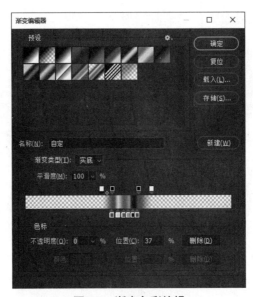

图1-5　渐变色彩编辑

（8）绘制云朵，设置不透明度为50%。

（9）保存文件。

2. 利用相应的工具，完成如图1-2所示效果。

（1）启动 Photoshop 后，打开拍摄的照片。

（2）裁剪工具，在顶部属性栏中选择"宽×高×分辨率"，分别填写宽2.5厘米，高3.5厘米，分辨率300像素/英寸，调整裁剪位置并确定。

（3）选中人物图像背景，并填充为淡蓝色。

（4）在工具箱中将背景色设置为白色，执行"图像"菜单→"画布大小"命令，宽度和高度均对外扩0.2厘米。

（5）全选图像，执行"编辑"菜单→"定义图案"命令，命名为"1寸照片"。

（6）新建文档，设置宽为10.8厘米，高为7.4厘米，分辨率为300像素/英寸。

（7）执行"编辑"菜单→"填充"命令，选择"1寸照片"图案进行填充。

（8）保存文件。

3．利用选区工具，完成如图1-3所示的效果图设计。

（1）打开"EX-1-2源文件.psd"文件。

（2）用容差值为32的魔棒工具，选择"框架"图层诗句下方的淡黄色背景（诗句除外），调整羽化值为20，并将选中的对象删除。

（3）背景层用白色→淡黄色（左上至右下）的线性渐变进行填充。

（4）打开"龙舟.jpg"图片，将图片全部选中并移至源文件中，调整图层顺序至"框架"图层的下方，更改图片大小，用软化的橡皮擦除不需要的部分，图层不透明度设置为50%。

（5）打开"粽子.jpg"图片，选择工具箱中的套索工具，设置羽化半径为15像素，将"粽子"图片所需部分选中拖曳到源文件的相应位置，调整图层顺序至"框架"图层的上方。

（6）打开"装饰.jpg"图片，将装饰（背景除外）的部分移至源文件中，更改图片大小及位置，调整图层至"框架"图层的下方，修改图层的不透明度。

（7）打开"美女.jpg"图片，用磁性套索或钢笔工具抠选出人物部分，羽化半径设置为3像素，并将人物移至源文件中，更改图片大小及位置，调整图层至"框架"图层的上方。

（8）保存文件。

4．利用快速蒙版、通道、选区存储等，完成如图1-4所示的效果图设计。

（1）在Photoshop中打开"bg.jpg"文件，利用裁剪工具去除图像中的白边。

（2）打开"baby_girl1.jpg"文件，进入到快速蒙版编辑状态，按"D"键设置前景色、背景色分别为黑色和白色，使用画笔工具（画笔大小为50像素，硬度为10%）在图像中人物部分涂抹。

（3）退出快速蒙版状态，执行"选择"菜单→"反选"命令，设置羽化半径为30像素。使用工具箱中的移动工具，将选区中的内容移动至"bg.jpg"图像上，并调整位置和大小。

（4）打开"baby_girl2.jpg"文件，进入到快速蒙版编辑状态，使用黑色画笔工具在图像中人物部分涂抹。退出快速蒙版状态，反选选区。

（5）切换到"通道"面板，单击面板下方的"创建新通道"按钮，新建一个"Alpha1"通道。

（6）选择渐变工具，用白到黑径向渐变进行填充，如图1-6所示。

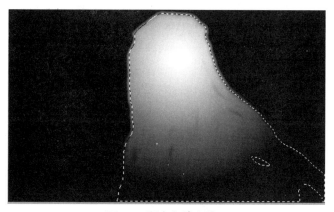

图1-6 渐变色填充选区

（7）按住 Ctrl 键，单击 Alpha1 通道缩略图，将选区载入。单击 RGB 复合通道，回到图像编辑状态。利用移动工具，将选区对象移到"bg.jpg"图像上，调整人物的方向、位置和大小。

（8）在"图层"面板中新建一个图层"图层 3"。利用工具箱中的矩形选框工具，按住 Shift 键绘制一正方形选区。再使用椭圆选框工具，模式设为"从选区减去"，在正方形选区的四角绘制 4 个圆形选区，得到如图 1-7 所示结果。

图 1-7　创建星形选区

（9）执行"选择"菜单→"存储选区"命令，将选区进行存储，名称为"star"。

（10）将选区移动至图像的右下方，设置前景色和背景色分别为淡蓝色和淡紫色，使用渐变工具为选区填充上从前景色到背景色的线性渐变效果。

（11）执行"选择"菜单→"载入选区"命令，载入选区"star"，为新载入的选区填充上相同的渐变色。

（12）利用图层样式为"图层 3"添加"外发光""斜面和浮雕"效果。

（13）保存文件。

实验二 图层、通道及蒙版的综合应用

实验目的：

1. 了解图层的基础概念
2. 掌握图层的基本操作
3. 利用图层样式制作图像特殊效果
4. 3D效果制作
5. 掌握通道的应用

实验内容：

1. 图层及蒙版综合应用，效果如图2-1所示。

图2-1 效果图1

2. 通道应用，霓虹灯文字效果如图2-2所示。

图2-2　霓虹灯文字效果

实验步骤：

1. 图层及蒙版综合应用

（1）打开"EX-2-1源文件.psd"文件，将背景层用白色至淡蓝色水平渐变填充。

（2）打开"图1.jpg"文件，大致选取图中的主体部分，设置羽化半径为20像素，将其拖至工作区中，调整到合适大小，并在该图上添加"电影镜头"的镜头光晕滤镜效果。

（3）对文档中的体操女子复制一个相同的对象，并将新复制的对象设置为40%的不透明度。

（4）打开"图2.jpg"文件，选取图中的祥云部分（背景除外），将其拖至工作区中（"火"图层的上方），调整角度及大小，使其与火形成火炬，合并该两个图层。

（5）打开"图3.jpg"文件，选取图中的全部元素，将其拖至工作区中，利用图层蒙版设置该图显示区域，调整图层次序。

（6）打开"图4.jpg"文件，选取标志部分，将其拖至工作区中，添加投影、外发光及斜面浮雕的图层样式。

（7）打开"吉祥物.jpg"文件，选取吉祥物部分，将其拖至工作区中，适当调整大小，调整图层到"火炬"图层的下方

（8）手握火炬效果。选取被火炬遮住的手部分，将其剪切到新的图层，并将该图层放置在"火炬"图层的上方。

（9）调整画布大小，向下扩展相对高度值为3厘米，相关设置如图2-3所示。重新利用渐变工具填充背景，颜色同步骤（1）。

（10）利用横排文字工具在文档中输入文字"Welcome to Beijing"，设置字体为Impact，大小为30点，颜色为淡蓝色，适当调整字符间距。

（11）选择工具栏中的"从文本创建3D"按钮 3D，创建了一个3D图层，并进入到3D模式编辑状态。

（12）选择工具箱中的移动工具，利用工具栏中的"3D模式" 中对应工具调整3D文字的位置、大小，旋转方向等。

（13）打开"3D"面板，选择面板中的"无限光"，单击工具箱中的移动工具，调整光源位置。在"属性"

图2-3　调整画布大小设置

面板中调整光的强度为160%，阴影效果，如图2-4所示。

图2-4　阴影位置调整

（14）右键单击该图层，在弹出的快捷菜单中选择"转换为智能对象"命令，移动图层至福娃所在的图层的下方。

（15）保存文件。

2. 通道应用，完成如图2-2所示的操作。

（1）启动Photoshop。

（2）制作霓虹灯文字。

① 新建文件，设置宽度为600像素，高度为300像素，分辨率为72像素/英寸，颜色模式为RGB，将背景填充为黑色。

② 切换到"通道"面板，单击面板下方的"创建新通道"按钮，新建一个Alpha通道，名称默认为"Alpha 1"。选择横排文字工具，在属性栏中设置字体为华文彩云，大小为100点，字体颜色为白色。输入"流光溢彩"，使用移动工具将文字移动至画布中央，取消选区。

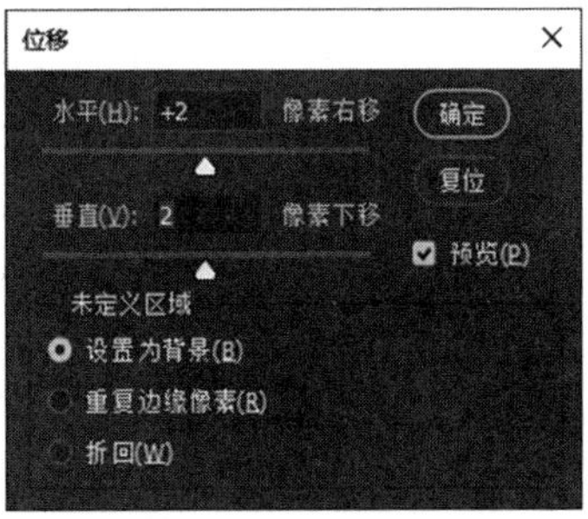

③ 执行"滤镜"菜单→"模糊"→"高斯模糊"命令，半径设为3.0。

④ 选择"通道"面板的"Alpha 1"通道，拖动至面板下方的"创建新通道"按钮上，复制一份，名称默认为"Alpha 1副本"，选中"Alpha 1副本"通道，执行"滤镜"菜单→"其他"→"位移"命令，参数设置如图2-5所示。

⑤ 执行"图像"菜单→"计算"命令，参数设置如图2-6所示，得到新通道"Alpha 2"。

图2-5　位移参数设置

⑥ 选中"Alpha 2"通道，利用"自动色调"命令调整色调。

⑦ 再次执行"图像"→"计算"命令，参数设置如图2-7所示，得到新通道"Alpha 3"。

⑧ 选中"Alpha 3"通道，复制，切换到"图层"面板，选中"背景"图层，执行粘贴操作，得到了一个新图层"图层1"。

图2-6 计算Alpha2参数设置

图2-7 计算Alpha3参数设置

⑨ 选择渐变工具，在属性栏中设置渐变色为预设中的"色谱"，渐变类型为"径向渐变"，模式为"叠加"，从字的中央拖动鼠标，绘制渐变，效果如图2-8所示。

图2-8 渐变填充效果

⑩ 打开素材图片"蝴蝶.jpg"，使用魔棒工具抠出蝴蝶，移动至文字的上方，改变蝴蝶的大小、方向和位置。复制另一只蝴蝶，改变其大小、位置及方向。

（3）彩色背景。

① 切换到"通道"面板，新建一个通道"Alpha4"，用矩形选框工具在中央绘制一个矩形选区，反选，填充上白色，再取消选区。

② 执行"滤镜"菜单→"模糊"→"高斯模糊"命令，模糊半径设为16。执行"滤镜"菜单→"像素化"→"点状化"命令，单元格大小设为15。Alpha4通道效果如图2-9所示。

图2-9 Alpha4通道效果

③ 按住Ctrl键，单击Alpha4通道缩略图，切换到"图层"面板，单击图层1，将选区载入。选择渐变工具，在属性栏中设置渐变色为预设中的"色谱"，渐变类型为"线性渐变"，模式为"正常"，从画布左下角拖动至右上角。取消选区，得到如图2-2所示的最终效果。

（4）保存文件。

实验三　图像的修复及合成

实验目的:

1. 掌握图像修复操作
2. 学会数码照片人像美容操作
3. 掌握颜色调色彩调整命令的应用
4. 掌握滤镜工具的使用
5. 路径的应用
6. 掌握图像的合成操作

实验内容:

项目1　图像修复工具、色彩命令、路径等综合应用，完成如图3-1所示的效果图设计，效果文件"EX-3-1.jpg"。

图3-1　图像的修复及合成效果图1

项目2　设计一个简历封面、贺卡、海报、宣传画、明信片、封面或台历等。

要求：

（1）主题健康，设计美观。

（2）构思巧妙。

（3）素材可使用自己的照片或到网上收集。

（4）配有相关文字。

（5）尽量多使用所学的Photoshop知识点。

（6）将图像合成一幅完整的效果图。

实验步骤：

项目1

1. 在Photoshop中打开"彩妆人物.jpg"文件，并对此图像进行处理。

（1）裁剪人物下巴以下的部分。

（2）利用仿制图章或修复画笔工具去除人物背部纹身。

（3）复制背景层，产生背景副本层。

（4）添加腮红。新建图层，前景色设置为"#da5af5"，利用硬度为0%的画笔在两腮部涂抹，修改图层不透明度为40%，图层混合模式设为"柔光"，向下合并图层。

（5）修改唇部色彩，利用钢笔工具选中嘴唇部分，转化为选区，羽化半径设为2，调整图像色彩平衡，参数设置如图3-2所示。

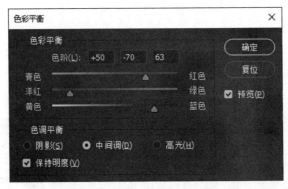

图3-2　色彩平衡参数设置

2. 打开"EX-3-1源文件.psd"文件。

3. 合成彩妆人物。

（1）选中"彩妆人物"图像全部，复制并粘贴到源文件中，修改图像大小及位置，并更改图层名称为"彩妆人物"。

（2）按住Ctrl键，单击该图层缩略图，选中该图层中的对象。执行"编辑"菜单→"描边"命令，添加内部、白色、宽度为12px的描边效果，保留选区。

（3）打开"路径"面板，单击"从选区生成工作路径"按钮，将选区转化为路径。

（4）选中工具箱中的橡皮工具，单击"属性"面板中的"切换'画笔设置'面板"按钮，设置画笔直径为10px，硬度为100%，间距为110%。

（5）利用橡皮工具对路径进行描边。

（6）切换到"图层"面板，给"彩妆人物"图层添加投影样式效果。设置角度为120

度、距离为10、扩展为5、大小为5。

（7）复制该图层，调整下层图像的角度和位置，不透明度设为50%。

4．眼影盒的合成。

（1）打开"眼影.jpg"文件，利用多边形套索工具，选取图中上方的眼影盒，并移动到源文件中。

（2）设置眼影所在图层的投影及外发光样式效果。设置外发光参数：图素大小为16。

5．给图中口红上色。

（1）选中左侧口红，利用"色彩平衡"命令调整颜色，参数设置如图3-3所示。

（2）选中两支口红套，调整颜色，设置色彩平衡参数为（+100，0，−100）。

（3）同理，设置另一支口红的颜色，设置色彩平衡参数为（+100，−100，−100）。

（4）给"口红"图层添加"外发光"图层样式效果，图素大小设置为8像素。

6．路径文字应用。

（1）输入竖排文字"COLOR"，设置字体和大小，颜色为黄色。

（2）栅格化文字，利用矩形工具在文字上绘制一个矩形路径，调整路径的弯曲度，其路径编辑如图3-4所示。将路径转换为选区，单击"图层"面板中的"锁定透明像素"按钮，用白色填充。

图3-3　色彩平衡参数设置

图3-4　路径编辑

（3）添加图层，在彩妆人物的左上角处绘制一个圆形选区，并对选区描边，设置描边参数：宽度为4像素、色彩为黄色。

（4）将选区转化为路径，输入路径文字"美丽从这里起航 色彩工作室"，字体设为"华文新魏"，大小适中。

（5）合并两个图层，设置不透明度为70%，添加投影和外发光的图层样式效果，外发光图素大小设为2像素。

7．保存文件。

项目2

自主设计，参考前面的实验。以下以台历为例，效果如图3-5所示，简要描述操作步骤。

1．怀旧照的制作。

（1）去色。

（2）利用"色相/饱和度"命令着色，设置泛黄的照片效果。

（3）添加图层，填充为黑色，添加单色杂色的滤镜效果。

（4）调整"阈值"，设置角度为90度，距离为960像素的动感模糊滤镜效果。

图3-5 台历效果图

（5）设置图层混合模式为"滤色"。

（6）添加杂色，调整明暗度。

2. 给黑白照片上色。

（1）分区域创建选区，利用色彩平衡（色相饱和度）等命令调整颜色。

（2）图层混合模式、曲线、滤镜等命令的综合应用。

3. 磨皮美肤。

方法一：外挂滤镜磨皮。

方法二：手动磨皮。

（1）复制蓝通道，添加"最小值"和"高反差保留"滤镜。

（2）对通道图像多次强光计算来加强原斑点像素的对比度，用白色画笔涂抹眼睛、嘴巴及脸部之外的部分，载入选区，反选，将选区加载到RGB图像中，再利用曲线命令适当调亮。

（3）复制图层，添加高斯模糊滤镜，更改不透明度，合并图层。

（4）利用"曲线"命令调亮，再调整色彩。

4. 台历制作。

（1）新建文件，文件的大小1024像素×768像素，背景色为白色，RGB色彩模式，其他默认。

（2）利用矩形选区绘制台历框架（三个图层，并设置图层样式）。

（3）添加一个白色矩形作为台历图像的底图。

（4）编排好日历和以上处理好的三幅图像放置到如图3-5所示位置。

（5）路径文字2032，添加描边效果，设置80%不透明度。

（6）去除"鼠.jpg"图像的背景，放置到路径文字的上方，设置不透明度为50%

（7）打孔效果。利用钢笔工具绘制一条路径，画笔路径描边（黑色，大小24，间隔240%，硬度100%）。添加内阴影（溶解）、斜面和浮雕效果（枕状浮雕，深度32%，大小5像素，阴影角度160度，高度32度）。

（8）环扣制作。添加图层，绘制椭圆选区，灰色描边，添加斜面浮雕效果，擦除环扣底部应该被遮挡的部分，复制出多个环并移动到对应孔的位置处，最后将环扣图层合并为一个图层。

5. 保存文件。

实验四　Animate 基本操作

实验目的：

1. 熟悉 Animate 工作环境
2. 掌握 Animate 绘图工具的使用方法
3. 掌握图形对象的编辑操作
4. 掌握文字的输入及编辑

实验内容：

绘制"美丽的城堡"，如图4-1所示，效果文件 EX-4-1.PNG。

图4-1　"美丽的城堡"效果图

实验步骤：

1. 新建一个空白 Animate 文档，保存为"EX-4-1.fla"。

2. 将图层1更名为"背景"图层，在第1帧中绘制一个与舞台大小一致的矩形，填充颜色为#0099FF 到白色的线性渐变，利用填充变形工具调整填充色，结果如图4-2所示。锁定"背景"图层。

3. 新建"草地"图层，在舞台的下方绘制一个填充颜色为#00CC00的矩形，利用选择工具将上边缘变形，形成山坡效果，如图4-3所示。锁定"草地"图层。

图4-2 "背景"图层效果

图4-3 "草地"图层效果

4. 新建"城堡"图层，利用矩形工具、线条工具、椭圆工具、选择工具等绘制一幢城堡，将城堡组合，放置于舞台上的合适位置。锁定"城堡"图层，城堡效果如图4-4所示。

图4-4 城堡效果

5. 新建"树"图层，利用画笔和填充工具绘制一棵树，绘制好后选择"树"图层，按Ctrl+G组合键进行组合操作；复制出另一棵树，移动位置并进行水平翻转。锁定图层。

6. 新建"石块"图层，利用刷子工具和选择工具，绘制路上的彩色石块。锁定"石头"图层。

7. 新建"篱笆"图层，利用刷子工具绘制树下的篱笆。锁定"篱笆"图层。

8. 新建"花朵"图层，绘制花，颜色自定义。

（1）花瓣绘制。

方法一：利用椭圆、选择和刷子等工具及复制功能，制作花朵，并将其组合。具体绘制过程如图4-5所示。

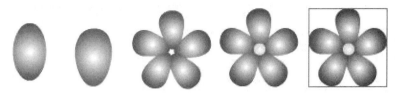

图4-5　花朵绘制过程

方法二：花朵绘制过程中的第三步可通过菜单命令完成。利用任意变形工具将定位点调整到花瓣的下方，执行"窗口"菜单→"变形"命令，设置旋转角度为72度，单击"重制选取和变形" 按钮，参数设置如图4-6所示。

（2）树叶绘制。利用画笔和选择工具，制作一片树叶，并将其组合。

（3）利用画好的花朵和树叶，制作一枝花，并将所有对象组合。结果如图4-7所示。

图4-6　复制花瓣参数设置

图4-7　"一枝花"组合结果

（4）多复制几枝花，改变大小、角度等，放置于"花朵"图层第1帧的舞台上。锁定"花朵"图层。

9. 新建"云朵太阳"图层。

（1）太阳光芒绘制。选择工具箱中的多角星形工具，设置笔触颜色为白色，填充色为黄色，在"属性"面板中单击"选项"按钮，其参数设置如图4-8所示。在舞台上绘制出太阳的光芒，组合。

（2）在光芒的上方绘制笑脸太阳，利用椭圆、线条、选择、填充等工具绘制，绘制完后组合对象，效果如图4-9所示。

图4-8　多角星形参数设置

图4-9　太阳绘制效果

（3）云朵的绘制。利用画笔工具和颜料桶工具绘制两片云朵。

10. 新建"文字"图层。输入竖排文字"美丽的城堡"，设置字体为华文行楷，大小为32，白色。选中文字，在"属性"面板中为文字添加"渐变发光"的滤镜效果，参数默认。锁定"文字"图层。

11. 保存文件，并将其导出成图片，文件名为"EX-4-1.PNG"；导出动画，文件名为"EX-4-1.SWF"。

实验五　Animate 动画制作

实验目的：

1. 掌握帧的基本概念及操作
2. 掌握元件的概念、创建及使用
3. 掌握逐帧动画的基本概念及操作方法
4. 掌握形状补间动画的基本概念、操作方法及操作技巧
5. 掌握传统补间动画的基本概念、操作方法及操作技巧
6. 掌握补间动画的基本概念、操作方法及操作技巧
7. 掌握骨骼动画的基本概念、操作方法及操作技巧
8. 了解引导层、遮罩层的作用
9. 理解引导路径动画和遮罩动画的原理
10. 掌握建立引导层、遮罩层的方法
11. 熟练掌握引导路径动画及遮罩动画的制作方法

实验内容：

（一）关键帧和补间动画

1. 参照"EX-5-1.swf"效果文件，制作"蝴蝶与毛毛虫"动画。利用逐帧动画制作一只扇动翅膀的蝴蝶；在荷花上放置一只舞动翅膀的蝴蝶；利用补间动画制作一只蝴蝶沿曲线飞过舞台；一条毛毛虫扭动身躯在荷叶上来回爬行的动画，效果如图5-1所示。

图5-1　"蝴蝶与毛毛虫"动画效果图

2. 参照"EX-5-2.swf"效果文件,制作"变形的车"动画,利用形状补间动画制作摩托车变形成小汽车后向左边行驶的动画。效果如图5-2所示。

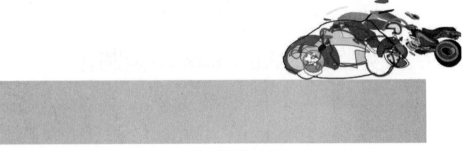

图5-2 "变形的车"动画效果图

3. 参照"EX-5-3.swf"效果文件,制作"海底世界"动画,效果如图5-3所示。利用传统补间动画制作。

图5-3 "海底世界"动画效果图

(1)在背景为蓝色的文档中,一行颜色为白色、字体为华文行楷的文字"海底世界"逐渐由小变大,最后在屏幕中间显示出来。

(2)在文字逐渐从小变大的同时,一幅海底世界的图片从右向左逐渐展开显示在屏幕的中间,作为"海底世界"的背景图像,替代原来的背景颜色。

(3)"海底世界"文字逐渐缩小,并移至底图的右上方,同时一大一小两条彩色的鱼逐渐显现出来。两条鱼在水中来回游动,大鱼在上层,小鱼在下层。

(二)图层特效动画

1. 参照"EX-5-4.swf"效果文件,利用引导路径动画制作一辆汽车沿着弯曲跑道运行的动画,如图5-4所示。

2. 参照"EX-5-5.swf"效果文件,利用遮罩动画制作"五环福娃探照灯"动画,效果如图5-5所示。

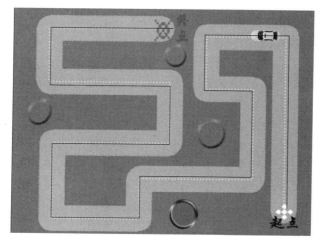

图5-4　"赛车"动画效果图

图5-5　"五环福娃探照灯"动画效果图

实验步骤：

1. 制作"蝴蝶与毛毛虫"动画。

（1）打开"EX-5-1源.fla"文件。

（2）新建"蝴蝶"影片剪辑元件，制作扇动翅膀的蝴蝶。

① 将图层1更名为"身体"图层，在第1帧中，利用画笔工具、线条工具和椭圆工具绘制蝴蝶身体，并按Ctrl+G组合键将其组合，如图5-6所示。

② 新建图层"左翅膀"，在第1帧中，绘制蝴蝶左翅膀，完成后将其组合，绘制过程如图5-7所示。

图5-6　绘制蝴蝶身体

图5-7　蝴蝶左翅膀绘制过程

③ 新建"右翅膀"图层，将"左翅膀"图层中绘制的蝴蝶左翅膀复制到该图层的第1帧中，水平翻转后，调整好位置。完成后第1帧中的蝴蝶如图5-8所示。

④ 延续"身体"图层至第10帧。在"左翅膀"和"右翅膀"图层的第3帧和第5帧处都插入关键帧，并将这两个图层第3帧中的翅膀变形，形成蝴蝶闭上翅膀的效果，如图5-9所示。延续这两个图层至第10帧。"蝴蝶"影片剪辑元件的时间轴如图5-10所示。

图5-8　第1帧中的蝴蝶

图5-9　第3帧中的蝴蝶

图5-10　"蝴蝶"影片剪辑元件的时间轴

（3）回到主场景，新建"停留蝴蝶"图层，将库中的"蝴蝶"影片剪辑拖动至第1帧中舞台的荷花上。延续所有图层至第50帧。

（4）新建"飞动蝴蝶"图层，将库中的"蝴蝶"影片剪辑拖动至第1帧的舞台左上角。为第1帧创建补间动画，在第25帧和第50帧处分别插入属性关键帧，改变这两帧中蝴蝶的位置和方向。使用选择工具修改路径，结果如图5-11所示。完成后的时间轴如图5-12所示。

图5-11　修改后的蝴蝶飞舞路径

图5-12　"舞动的蝴蝶"动画时间轴

（5）毛毛虫爬行动画。

① 双击库中的"毛毛虫"影片剪辑，进到影片剪辑编辑状态。利用工具箱中的骨骼工具创建骨骼，如图5-13所示。在第20帧处插入帧，调整第10帧骨架图层的节点姿势，如图5-14所示。调整上下两个图层的顺序。

② 新建"爬行的毛毛虫"影片剪辑，将库中"毛毛虫"元件拖放到第1帧舞台上。

③ 切换到场景1，新建"爬虫"图层，将"爬行的毛毛虫"拖放到该图层第1帧舞台上。双击舞台上的毛毛虫对象，编辑"爬行的毛毛虫"影片剪辑，在第50帧处插入关键帧，

图5-13 第1、20帧的骨骼姿势

图5-14 第10帧的骨骼姿势

调整毛毛虫的位置和方向，第1帧处毛毛虫在荷叶右端，头朝左；第50帧处毛毛虫在荷叶左端，头朝右，在第100帧处插入帧。在第1～49帧之间，利用补间动画制作毛毛虫向左移动的动画；在第51～100帧之间，利用补间动画制作毛毛虫向右移动的动画，调整路径。毛毛虫爬行时间轴如图5-15所示。

图5-15 毛毛虫爬行时间轴

④ 按Ctrl+Enter组合键测试影片，发现毛毛虫爬到了另一枝荷叶的上方，我们还需要对荷叶图层的顺序进行调整。

⑤ 选择"荷叶"图层需要调整的那枝荷叶，右键单击，在弹出的快捷菜单中选择"分散到图层"命令，将新生成的图层调整到"爬虫"图层的上方。

2. 制作"变形的车"动画。

（1）打开"EX-5-2源.fla"文件，延长"背景"图层至第40帧。

（2）新建"车"图层，利用库中的图形元件"摩托车"和"汽车"制作第1～20帧摩托车变汽车的形状补间动画（注意：摩托车和汽车必须按Ctrl+B组合键进行彻底分离）。

（3）在"车"图层的第40帧处插入关键帧，选中汽车，再按键盘上向左的方向键移动汽车到舞台的左侧，在第20～40帧创建形状补间动画，注意汽车在移动的过程中不要变形。完成后的"时间轴"面板如图5-16所示。

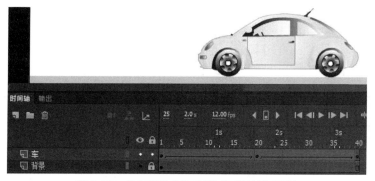

图5-16 "变形的车"动画"时间轴"面板

（4）测试影片。

3. 制作"海底世界"动画。

（1）打开"EX-5-3源.fla"文件。设置文档的大小为600像素×450像素，背景颜色设为 #0066FF。

（2）将图层1更名为"背景"图层，利用素材图片"seabg.jpg"制作第1～40帧图片从右侧缓缓移入的传统补间动画，延续至第80帧处。

（3）新建图形元件"文字"，内容为"海底世界"，白色，华文行楷。切换到场景1，新建"文字"图层，利用图形元件"文字"制作第1～40帧文字"海底世界"从小到大的传统补间动画，第40～80帧"海底世界"文字变小，并移动至舞台右上方的传统补间动画。

（4）新建"小鱼"图层。利用库中的图形元件"fish"，制作第40～80帧小鱼渐渐出现的传统补间动画，小鱼的Alpha值从0%变化至100%。同样的方法创建"大鱼"图层，实现大鱼慢慢出现的效果。

（5）制作鱼来回游动的动画。

① 在"小鱼"层第100帧处插入关键帧，将小鱼移动至舞台左侧。

② 在第101帧处插入关键帧，将小鱼水平翻转。

③ 在第120帧处插入关键帧，将小鱼移动至舞台右侧。

④ 创建"小鱼"层第80～100帧、第101～120帧的传统补间动画。

⑤ 同样的方法制作"大鱼"图层的大鱼来回游动的动画。

（6）新建"泡泡"图层。利用库中的图形元件"bubble"，制作第80～120帧的泡泡旋转上升的传统补间动画，顺时针旋转5次，泡泡的Alpha值从100%变化到0%。

（7）延续"背景"层和"文字"层至第120帧。完成后的"时间轴"面板如图5-17所示。

图5-17 "海底世界"动画"时间轴"面板

（8）测试影片。

（二）图层特效动画

1. 制作"赛车"动画。

（1）打开"EX-5-4源.fla"文件。

（2）新建图层，在第1～120帧之间制作第一辆车沿曲线运动效果，"时间轴"面板如图5-18所示。

图5-18 一辆车沿曲线运动"时间轴"面板

（3）同理，利用复制帧和粘贴帧制作另一辆车沿同一路径运动的效果，其"时间轴"面板如图 5-19 所示。

图 5-19　多辆车沿曲线运动"时间轴"面板

（4）测试影片。

2. 制作"五环福娃探照灯"动画。

（1）打开"EX-5-5 源.fla"文件。将图层 1 更名为"五环"，再将库中"五环"图形元件拖至场景区域中，Alpha 值设置为 30%。

（2）新建"福娃"图层，导入素材图片"福娃.gif"。分离图像，删除背景颜色。将对应色彩的福娃移至相应的五色环中。将福娃转换为图形元件，Alpha 值设置为 30%。

（3）制作探照灯效果。

① 新建"五环福娃"图层，利用矩形工具绘制一个色彩为 #FFCCFF、大小与舞台一致的矩形。

② 将福娃和五环都复制到该层中的相同位置，更改 Alpha 值为 100%。

③ 新建图层"圆"，制作第 1～100 帧的一个蓝色圆从舞台左侧移动至舞台右侧的形状补间动画。第 1 帧中蓝色圆的位置如图 5-20 所示。设置该层为遮罩层，创建遮罩效果。

图 5-20　"圆"图层第 1 帧中蓝色圆的位置

（4）所有图层延续至第 100 帧。完成后的"时间轴"面板如图 5-21 所示。

图 5-21　"五环福娃探照灯"动画"时间轴"面板

（5）测试影片。

实验六　Animate 综合动画制作

实验目的：

1. 掌握关键帧动画、补间动画、骨骼动画及特殊图层动画的综合应用
2. 熟悉声音的导入和编辑操作
3. 掌握在动画中插入声音的操作方法

实验内容：

参照"EX-6-1.swf"效果文件，制作一个综合动画，效果如图6-1所示。

图6-1　"小黄人和动物们"动画效果

1. 打开源文件，设置文档属性。
2. 编辑"背景"图层，将库中的小猪、米奇添加到舞台上，调整其位置和大小。
3. 制作旋转的风扇动画效果。
4. 制作荡秋千的小熊。
5. 制作花瓣沿曲线飘落的动画效果。
6. 制作墙上照片动态显示效果。

7. 制作变形文字效果。

8. 制作小黄人走路的效果。

9. 添加走路的脚步声。

实验步骤：

1. 打开EX-6-1源.fla文件，设置文档大小为600像素×480像素，帧频为10fps。

2. 将图层1更名为"背景"，将库中的背景图形元件拖至舞台，在"属性"面板中更改大小为600像素×480像素。

（1）将库中的小猪添加到主场景的相应位置。

（2）将库中的米奇添加到主场景的相应位置，复制一个相同的对象，水平翻转，并更改其大小。

（3）在背景图层的第40帧处插入帧。

3. 利用库中的风扇叶图形元件制作旋转的风扇。动画产生在第1～40帧，旋转方向为顺时针，次数为10。注意风扇叶要放置到风扇圈中。

4. 制作荡秋千的小熊。

（1）双击库中的小熊元件进到小熊编辑状态，给小熊手中的花束再添加几片花瓣（花瓣在库中），形成花束。

（2）将小熊元件拖曳到舞台的相应位置，制作小熊第1～40帧的左右摆动荡秋千效果。其"时间轴"面板如图6-2所示。

图6-2　荡秋千效果"时间轴"面板

5. 利用库中的花瓣图形元件，制作一片花瓣沿着曲线飘落，效果如图6-3所示。

图6-3　花瓣飘落动画效果

6. 制作墙上照片动态显示效果。

（1）新建"相册"图层，利用关键帧动画制作动态显示的图片，第1、10、20、30帧上分别放置一幅图片，延长时间轴到第40帧处。

（2）新建"矩形"图层，在相框内绘制一个有填充色的矩形。

（3）将"矩形"层遮罩"相册"层。

7. 制作变形文字效果。

（1）新建"变形字"图层，在第1帧处添加库中的"米奇多个"元件，完全分离。

（2）在第20帧处插入空白关键帧，输入文字"小黄人和动物们"，字体风格自定，分离文字。

（3）创建1～20帧的补间形状动画，并延长到40帧。

8. 制作小黄人走路的效果。

（1）新建"小黄人"影片剪辑，利用库中的身体、头发、左右胳膊、左右腿元件在舞台上拼成完整的小黄人。

（2）利用任意变形工具将四肢的定位点分别调整到胳膊和腿的根部。

（3）利用工具箱中的骨骼工具创建骨骼，如图6-4所示。为了方便创建骨骼，我们可以将小黄人身体各部位分开，连接好骨骼之后再利用任意变形工具调整位置。如图6-4所示，左图为分开创建骨骼，右图为调整位置之后的效果。

图6-4　创建骨骼

（4）观察图层会发现，"时间轴"面板中自动创建了一个"骨架_1"的图层。接下来，我们要在"骨架_1"图层创建骨骼动画。在第20帧处右键单击，在弹出的快捷菜单中选择"插入姿势"命令；同样在第10帧处插入姿势，利用选择工具更换第10帧处胳膊和腿的位置，腿前迈，胳膊应该向后摆。

（5）观看效果，已经形成了走路的动作，但还不太符合自然规律，人在走路的过程中，两脚并拢时身体会高出一点，因此分别在第5帧和第15帧处插入姿势，将小黄人身体向上稍作移动。

（6）影子效果，在底层新建"影子"图层，绘制一个淡黄色半透明的椭圆。

（7）小黄人原地走路动画效果如图6-5所示。

图6-5　小黄人原地走路效果

（8）位移动画。新建"小黄人走路"影片剪辑，将"小黄人"元件拖曳到舞台上。回到"场景1"，新建"小黄人"图层，将"小黄人走路"元件拖曳到舞台对应位置，更改其大小；双击该实例对象进入影片剪辑编辑状态，制作1～100帧由左向右移动的位移动画，第1帧处小黄人位置如图6-6左图所示，第100帧处小黄人位置如图6-6右图所示。

图6-6　第1、100帧小黄人位置

9. 添加走路的脚步声。

（1）在库中双击"小黄人"元件，打开"小黄人"影片剪辑编辑界面。

（2）添加"声音"图层，依次执行"文件"菜单→"导入"→"导入到库"命令，选择"走路声.wav"文件导入。

（3）选中"声音"图层的第1帧，将库中的"走路声.wav"拖曳到舞台上；在第10帧处插入关键帧，添加一个相同的声音。

10. 保存文件，按Ctrl+Enter组合键测试影片。

实验七　音频编辑与合成技术

实验目的：

1. 掌握音频录制的方法
2. 掌握音频剪辑的方法
3. 掌握音频效果处理的方法
4. 掌握多轨音频合成

实验内容：

1. 单轨音频录制
2. Audition波形编辑器下音效处理
3. Audition多轨音频合成

实验步骤：

1. 单轨音频录制

在Audition的波形编辑器中录制网络上的一段声音，并将声音文件储存为不同格式，比较不同格式的声音文件的基本特性，并填写后面的表格。

（1）新建文件。执行"文件"菜单→"新建"→"音频文件"命令，会出现的对话框中选择适当的采样率、声道数和深度参数，如图7-1所示，单击"确定"按钮新建一个文件。

图7-1　"新建音频文件"对话框

（2）打开网页浏览器，在网络上找一首歌并开始播放。

（3）设置音频属性。在Audition软件中，执行"编辑"菜单→"首选项"→"音频硬件"命令，打开音频硬件设置窗口。在其中选择"默认输入"为"立体声混音"，如图7-2所示。

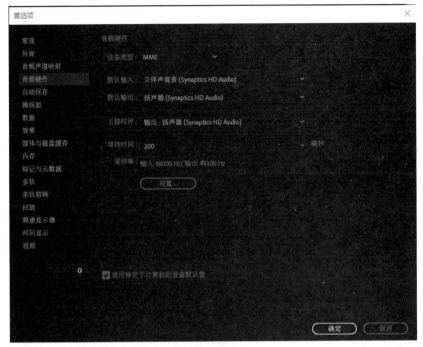

图7-2　设置音频硬件

（4）打开声音设置窗口。单击图7-2所示窗口中的"设置"按钮，打开Windows的"声音"对话框并选择"录制"选项卡，如图7-3所示，以便在后续操作中调整音量。

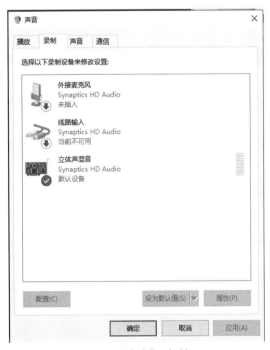

图7-3　"声音"对话框

（5）录音。不要关闭图7-3所示的"声音"对话框，选择Audition软件，关闭前面打开的音频硬件设置窗口，单击软件下方"操作"面板中的红色"录音"按钮开始录音。

（6）录音音量调整。观察录制下来的声音波形，如果录音音量不理想（关于录音音量的判断，参见4.2.2节的内容或4.2.4节中关于的音量调整效果器的内容），则在刚才打开的"声音"对话框中，选择"立体声混音"，打开"属性"窗口，选择其中的"级别"选项卡。一边调整立体声混音级别，一边观察Audition中录制下来的音频波形的音量，一直找到一个合适的录音级别为止，如图7-4所示。需要注意的是，由于在歌曲的不同部分，音量是动态变化的，所以判断录音音量时，要注意音乐的高潮部分音量不要过载。

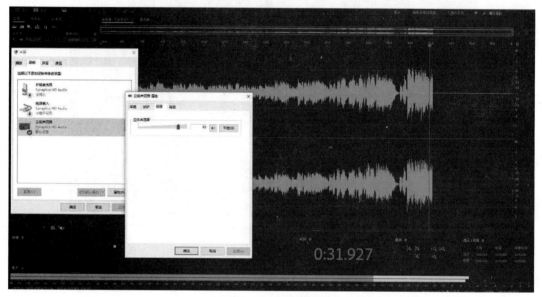

图7-4　录音级别调整

在调整好录音音量之后，如果希望完整地录制这首歌曲，可以将音乐退回到起始部分，重新开始播放。此时，你可以另外新建一个文件进行录音；也可以直接在原来的文件上继续录制，在录音完毕后，直接选择并删除前面不需要的波形内容即可。

录音结束后，单击"操作"面板上的"停止"按钮即可结束录音。在录音的过程中，也可以单击面板上的"暂停"按钮来暂停录音操作，再次单击此按钮继续录音。

（7）保存文件。录音完毕后，单击"播放"按钮可以回放刚才录下来的声音，如果对录音结果满意的话，就可以执行"文件"菜单→"另存为"命令来保存波形文件了。

尝试将声音文件储存为不同格式，比较不同格式的声音文件的基本特性，并填写如表7-1所示的表格。

表7-1　声音文件基本特性

文件格式类型	文件大小	音质（你的主观感受）
Wave PCM（*.wav）		
MP3音频（*.mp3）		
Windows Media音频（*.wma）		

2. Audition波形编辑器下音效处理

（1）调整声音文件的音量。在波形编辑器窗口中打开声音文件"4_2_1_音量调整.mp3"，我们可以用以下两种不同的方法对音频文件的音量进行调整。

方法一：参照4.2.3节第1点的内容，利用波形编辑器窗口中的"音量控制"按钮调整音量。

方法二：利用"效果"菜单调整音量。具体操作参考4.2.4节中的案例4-2。

（2）淡入、淡出效果的设置。对于比较长的声音素材"4_2_2_菊花台.mp3"，截取其中的片段，并对声音片段设置淡入、淡出效果，可以使声音听起来比较自然。

具体操作参考4.2.4节的案例4-3。

（3）将左右声道分开的卡拉OK带处理成纯伴奏带。利用从VCD卡拉OK光盘上获取的视频文件"4_2_3_种太阳.mpg"，制作出制作纯伴奏带。

具体操作参考4.2.4节案例4-4。

（4）变调与变速。将声音文件"4_2_0_朗诵.mp3"的第一段音调升高2音阶，第二段语速加快一倍。

在波形编辑器窗口中打开声音文件"4_2_0_朗诵.mp3"，选中第一段音频（大约从第6秒到第41秒），执行"效果"菜单→"时间与变调"→"伸缩与变调"命令，打开如图7-5所示的对话框，不要勾选"锁定伸缩与变调（重新采样）"选项，调整"变调"滑块为4半音阶，注意此时"伸缩"为100%，表示将声音的音调提高两个音阶，语速不变。单击"应用"按钮。

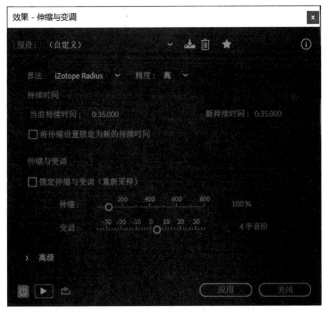

图7-5　"效果-伸缩与变调"对话框

选中第二段音频（大约从第41秒到第1分31秒），执行"效果"菜单→"时间与变调"→"伸缩与变调"命令，打开如图7-6所示的对话框，不要勾选"锁定伸缩与变调（重新采样）"，选项，调整"伸缩"滑块为50%，注意此时"变调"为0半音阶，表示将声音的播放速度加快一倍，音调保持不变。单击"应用"按钮。

图7-6 改变语速

（5）对声音进行滤波（均衡）处理。在波形编辑器窗口中打开声音文件"4_2_5_滤波处理.mp3"，执行"效果"菜单→"滤波与均衡"→"图形均衡器（10段）"命令，打开图形均衡器调整并预览滤波效果。

具体操作参考4.2.4节案例4-2-7。

（6）为声音文件添加混响效果。在波形编辑器窗口中打开声音文件"4_2_0_朗诵.mp3"，执行"效果"菜单→"混响"→"室内混响"命令，选择不同的预设项并微调参数，找到自己喜欢的声音效果。

需要注意的是，由于混响效果是CPU密集型的（需要占用比较多的计算机资源），所以一些参数在声音预览的情况下不能进行实时调整，需要停止播放声音后才能对参数进行调整。

3. Audition多轨音频合成

（1）新建项目并导入素材。

① 新建文件夹，并将素材"多轨合成"文件夹下的"掌声2.mp3"、"独上西楼_演唱.mp3"和"独上西楼_伴奏.mp3"复制到该文件夹下。

② 新建项目并导入素材。打开Adobe Audition软件，并切换到多轨编辑模式，打开"新建多轨会话"对话框，如图7-7所示。由于这里用到的几个音频素材的采样率都是44100Hz的，所以可以直接选择多轨会话的采样率为44100Hz，这样在使用素材时就不需要再进行采样频率转换了。

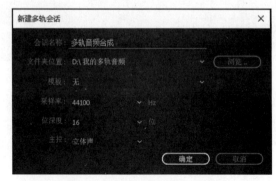

图7-7 "新建多轨会话"对话框

在文件组织窗口的空白区域单击鼠标右键，在弹出的快捷菜单中选择"导入"命令，在出现的"导入文件"对话框中选中这三个文件，并单击"打开"按钮。这时，这三个声音文件会出现在文件组织窗口中。

③ 在多轨模式下设置素材。把"掌声.mp3"、"独上西楼_伴奏.mp3"和"独上西楼_演唱.mp3"这三个声音分别拖动到轨道1、2、3，并调整好时间的先后顺序，如图7-8所示。如果需要调整某个音频波形在音轨上的前后位置，可以选择工具栏上的移动工具，就可以用鼠标左键单击波形并拖动了。

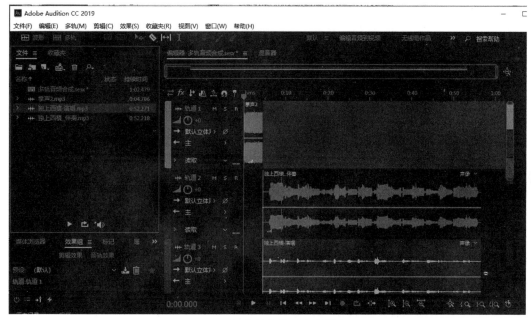

图7-8　把素材安排到多轨模式

④ 在多轨模式下观察波形的同时试听效果，发现演唱音量偏小，而掌声比较突兀而且比较单薄。

（2）提高演唱声音的音量。

① 在轨道3的"独上西楼_演唱"波形上双击，切换到波形编辑器窗口。

② 执行"效果"菜单→"振幅与压限"→"增幅"命令，在打开的"增幅"调节窗口中，选择"预设"列表框中的"+10dB提升"项。单击"应用"按钮，完成音量的调整。这时，我们从窗口中可以看出波形的振幅变大了。

③ 在波形编辑器模式下执行"文件"菜单→"保存"命令，保存文件。

（3）在波形编辑器模式下给掌声添加房间回声效果。

① 在文件组织窗口中的"掌声2.mp3"文件上双击，使掌声文件波形显示在波形编辑器窗口中。

② 执行"效果"菜单→"延迟与回声"→"回声"命令，在打开的"回声"调节窗口中，选择"预设"列表框中的"立体声音"项，给掌声添加回声效果。

（4）对掌声进行淡入、淡出处理。

① 设置声音的淡入效果。拖动鼠标选择波形开头1.5秒钟的位置，执行"效果"菜单→"振幅与压限"→"淡化包络"命令，在出现的"效果设置"对话框中选择"平滑淡入"预

置项，单击"应用"按钮，设置波形的淡入效果。

② 类似地，在声音的最后1.5秒位置设置淡出效果。

③ 保存音频。

（5）在多轨编辑器下进行声音编辑。

① 切换回多轨编辑器窗口，再次试听效果，发现演唱音量相对音乐还显得略轻，而掌声太响而且时间过短。

② 调整轨道音量。在轨道3的左侧将"音量调整旋钮"参数设置为2，如图7-9所示，表示将该轨道上的声音提高2dB，再次试听声音，可以发现演唱的声音变大了。类似地，调整轨道1音量为-3dB，以降低掌声音量。

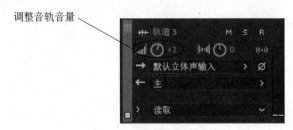

图7-9　调整轨道音量

③ 将掌声时间延长。

步骤1：从文件组织窗口中拖动"掌声2.mp3"文件添加到轨道1原"掌声2"波形的后面，注意在两段波形之间留下一定的空间，以利于观察。

步骤2：选中左边的第一段掌声波形，将鼠标移动到波形右的边界，当光标变成红色方括号形状时，向左拖动鼠标，去除波形淡出的部分。

步骤3：类似地，用鼠标拖拉的方法将第二段波形的淡入部分裁去。结果如图7-10所示。

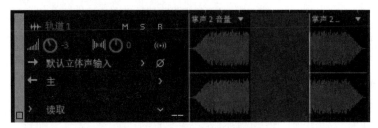

图7-10　用鼠标拖拉裁剪波形

步骤4：向左拖动第二段掌声波形，使两段波形相连接。

步骤5：调整伴奏和演唱波形的位置。单击鼠标左键，选中"伴奏"波形；然后按住Ctrl键的同时单击"演唱"音频，使两段波形同时选中（也可以将两段波形组成一个组），拖动这两段波形，使伴奏和演唱的声音在掌声结束后响起。此时多轨编辑器窗口下波形编辑结果如图7-11所示。

步骤6：从头到尾播放多轨上波形的合成效果，如果感觉不满意，还可以进一步调整各轨道的音量和各波形的前后位置。

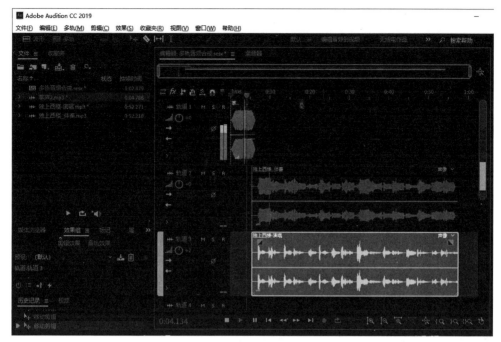

图 7-11　多轨波形编辑结果

（6）混音输出及保存。

① 执行"多轨"菜单→"将会话混音为新文件"→"整个会话"命令，把所有这些波形混合成一个波形文件并在波形编辑器窗口中打开。

② 播放混音合成的声音文件，感觉满意的话，保存波形文件。

③ 切换回多轨编辑器窗口，保存工程文件。

实验八　视频采集与处理

实验目的：

（1）了解视频制作的流程
（2）熟悉视频的采集技术
（3）熟悉 Premiere 工作界面
（4）掌握素材的添加和管理
（5）掌握视频剪辑与编排
（6）掌握视频的导出技术

实验内容：

参照"EX-8效果.wmv"视频效果，完成以下操作，实验中涉及的素材可以自定。
1. 素材采集
2. 熟悉 Premiere 操作环境
3. 创建新项目
4. 素材导入
5. 素材添加、剪辑与编排
6. 创建字幕
7. 特效添加
8. 保存项目文件并导出视频

实验步骤：

1. 素材采集
通过拍摄、光盘、网上下载或者录屏软件采集一些与主题相关的素材，存放到相应文件夹中。
注：实验中"视频片段1、2、3"可用学生采集的视频替换。
2. 创建新项目
（1）启动 Premiere Pro CC 2019，创建一个名称为"movie.prproj"的项目文件，"位置"选择"EX8"文件夹。

（2）新建序列，在"可用预设"列表中选择"DV–PAL"文件夹中的"标准48kHz"项。

3．熟悉工作界面

（1）"项目"窗口操作。

（2）"时间线"窗口操作。

（3）"监视器"窗口操作。

（4）"字幕"窗口操作。

（5）"音轨混合器"面板操作。

（6）"历史"和"信息"面板操作。

（7）"效果"和"效果控件"面板操作。

4．素材导入

在"项目"窗口中右键单击，选择快捷菜单中"导入"命令，在打开的"导入"对话框中选择"EX8"文件夹中的素材子文件夹，单击"导入文件夹"按钮。

5．素材添加、剪辑与编排

（1）利用"源监视器"窗口剪辑"采茶1.mp4"片段中的采茶画面，添加到"V1"轨道的起始位置，设置播放速度为原来的300%。

（2）将"视频片段1.avi"添加到"V1"轨道采茶1视频片段之后，设置素材持续时间为3秒6帧。

（3）在"源监视器"窗口中剪辑视频。双击"视频片段2.avi"素材，在"00:00:00:02"和"00:00:02:05"处设置入点和出点，将此段素材插入到"V1"轨道视频片段1之后。

（4）在视频片段的中间插入一段剪辑。编辑标识线移到视频片段1素材的1秒5帧处，将剪辑好的"功夫茶.avi"倒茶画面插入到当前位置。

（5）在"时间线"面板中，选中功夫茶剪辑、视频片段1后半部分、视频片段2剪辑，右键单击，在弹出的快捷菜单中选择"嵌套"命令，三段视频剪辑作为一个序列嵌套在当前序列中，如图8-1所示。

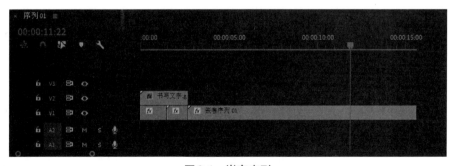

图8-1　嵌套序列

（6）依次选中"静态素材"文件夹中的所有图片，拖放到"时间线"面板"嵌套序列01"素材之后，设置每幅图像持续时间为2秒（可使用自动匹配系列操作）。

（7）执行"文件"菜单→"新建"→"黑场视频"命令，创建一个黑场。将编辑标识线移至"嵌套序列01"之后，选中"V1"轨道，右键单击"项目"窗口中的"黑场"素材，在弹出的快捷菜单中选择"插入"命令。

（8）将"书写文字效果.gif"素材添加到"V2"轨道的起始位置，更改播放速度。

（9）将"视频片段3.avi"添加到"V3"轨道与静态素材对齐，在"节目监视器"窗口中移动位置到屏幕的右下方，并利用比率拉伸工具调整视频的播放速度。

6. 创建字幕

（1）执行"文件"菜单→"新建"→"旧版标题"命令，创建一个"品茶"字幕，在"字幕"窗口中输入"品茶"，设置文字属性。

（2）将"品茶"字幕添加到"V2"轨道与黑场对齐。

7. 特效添加

"时间线"面板如图8-2所示。

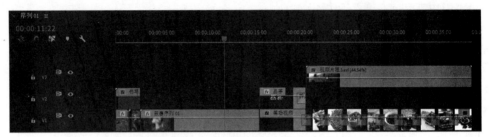

图8-2　添加特效"时间线"面板

（1）将"效果"面板"页面剥落"文件夹中的"翻页"视频特效拖到静态素材之间，选中视频切换特效，在"效果控件"面板中更改特效持续时间为1秒。其他视频切换特效操作相同。

（2）将"拆分"视频切换特效拖到"品茶"素材的右侧。

（3）将"油漆飞溅"视频切换特效拖放到"黑场"和"tea003.jpg"素材之间。

（4）添加"镜头光晕"特效到"黑场"素材上，这里可以利用关键帧和光晕中心参数设置动画效果。

（5）利用"裁剪"视频特效对"视频3片段.avi"进行上下左右裁切并设置羽化效果，修改不透明度为60%。

8. 导出影片

（1）执行"文件"菜单→"保存"命令，保存项目文件。

（2）依次执行"文件"菜单→"导出"→"媒体"命令，选择一种编码格式导出视频文件。

实验九　视频综合处理技术

实验目的：

1. 掌握多时间线视频设计
2. 掌握视频特效、视频切换特效、运动特效及抠像技术的综合应用
3. 掌握字幕制作技术
4. 掌握声音的添加与编辑
5. 掌握视频输出技术

实验内容：

参照"动感电子相册.mp4"视频效果，设计一个动感电子相册。

1. 素材收集与制作
2. 在 Premiere 中创建新项目。
3. 素材导入
4. 分镜头 1 设计
5. 分镜头 2 设计
6. 分镜头 3 设计
7. 分镜头 4 设计
8. 整合序列设计
9. 保存项目并导出视频

实验步骤：

1. 素材收集与制作

（1）在"EX9"文件夹中，创建"动态素材""静态素材""Photo""mask""Music"等子文件夹，用来管理素材；收集视频片段等动态素材、静态图像、分层素材、蒙版、声音文件等并放置到对应的文件夹中。

（2）完成以下素材制作。

① 在 Cool 3D 中设计片头动画效果，并以"相伴一生片头.avi"文件名存储到"动态素材"文件夹中。

② 在 Photoshop 中处理蒙版素材。分镜头 1 中涉及如图 9-1 所示的蒙版素材，需要在相框的原图上创建选区，并将选区填充为白色，其余部分填充为黑色，存储格式为.jpg。分镜头 2 中的白色边框照片用到的分层素材，如图 9-2 所示，创建了两个图层，图层 1 上绘制一个矩形选区，填充为白色；图层 2 上绘制一个略小的矩形，填充为黑色，存储为.psd 文件格式。分镜头 3 中如图 9-3 所示的心形蒙版，只需在黑色背景上绘制一个白色的心形即可，存储为.jpg 文件格式。图 9-4 所示分镜头 4 中的相册，需要利用 Photoshop 抠图、图像合成等来完成。抠除 xk6.png、xk7.jpg、xk8.jpg 图片相框中的背景，xk6.png 每个相框中放置两幅照片，上层放单人照，下层放合影照片；xk7.jpg 相框中放置两幅照片，xk8.jpg 两个相框中各放置一幅照片，分别保存为.psd 文件。

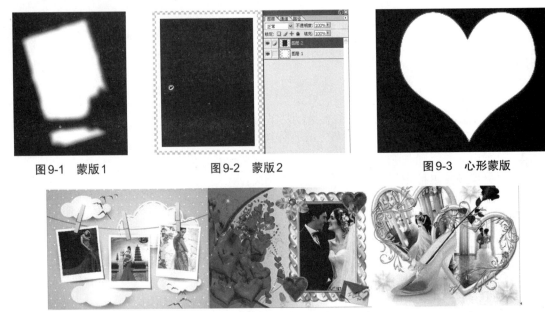

图9-1　蒙版1　　　　　　图9-2　蒙版2　　　　　　　　　图9-3　心形蒙版

图9-4　PSD1 PSD2 PSD3 分层图像效果

③ 在 Adobe Animate CC 2019 中制作爱心动画效果。背景颜色设置为蓝色，利用关键帧动画和引导路径动画实现。设计过程中，只需制作一颗心的动画效果，另一颗爱心可以采用"复制帧"和"粘贴帧"命令，并通过平移来完成，但在移动过程中，必须选中"时间轴"面板中的"绘图纸外观轮廓"按钮 ⬚。"时间轴"面板如图 9-5 所示。动画完成后以视频或.gif 动画文件格式存储到"动态素材"文件夹中。

图9-5　"时间轴"面板效果

2. 在Premiere中创建新项目

（1）启动Premiere，项目位置在"EX9"文件夹中。

（2）项目名称设为"动感电子相册"。

（3）"序列"选择"DV-PAL"，标准为48kHz。

3. 导入素材

将"EX9"文件夹中的所有子文件夹中的素材导入到"项目"窗口中。其中，

（1）"框.psd"文件以单个图层分层导入。

（2）以序列形式导入PSD1.psd、PSD2.psd、PSD3.psd文件。在"项目"窗口中导入"Photo"文件夹中的"PSD1.psd"，弹出"导入分层文件"对话框。设置"导入为"为"序列"，勾选所有图层，设置如图9-6所示。PSD2.psd、PSD3.psd采用同样操作，文件导入后，"项目"窗口会自动创建PSD1、PSD2、PSD3序列。

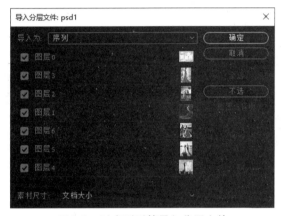

图9-6　以序列形势导入分层文件

4. 分镜头1设计

"时间线"面板如图9-7所示。

（1）创建"分镜头1"序列。

（2）添加"hl1.jpg"～"hl6.jpg"六幅图像到"V1"轨道上，每幅图像的持续时间为3秒。

（3）添加两次hd.gif动画到"V2"轨道上。

（4）将xk4.jpg、xk4-1.jpg图像分别添加到"V3""V4"轨道上，利用"轨道遮罩键"视频特效制作相框内部透明效果。

（5）利用关键帧和不透明度特效制作V1轨道上6幅照片依次渐变显示的动画效果。

（6）创建字幕，添加"幸福美满"的路径文字，并放置在照片旁。

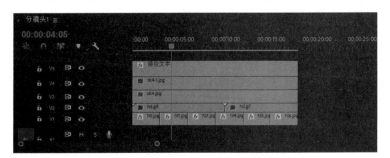

图9-7　"分镜头1"的"时间线"面板

5. 分镜头2设计

"时间线"面板如图9-8所示。

（1）在"项目"窗口中新建素材箱，并命名为"带边框的照片"，在素材箱中创建"照片1""照片2""照片3""照片4""照片5"5个系列，分别利用"轨道遮罩键"视频特效制作白色边框照片效果。

（2）创建"分镜头2"序列。

（3）制作白框照片的运动动画效果。依次添加"照片1"序列～"照片5"序列到"V2"～"V6"视频轨道上，素材持续时间设置为4秒。

（4）动画制作，动态背景为"背景7.mp4"，每幅照片依次缓慢地从屏幕左下方移至屏幕中间，再从屏幕右侧推出。照片缓慢由左下角移入屏幕中间，是利用关键帧和运动特效中的位置改变来实现的；利用"滑动"文件夹中的"推"视频切换特效，完成从屏幕右侧推出效果，视频切换特效持续时间为1秒。

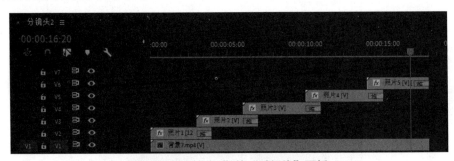

图9-8 "分镜头2"的"时间线"面板

6. 分镜头3设计

设计效果如图9-9所示。

（1）创建"分镜头3"序列。

（2）利用"图像遮罩键"视频特效，制作心形照片（图像遮罩键设为 mask\xin.jpg）。

（3）利用关键帧和运动特效制作心形照片在屏幕中沿曲线运动的效果。

（4）动态背景为"背景4.mp4"。

图9-9 "分镜头3"的"时间轴"面板

7. 分镜头4设计

设计效果如图9-10所示。

（1）创建"分镜头4"序列。

（2）利用PhotoShop软件处理PSD1.psd、PSD2.psd、PSD3.psd文件。

（3）在Premiere中以序列方式导入PSD1.psd、PSD2.psd、PSD3.psd文件（选中所有图层且不合并图层）。

（4）在Premiere中编辑PSD1、PSD2、PSD3三个序列，如图9-11所示。

（5）利用Premiere合成素材，并添加视频切换特效和动画效果。

新建序列，命名"分镜头4"，参数设置同上，"分镜头4"的"时间线"面板如图9-10所示。PSD1、PSD2、PSD3三个序列依次添加到"V1"轨道上，分别制作由小到大缩放的动画、由上往下移动的动画、由大到小缩放的动画，并且各系列之间添加"交叉缩放"视频切换特效，特效持续时间为1秒，对齐方式为中心切入。

（6）添加声音和光效效果。

① 在"V2"轨道上添加光效，设置不透明度特效（添加圆形蒙版，设置蒙版羽化为50%），复制一段相同视频片段，剪切多余部分。

② 添加声音到"A1"轨道上，利用剃刀工具裁剪声音，裁剪声音波形块的前段无波纹部分及后段多余的部分；添加两个关键帧，分别调整音量，设置声音淡入、淡出效果。

图9-10　"分镜头4"的"时间线"面板

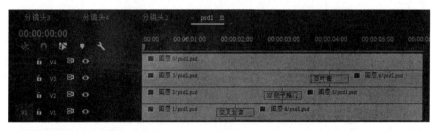

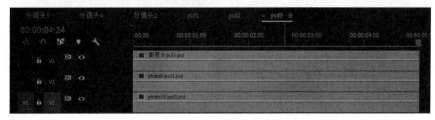

图9-11　"PSD123系列"的"时间线"面板

8. 整合序列设计

"时间线"面板如图9-12所示。

（1）创建"整合"序列。

（2）片头设计。

① 将"相伴一生片头.avi"拖至"V1"轨道的起始处，保留2秒的视频长度，适当调整

画面大小。

② 制作右游动片头字幕"相伴一生"，添加到"V2"轨道上，设置持续时间为5秒。

③ 将"画心.gif"文件拖至"V3"轨道"00:00:02:04"处，利用"颜色键"视频特效抠除蓝色背景，并移至屏幕正下方。

（3）将分镜头1~4依次添加到"时间线"面板"V4"轨道上，如图9-12所示。

（4）片尾设计。

① 新建旧版标题，在"字幕"窗口中输入文字，更改文字属性及样式；片尾字幕设置为滚动字幕，效果如图9-13所示。

② 将片尾字幕添加到"V6"轨道分镜头4剪辑之后。

③ 在"V5"轨道中添加片尾字幕背景"背景5.mp4"。

（5）声音的添加，添加声音素材到"A1"轨道的起始位置，裁剪多余的声音素材，利用关键帧和音量级别的调整来设置声音的淡出效果。

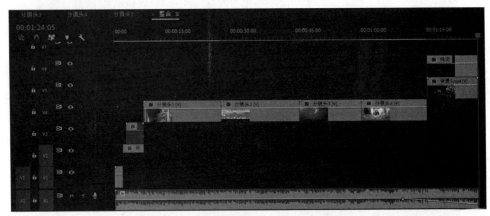

图9-12　"整合"序列"时间线"面板

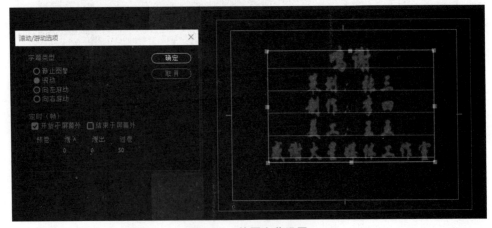

图9-13　片尾字幕设置

9. 保存项目并导出视频

（1）执行"文件"菜单→"保存"命令，保存项目文件。

（2）选中"项目"窗口中的"整合"序列，执行"文件"菜单→"导出"→"媒体"命令，设置视频格式，导出视频文件。

实验十　After Effects 视频后期处理

实验目的:

1. 熟悉 After Effects 操作界面
2. 掌握 After Effects 特效及参数的设置
3. 掌握动画的处理技巧
4. 掌握 After Effects 视频合成及输出技术

实验内容:

参照 EX-10.mp4 视频效果文件,完成以下效果的操作。
1. 启动 After Effects,导入素材,创建合成
2. 茶杯上升起的烟雾
3. "茶"文字的淡入效果
4. 笔触动态绘制动画
5. "中国茶文化"逐字显示动画效果
6. 烟雾抠像
7. 茶叶沿曲线飘落动画
8. 保存文件,渲染并导出视频文件

实验步骤:

1. 启动 After Effects,导入素材,创建合成

(1)启动 After Effects,导入素材"烟雾.mov""笔触.tga""茶背景1.jpg""茶叶.psd"文件到"项目"窗口中。

(2)在"项目"窗口中,选择"茶背景1.jpg",按住鼠标将其拖动到"时间线"面板中,将素材导入时间线,并自动生成合成文件。

(3)依次执行"合成"菜单→"合成设置"命令,修改持续时间为8秒。

2. 茶杯上升起的烟雾

(1)在"时间线"面板的空白处右击,在弹出的快捷菜单中执行"新建"→"纯色"命令,其他设置默认,单击"确定"按钮。再为这个纯色图层创建矩形矢量蒙版,效果如图

10-1所示。

（2）选择纯色图层，依次执行"效果"菜单→"模拟"→"粒子运动场"命令，添加"粒子运动场"特效。

图10-1　纯色层的矩形蒙版

（3）在"效果控件"面板中，展开"粒子运动场"特效，调整发射位置，设置圆筒半径为40，方向为15，颜色为白色，粒子半径为4；重力的力设置为0。

（4）再在纯色图层上添加高斯模糊特效，设置模糊度为20。

3．"茶"文字的淡入效果

（1）利用文字工具，在"合成"窗口中输入文字"茶"，设置字体为华文行楷，颜色为#320303，大小为150。"时间线"面板自动添加了一个文本图层。

（2）选中文本图层，按键盘上的"T"键，展开"不透明度"属性，在0秒处单击"不透明度"左侧的"计时器"按钮，在当前位置插入一个关键帧，修改不透明度的值为0%；时间调整到1秒24帧，修改不透明度的值为100%，当前位置再次插入一个关键帧。

4．笔触动态绘制动画

（1）在"项目"窗口中选择"笔触.tga"，按住鼠标将其拖动到"时间线"面板中。

（2）选择"笔触.tga"层，依次执行"效果"菜单→"过渡"→"径向擦除"命令，添加"径向擦除"特效。

（3）时间调整到2秒处，单击"过渡完成"左侧的"计时器"按钮，设置过渡完成值为100%；时间调整到4秒15帧，修改过渡完成值为0%，擦除设置为"逆时针"。

5．"中国茶文化"逐字显示动画效果

（1）利用文字工具在"合成"窗口中输入文字"中国茶文化"，设置字体为华文隶书，颜色为灰色，大小为100。

（2）时间调整到13帧，展开"中国茶文化"文本层，单击动画右侧的三角形按钮，选择弹出菜单中的"不透明度"，设置不透明度为0%；展开"文本"→"动画制作工具1"→"范围选择器1"选项组，单击"Start（起始）"左侧的"计时器"按钮，设置起始值为0%；时间调整到2秒02帧，设置起始值为100%。

6．烟雾抠像

（1）将"烟雾.mov"拖至"时间线"面板，置于"中国茶文化"文本层的上方。

（2）选择"烟雾.mov"层，依次执行"效果"菜单→"Keying（键）"→"Keylight"命令，添加Keylight特效。

（3）在"效果控件"面板中展开Keylight特效，使用Screen Colour（屏幕颜色）右边的拾色器按钮█在"合成"窗口中蓝色背景上单击取样。背景被抠除，显示烟雾出字动画效果，如图10-2所示。

图10-2 烟雾出字效果

7. 茶叶沿曲线飘落动画

（1）在"项目"窗口中选择"茶叶.psd"，将其拖入"时间线"面板中，隐藏该图层。

（2）在"时间线"窗口的空白处右击，在弹出的快捷菜单中执行"新建"→"纯色"命令，设置名称为"粒子"，颜色为黑色，单击"确定"按钮。

（3）选择"粒子"层，依次执行"效果"菜单→"Trapcode"选项组→"Particular（粒子）"命令，添加粒子特效。

（4）在"效果控件"面板中，展开"Particular"特效，设置 Emitter（发射器）、Particular（粒子）参数如图10-3所示。

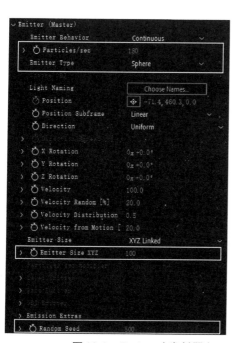

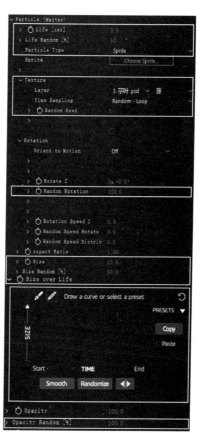

图10-3 Emitter（发射器）、Particular（粒子）参数设置

（5）创建纯色图层，名称为"路径"，用钢笔工具绘制路径，如图10-4所示，生成蒙版1。

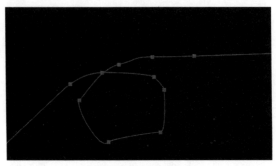

图10-4　路径

（6）选中"路径"层，按 M 键，打开"蒙版"选项，选择"蒙版路径"并复制。时间调整到4秒，选中"粒子"层，展开"效果"→"Particular"（粒子）→"Emitter"（发射器），选中"Position（位置）"并粘贴，再选中"位置"属性最后一个关键帧，按住Alt键拖动到7秒24帧处。隐藏该图层。

8. 保存文件，渲染并导出视频文件

（1）执行"文件"菜单→"保存"命令，保存文件。

（2）在"项目"窗口中选中"合成1"，执行"合成"菜单→"添加到渲染队列"命令，在"渲染队列"面板中单击"输出到"选项右侧的视频文件（默认为.avi文件格式），会弹出"将影片输出到:"对话框，可以修改路径和文件名，单击"保存"按钮，再单击"渲染"按钮。

实验十一　多媒体综合项目设计

实验目的：

1. 了解多媒体作品的设计流程
2. 掌握多媒体项目的开发技术
3. 掌握多媒体素材集成技术
4. 掌握光盘制作技术

实验内容：

1. 前期准备
2. 脚本设计
3. 详细制作
4. 集成与调试
5. 将作品刻录光盘

实验步骤：

1. 前期准备

（1）选题，浏览网上优秀的多媒体作品，了解作品的形式、特点，确定自己的主题。

（2）根据主题收集和制作相关素材

① 网上收集素材。

② 拍摄、录屏软件录制。

③ 利用 Photoshop、Animate、Audition、Premiere、After Effects 等多媒体软件处理素材。

2. 脚本设计

描述作品的设计思路、内容、结构图及交互控制等。

3. 详细制作

根据脚本，分模块进行设计。

4. 集成与调试

（1）利用已学软件，将各模块进行集成。

（2）软件作品测试。

（3）作品输出。

5. 光盘制作

了解光盘刻录方法，能将多媒体作品制作成光盘。

参考文献

［1］智西湖. 多媒体技术基础［M］. 北京：清华大学出版社，2011.

［2］王志强. 多媒体应用基础［M］. 北京：高等教育出版社，2011.

［3］梁维娜. 图形图像处理应用教程［M］. 4 版. 北京：清华大学出版社，2015.